科学出版社"十四五"普通高等教育本科规划教材
新能源科学与工程教学丛书

新能源管理科学与工程

New Energy Management Science and Engineering

谢 微 等 编著

科学出版社
北 京

内 容 简 介

本书是"新能源科学与工程教学丛书"之一。本书共 4 章，主要讲述了太阳能、生物质能、风能、核能、地热能、海洋能和氢能等新能源在生产、分配、存储和消耗等全过程中的利用和管理，同时讲述了智能时代背景下人工智能在新能源管理中的具体应用。

本书可作为高等学校新能源科学与工程及相关专业本科生和研究生的新能源管理方面的教材，也可供新能源和泛新能源从业者及相关的科研与管理工作者参考。

图书在版编目（CIP）数据

新能源管理科学与工程/谢微等编著. —北京：科学出版社，2022.9
(新能源科学与工程教学丛书)
科学出版社"十四五"普通高等教育本科规划教材
ISBN 978-7-03-072062-7

Ⅰ. ①新⋯　Ⅱ. ①谢⋯　Ⅲ. ①新能源-能源管理-高等学校-教材
Ⅳ. ①TK018

中国版本图书馆 CIP 数据核字（2022）第 058638 号

责任编辑：丁　里 / 责任校对：杨　赛
责任印制：赵　博 / 封面设计：迷底书装

科学出版社 出版
北京东黄城根北街 16 号
邮政编码：100717
http://www.sciencep.com

北京天宇星印刷厂印刷
科学出版社发行　各地新华书店经销
*

2022 年 9 月第 一 版　开本：787×1092　1/16
2024 年 10 月第三次印刷　印张：12 1/4
字数：288 000

定价：59.00 元
（如有印装质量问题，我社负责调换）

能源是人类活动的物质基础，是世界发展和经济增长最基本的驱动力。关于能源的定义，目前有 20 多种，我国《能源百科全书》将其定义为"能源是可以直接或经转换给人类提供所需的光、热、动力等任一形式能量的载能体资源"。可见，能源是一种呈多种形式的，且可以相互转换的能量的源泉。

根据不同的划分方式可将能源分为不同的类型。人们通常按能源的基本形态将能源划分为一次能源和二次能源。一次能源即天然能源，是指在自然界自然存在的能源，如化石燃料(煤炭、石油、天然气)、核能、可再生能源(风能、太阳能、水能、地热能、生物质能)等。二次能源是指由一次能源加工转换而成的能源，如电力、煤气、蒸汽、各种石油制品和氢能等。也有人将能源分为常规(传统)能源和新能源。常规(传统)能源主要指一次能源中的化石能源(煤炭、石油、天然气)。新能源是相对于常规(传统)能源而言的，指一次能源中的非化石能源(太阳能、风能、地热能、海洋能、生物质能、水能)以及二次能源中的氢能等。

目前，化石燃料占全球一次能源结构的 80%，化石能源使用过程中易造成环境污染，而且产生大量的二氧化碳等温室气体，对全球变暖产生重要影响。我国"富煤、少油、缺气"的资源结构使得能源生产和消费长期以煤为主，碳减排压力巨大；原油进口量已超过 70%，随着经济的发展，石油对外依存度也会越来越高。大力开发新能源技术，形成煤、油、气、核、可再生能源多轮驱动的多元供应体系，对于维护我国的能源安全，保护生态环境，确保国民经济的健康持续发展有着深远的意义。

开发清洁绿色可再生的新能源，不仅是我国，同时也是世界各国共同面临的巨大挑战和重大需求。2014 年，习近平总书记提出"四个革命、一个合作"的能源安全新战略，以应对能源安全和气候变化的双重挑战。2020 年 9 月，习近平主席在第 75 届联合国大会上发表重要讲话，宣布中国将提高国家自主贡献力度，采取更加有力的政策和措施，力争 2030 年前二氧化碳排放达到峰值，努力争取 2060 年前实现碳中和。我国多部委制定了绿色低碳发展战略规划，提出优化能源结构、提高能源效率、大力发展新能源，构建安全、清洁、高效、可持续的现代能源战略体系，太阳能、风能、生物质能等可再生能源、新型高效能量转换与储存技术、节能与新能源汽车、"互联网+"智慧能源(能源互联网)等成为国家重点支持的高新技术领域和战略发展产业。而培养大批从事新能源开发领域的基础研究与工程技术人才成为我国发展新能源产业的关键。因此，能源相关的基础科学发展受到格外重视，新能源科学与工程(技术)专业应运而生。

新能源科学与工程专业立足于国家新能源战略规划，面向新能源产业，根据能源领域发展趋势和国民经济发展需要，旨在培养太阳能、风能、地热能、生物质能等新能源领域相关工程技术的开发研究、工程设计及生产管理工作的跨学科复合型高级技术人才，以满足国家战略性新兴产业发展对新能源领域教学育人、科学研究、技术开发、工程应用、经营管理等方面的专业人才需求。新能源科学与工程是国家战略性新兴专业，涉及化学、材料科学与工程、电气工程、计算机科学与技术等学科，是典型的多学科交叉专业。

从 2010 年起，我国教育部加强对战略性新兴产业相关本科专业的布局和建设，新能源科学与工程专业位列其中。之后在教育部大力倡导新工科的背景下，目前全国已有 100 余所高等学校陆续设立了新能源科学与工程专业。不同高等学校根据各自的优势学科基础，分别在新能源材料、能源材料化学、能源动力、化学工程、动力工程及工程热物理、水利、电化学等专业领域拓展衍生建设。涉及的专业领域复杂多样，每个学校的课程设计也是各有特色和侧重方向。目前新能源科学与工程专业尚缺少可参考的教材，不利于本专业学生的教学与培养，新能源科学与工程专业教材体系建设亟待加强。

为适应新时代新能源专业以理科强化工科、理工融合的"新工科"建设需求，促进我国新能源科学与工程专业课程和教学体系的发展，南开大学新能源方向的教学科研人员在陈军院士的组织下，以国家重大需求为导向，根据当今世界新能源领域"产学研"的发展基础科学与应用前沿，编写了"新能源科学与工程教学丛书"。丛书编写队伍均是南开大学新能源科学与工程相关领域的教师，具有丰富的科研积累和一线教学经验。

这套"新能源科学与工程教学丛书"根据本专业本科生的学习需要和任课教师的专业特长设置分册，各分册特色鲜明，各有侧重点，涵盖新能源科学与工程专业的基础知识、专业知识、专业英语、实验科学、工程技术应用和管理科学等内容。目前包括《新能源科学与工程导论》《太阳能电池科学与技术》《二次电池科学与技术》《燃料电池科学与技术》《新能源管理科学与工程》《新能源实验科学与技术》《储能科学与工程》《氢能科学与技术》《新能源专业英语》共九本，将来可根据学科发展需求进一步扩充更新其他相关内容。

我们坚信，"新能源科学与工程教学丛书"的出版将为教学、科研工作者和企业相关人员提供有益的参考，并促进更多青年学生了解和加入新能源科学与工程的建设工作。在广大新能源工作者的参与和支持下，通过大家的共同努力，将加快我国新能源科学与工程事业的发展，快速推进我国"双碳"目标的实现。

中国工程院院士、中国矿业大学(北京)教授

2021 年 8 月

前　言

党的二十大报告明确提出，积极稳妥推进碳达峰碳中和。新能源是化石能源的替代，是人类社会未来能源的基石。大力发展新能源，是实现"双碳"目标的重要途径。

能源管理概念的产生源于对能源问题的关注。发展的需求和能源制约的矛盾唤醒和强化了人们的能源危机意识，而且人们意识到单纯开发节能技术和装备仅是节能工作的一个方面，因此开始关注工业节能、建筑节能等系统节能问题，研究采用低成本、无成本的方法，用系统管理的手段降低能源消耗，提高能源利用效率。这不仅极大地促进了系统能源理念的建立，而且由此产生了能源管理体系的思想和概念。随着人工智能技术的不断发展，将人工智能技术应用于新能源的生产、分配、存储和消耗等全过程，能够持续地降低能源消耗，提高能源利用效率。

本书以新能源科学与工程技术的发展为契机，结合多学科优势，力求兼顾科学素质教育的要求，理论系统简单明了，文字叙述通俗易懂，旨在为广大读者系统简洁地介绍有关新能源科学管理的基本理论、技术进展、新能源经济与政策等。本书结合近年来国际和国内新能源领域的发展现状，对太阳能、生物质能、风能、核能、地热能、海洋能和氢能的利用和管理进行介绍和归纳。全书共分为4章。第1章对新能源及管理做了初步介绍，主要包括新能源的发展历程、面临的发展机遇和挑战，以及新能源的统筹和管理等。第2章和第3章从能源利用的全过程出发，分别介绍了新能源的生产和分配管理、存储和消耗管理等，主要包括七种新能源的主要利用方式、电能的输送和存储等。第4章介绍了人工智能技术的基本情况及其在新能源管理领域中的应用，主要包括人工智能技术在太阳能利用过程、电网领域、新能源汽车领域、民用建筑、工业过程、风电场管理和构建智慧能源城市等方面的应用。

本书的编者均为南开大学化学学院先进能源材料化学教育部重点实验室成员，在能源的转换和存储领域深耕多年。陈军、谢微等确定本书的主要内容，谢微、杨爱凯等收集整理材料并撰写初稿，谢微负责全书统稿并定稿。

鉴于新能源管理领域方兴未艾，可借鉴的材料凤毛麟角，加之编者水平有限，书中难免有疏漏和不足之处，恳请读者予以批评指正。

编著者

2023年6月于南开大学

目　录

第1章　新能源管理概论

人类的活动、经济的发展都离不开能源。人们对能源的需求远远超过以往任何时代，并且还在持续快速增长。物质、能源和信息是构成客观世界的基础，人类寻找可持续的能源，开发、利用新能源和可再生能源是完善能源系统的重点。在能源危机和环境问题并存的今天，研究和开发能够真正为人类社会所利用的新能源具有重要意义。我国已经是世界上最大的能源消费国。为了保持经济增长势头，我国必须降低工业的能源强度，减少单位产出的能源消耗。能源管理成为21世纪最重要的国家战略性问题之一。随着我国经济的快速发展，所带来的对能源资源需求的增长与资源稀缺之间的矛盾日趋尖锐。如何充分、有效、合理地管理和利用能源资源，加强节能减排已经成为社会经济发展过程中的一项重要议题。

1.1　新能源的定义及分类

宇宙间一切运动着的物体都有能量的传递和转化，人类一切活动都与能量及其使用紧密相关。能量就是"产生某种效果(或变化)的能力"。反过来说，产生某种效果(或变化)的过程必然伴随着能量的消耗或转化。物质是某种既定的存在形式，既不能被创造也不能被消灭，作为物质属性的能量也一样不能被创造或消灭，这就是能量守恒定律。

对于能量的利用，从实质上讲就是利用自然界的某一自发变化的过程来推动另一人为的过程。例如，水力发电就是利用水能够自发地从高处流向低处的这一自发过程，使水的势能转化为动能，再推动水轮机转动，水轮机又带动发电机，通过发电机将机械能转换为电能供人类使用。

能源可以分为一次能源和二次能源两大类：一次能源是指自然形态存在的能源，包括风能、水能、太阳能、地热能和核能等；二次能源是指由一次能源加工或转换后得到的能源，包括电能、汽油、柴油、液化石油气、氢能等。二次能源又可以进一步分为过程式能源和含能体能源，电能是目前应用最广的过程式能源，而汽油和柴油等则是目前应用最广的含能体能源。

新能源又称非常规能源，一般指在新技术基础上可系统地开发利用的可再生能源，包括传统能源之外的各种能源形式。一般来说，常规能源是指技术上比较成熟且已被大规模利用的能源，而新能源则通常是指尚未大规模利用、正在积极研究开发的能源。新能源主要包括太阳能、生物质能、风能、核能、地热能、海洋能和氢能等，是可循环利用的清洁能源。新能源产业的发展既是整个能源供应系统的有效补充手段，也是环境治理和生态保护的重要措施，是满足人类社会可持续发展需要的最终能源选择。新能源的各种形式都是直接或间接地来自于太阳或地球内部所产生的热能。

(1) **太阳能**：太阳能一般指太阳光的辐射能量。在太阳内部进行的由氢聚变成氦的原子核反应不停地释放出巨大的能量，并不断向宇宙空间辐射能量，这种能量就是太阳能。太阳内部的这种核聚变反应可以维持几十亿至上百亿年的时间。太阳能的主要利用形式有太阳能的光热转换、光电转换及光化学转换。广义的太阳能是地球上许多能量的来源，如风能、化学能、水的势能等都是由太阳能导致或转化成的能量形式。利用太阳能的方法主要有：太阳能电池，通过光电转换把太阳光中包含的能量转化为电能；太阳能热水器，利用太阳光的热辐射加热水；人工光合作用和光催化等过程，将太阳能转化为稳定的化学能进行存储和利用。

(2) **生物质能**：生物质是指通过光合作用或化能合成作用①而形成的各种有机体，包括所有的动植物和微生物。而生物质能就是太阳能以化学能的形式存储在生物质中的能量形式，即以生物质为载体的能量。它直接或间接地来源于绿色植物的光合作用，可转化为常规的固态、液态或气态燃料，是一种可再生能源，同时也是唯一一种可再生的碳源。生物质能的原始能量来源于太阳，因此从广义上讲，生物质能也是太阳能的一种表现形式。目前，很多国家都在积极研究和开发利用生物质能。依据来源不同，可以将适合于能源利用的生物质分为林业资源、农业资源、生活污水和工业有机废水、城市固体废物、畜禽粪便等五大类。

(3) **风能**：风能是由空气流动所产生的动能。风能是一种可重复利用的能量，地球表面空气流动会产生大量的风能。由于地面各处受太阳辐照后气温变化不同和空气中水蒸气的含量不同，引起各地气压的差异，在水平方向高压空气向低压地区流动，即形成风。风能资源取决于风能密度和可利用的风能年累积小时数。风能密度又称风功率密度，是气流在单位时间内垂直通过单位面积的风能，与风速的三次方和空气密度成正比。风能是风的能量转换成可利用的能量形式，如使用风力涡轮机产生电力，风车产生机械动力，风泵抽水或排水，风帆助船，涡轮叶片将气流的机械能转为电能而成为风力发电机等。

(4) **核能**：核能通常指存在于原子核内部的能量，又称原子能，是通过核反应从原子核释放的能量，符合爱因斯坦质能方程 $E=mc^2$，其中 E 代表能量，m 代表质量，c 代表光速。核能可通过三种核反应释放：①核裂变，较重的原子核分裂释放核裂变能；②核聚变，较轻的原子核聚合在一起释放核聚变能；③核衰变，原子核自发衰变过程中释放能量。

(5) **地热能**：地热能是指地壳中存在的天然热能。这种能量来自地球内部的熔岩，并以热能的形式存在，是火山爆发及地震产生的原因。地球内部的温度高达 7000 ℃，而在距离地面 80～100 km 的深处，温度会降至 650～1200 ℃。地热能通过地下水流动和熔岩喷涌的形式到达离地面 1～5 km 的地壳，热力被转送至较接近地面的地方。高温的熔岩将附近的地下水加热，这些加热了的水最终会渗出地面。地球地壳的地热能起源于地

---

① 自然界中存在某些微生物，它们以二氧化碳为主要碳源，以无机含氮化合物为氮源，合成细胞物质，并通过氧化外界无机物获得生长所需要的能量，这一过程就称为化能合成作用。

球行星的形成(20%)和矿物质放射性衰变①(80%)。据推算，离地球表面 5000 m 深、15 ℃以上的岩石和液体的总含热量约为 1.45×10^{26} J，约相当于 4948 万亿 t 标准煤②的热量。按照其储存形式，地热资源可分为蒸汽型、热水型、地压型、干热岩型和岩浆型五大类。地热能的利用可分为地热发电和直接利用两大类。但是，地热能的分布相对来说比较分散，开发难度大。

(6) **海洋能**：海洋能是指依附在海水中的可再生能源。海洋通过各种物理过程接收、存储和释放能量，这些能量以潮汐、波浪、温度差、盐度梯度、海流等形式存在于海洋之中。海洋面积约占地球表面积的 71%，它接受来自太阳的辐射能比陆地大得多，因此全球海洋能的可再生量巨大，其开发利用的潜力很大。海洋受到太阳、月球等星球引力及地球自转、太阳辐射等因素的影响，其能量以热能和机械能的形式蓄存在海洋中，全世界海洋能的蕴藏量为 750 多亿 kW③，这些海洋能源都是取之不尽、用之不竭的可再生能源。海洋虽然蕴藏庞大的能量，但必须以高技术、高成本克服盐水的高腐蚀性，有时设备要承受深海的高压环境。

(7) **氢能**：氢能是指以氢及其同位素为主体的反应中或氢状态变化过程中所释放的能量。氢能作为一种清洁、高效的二次含能体能源，具有可再生、零碳排等优点。目前，氢能源产业正处于将氢气从工业原料转向能源利用的初级水平，短期内氢能的发展还将持续处于探索阶段。氢能源产业不能被狭隘地定义为氢气本身，它是一个多领域互补的开放式能源经济体，包括制氢、储氢、加氢等基本环节。建设氢能源产业的过程中，氢气的制造设备、运输设备及加氢站等基础设施的建设是发展氢能的第一步，这也是氢能发展面临的最大挑战。

1.2　新能源发展史

　　能源是人类社会发展的基石，是世界经济增长的动力。能源对人类物质文明的发展起着基础性的作用，能源发展的每一次飞跃，都引起了人类生产技术的变革，推动了生产力的发展。从木炭时代到煤炭时代，从煤炭时代到石油时代，从石油时代到电力时代，直至原子能开发和各种新能源登上舞台，都曾使几近停滞的文明开始新的发展。

1.2.1　太阳能

　　据估算，每年辐射到地球上的太阳能为 17.8 亿 kW，其中可开发利用的为 500～1000 万 kW。但因其分布很分散，能利用的很少。据记载，人类利用太阳能已有 3000 多

---

　　① 地球内部的长寿命放射性同位素热核反应产生的热能是地热能的重要来源之一。

　　② 标准煤是指热值为 7000 kcal·kg⁻¹ 的煤炭，它是标准能源的一种表示方法。由于煤炭、石油、天然气、电力及其他能源的发热量不同，为了使它们能够进行比较，以便计算、考察国民经济各部门的能源消费量及其利用效果，通常采用标准煤这一标准折算单位。

　　③ 海洋能储量表示全部海洋能的额定功率的总和，单位为 kW 等，是衡量建设规模或生产能力的重要指标。

年的历史，但是将太阳能作为一种能源和动力加以利用只有 300 多年的历史。真正将太阳能视为"近期急需的补充能源""未来能源结构的基础"，则是自 20 世纪才开始。20 世纪 70 年代以来，太阳能科技突飞猛进，太阳能利用日新月异。

近代太阳能利用历史可以从 1615 年法国工程师考克斯发明世界上第一台太阳能驱动的发动机算起。该发明是一台利用太阳能加热空气使其膨胀做功而抽水的机器。1615～1900 年，人们又研制出了多台太阳能动力装置和其他太阳能装置。这些动力装置几乎全部采用聚光方式采集阳光，发动机功率不大，工质主要是水蒸气，价格昂贵，实用价值不高，大部分为太阳能爱好者个人研究制造。自 20 世纪初期至今，太阳能发展和利用的历史大体可分为八个阶段。

第一阶段(1900～1920 年)：在这一阶段，世界上太阳能研究的重点仍是太阳能动力装置，但采用的聚光方式多样化，且开始采用平板集热器和低沸点工质，装置逐渐扩大，最大输出功率达 73.64 kW，使用目的比较明确，造价仍然很高。建造的典型装置有：1901 年，在美国加利福尼亚州建成一台太阳能抽水装置，采用截头圆锥聚光器，功率为 7.36 kW；1902～1908 年，在美国建造了五套双循环太阳能发动机，采用平板集热器和低沸点工质；1913 年，在埃及开罗以南建成一台由 5 个抛物槽镜组成的太阳能水泵，每个长 62.5 m、宽 4 m，总采光面积达 1250 m^2。

第二阶段(1920～1945 年)：在这一阶段，太阳能研究工作处于低潮，参加研究工作的人数和研究项目大为减少，其原因与化石燃料的大量开发利用和发生第二次世界大战(1939～1945 年)有关，而太阳能无法解决当时战争对能源的急需状况，因此太阳能的研究工作逐渐受到冷落。

第三阶段(1945～1965 年)：在第二次世界大战结束后的 20 年中，很多科学家已经注意到石油和天然气资源正在迅速减少，呼吁人们重视这一问题，从而逐渐推动了太阳能研究工作的恢复和开展，并且成立太阳能学术组织，举办学术交流和展览会，再次兴起太阳能研究热潮。在这一阶段，太阳能研究工作取得一些重大进展，比较突出的成果有：1945 年，美国贝尔实验室研制出实用型硅太阳电池，为光伏发电大规模应用奠定了基础；1955 年，以色列泰伯等在第一次国际太阳热科学会议上提出选择性涂层的基础理论，并研制出实用的黑镍等选择性涂层，为高效集热器的发展创造了条件。此外，在这一阶段还有其他一些重要成果：1952 年，法国国家科学研究中心在比利牛斯山东部建成一座功率为 50 kW 的太阳炉；1960 年，在美国佛罗里达州建成世界上第一套用平板集热器供热的氨-水吸收式空调系统，制冷能力为 5 冷吨[①]；1961 年，一台带有石英窗的斯特林发动机[②]问世。在这一阶段，加强了太阳能基础理论和基础材料的研究，取得了太阳能选择性涂层和硅基太阳能电池等技术的重大突破。平板集热器有了很大的发展，技术逐渐成熟。太阳能吸收式空调的研究取得进展，建成一批实验性太阳房。对难度较大的斯特林发动

---

① 冷吨又称冷冻吨，是一种制冷学单位，1 冷吨表示 1 t 0 ℃的饱和水在 24 h 冷冻到 0 ℃的冰所需要的制冷功率。

② 斯特林发动机是英国物理学家斯特林于 1816 年发明的，故此得名。斯特林发动机是通过气缸内工作介质(氢气或氦气)经过冷却、压缩、吸热、膨胀为一个周期的循环来输出动力，因此又称为热气机。斯特林发动机是一种外燃发动机，其有效效率一般介于汽油机与柴油机之间。

机和塔式太阳能热发电技术进行了初步研究。

第四阶段(1965~1973 年)：在这一阶段，太阳能的研究工作停滞不前，主要原因是太阳能利用技术处于成长阶段，还不成熟，并且投资大，效果不理想，难以与常规能源竞争，因而缺少公众、企业和政府的重视和支持。

第五阶段(1973~1980 年)：石油自从在世界能源结构中担当主角之后，就成为决定一个国家的经济发展或衰退的关键因素。1973 年爆发的石油危机在客观上促使人们认识到：现有的能源结构必须彻底改变，应加速向未来能源结构过渡，从而使许多国家，尤其是工业发达国家，重新加强了对太阳能及其他可再生能源技术发展的支持，世界上再次兴起了开发利用太阳能热潮。1973 年，美国制定了政府级"阳光发电计划"，太阳能研究经费大幅度增长，并且成立太阳能开发银行，促进太阳能产品的商业化。日本在 1974 年公布了政府制定的"阳光计划"，其中太阳能的研究开发项目有：太阳房、工业太阳能系统、太阳热发电、太阳电池生产系统、分散型和大型光伏发电系统等。为实施这一计划，日本政府投入了大量人力、物力和财力。20 世纪 70 年代初，世界上出现的开发利用太阳能热潮对中国也产生了巨大影响。一些富有远见的科技人员纷纷投身太阳能事业，积极向政府有关部门提建议，出书办刊，介绍国际上的太阳能利用动态；在农村推广应用太阳灶，在城市研制开发太阳能热水器，空间用的太阳能电池开始在地面应用。1975 年，在河南安阳召开了全国第一次太阳能利用工作经验交流大会，进一步推动了我国太阳能事业的发展。这次会议之后，太阳能研究和推广工作纳入了中国政府计划，获得了专项经费和物资支持。一些大学和科研院所纷纷设立太阳能研究课题组和研究室，有些地方开始筹建太阳能研究所，中国也兴起了开发利用太阳能的热潮。这一时期，太阳能开发利用工作处于前所未有的大发展时期，具有以下特点：

(1) 各国加强了太阳能研究工作的计划性，不少国家制定了短期和长期阳光计划。开发利用太阳能成为政府行为，支持力度大大加强。国际合作十分活跃，一些第三世界国家开始积极参与太阳能开发利用工作。

(2) 研究领域不断扩大，研究工作日益深入，取得一批有影响力的成果，如复合抛物面集热器、真空集热管、非晶硅太阳能电池、光解水制氢、太阳能热发电等。

(3) 各国制定的太阳能发展计划普遍存在要求过高、过急问题，希望在较短的时间内取代矿物能源，实现大规模利用太阳能，对实施过程中的困难估计不足。例如，美国曾计划在 1985 年建造一座小型太阳能示范卫星电站，1995 年建成一座 500 万 kW 的空间太阳能电站。事实上，这一计划后来进行了调整，至今空间太阳能电站还未升空。

(4) 太阳能热水器、太阳能电池等产品开始实现商业化，太阳能产业初步建立，但规模较小，经济效益还不理想。

第六阶段(1980~1992 年)：20 世纪 70 年代兴起的开发利用太阳能热潮，进入 80 年代后不久开始落潮，逐渐进入低谷。世界上许多国家相继大幅度削减太阳能研究经费，其中美国最为突出。导致这种现象的主要原因是：①世界石油价格大幅度回落，而太阳能产品的价格居高不下，缺乏竞争力；②太阳能技术没有重大突破，提高效率和降低成本的目标没有实现，以致动摇了一些人开发利用太阳能的信心；③核电发展较快，对太阳能的发展起到了一定的抑制作用。受此影响，中国太阳能研究工作也在一定程度上被削弱，有人甚至提出：太阳能利用投资大、效果差、储能难、占地广，认为太阳能是未来能源。这一阶段，虽然太阳能开发研究经费大幅度削减，但研究工作并未中断，有的项目进展较大，并且促使人们认真地审视以往的计划和制定的目标，调整研究工作重点，争取以较少的投入取得较大的成果。

第七阶段(1992～2000 年)：由于大量使用化石能源，造成了全球性的环境污染和生态破坏，对人类的生存和发展构成威胁。在此背景下，1992 年在巴西召开联合国环境与发展会议，会议通过了《关于环境与发展的里约热内卢宣言》《21 世纪议程》等一系列重要文件，把环境与发展纳入统一的框架，确立了可持续发展的模式。这次会议之后，世界各国加强了清洁能源技术的开发，将利用太阳能与环境保护结合在一起，使太阳能的利用工作走出低谷，逐渐得到加强。中国政府也对环境与发展十分重视，提出 10 条对策和措施，明确要"因地制宜地开发和推广太阳能、风能、地热能、潮汐能、生物质能等清洁能源"，制定了《中国 21 世纪议程》，进一步明确了太阳能重点发展项目。1995 年，国家计委、国家科委和国家经贸委制定了《新能源和可再生能源发展纲要(1996—2010)》，明确提出中国在 1996～2010 年新能源和可再生能源的发展目标、任务以及相应的对策和措施。这些政策的制定和实施对进一步推动中国太阳能事业发挥了重要作用。1996 年，联合国在津巴布韦召开世界太阳能高峰会议，会上讨论了《世界太阳能计划 1996—2005》《国际太阳能公约》《世界太阳能战略规划》等重要文件，会后发表了《哈拉雷太阳能与持续发展宣言》。这次会议进一步表明了世界各国对开发太阳能的坚定决心，要求全球共同行动，广泛利用太阳能。1992 年以后，世界太阳能利用又进入一个发展期，其特点是：①太阳能利用与世界可持续发展和环境保护紧密结合，全球共同行动，为实现世界太阳能发展战略而努力；②太阳能发展目标明确，重点突出，措施得力，有利于克服以往忽冷忽热、过热过急的弊端，保证太阳能事业的长期发展；③在加大太阳能研究开发力度的同时，注意科技成果转化为生产力，发展太阳能产业，加速商业化进程，扩大太阳能利用领域和规模，经济效益逐渐提高；④国际太阳能领域的合作空前活跃，规模扩大，效果明显。

第八阶段(2000 年至今)：进入 21 世纪以后，太阳能的研究和发展主要集中在太阳能的光伏发电利用、太阳能一体化建筑热水和采暖系统等。例如，在近年来的建筑中，安装了与建筑一体化的太阳能电池板(图 1.1)。自 2000 年以来，世界市场的太阳能光伏发电利用每年平均增长 44%。在同一时期，太阳能组件的价格下降了约 90%，每瓦安装费用不到 50 美分。截至 2014 年年底，全球光伏系统的装机容量总计 183 GW，其中硅基太阳能电池的市场份额为 92%，效率为 21%～26%。光伏发电装机容量从 2013 年的 135.76 GW 逐步增长到 2017 年的 386.11 GW，再到 2018 年的 480.36 GW，短短 5 年时间，实现了 2.5 倍的增长。亚洲市场以 274.6 GW 光伏装机容量独占鳌头。未来，全球光伏产业将保持在较高水平并进入行业整合期。太阳能光伏电池不仅在制备工艺和技术等领域发展迅速，而且在基础研究领域也取得了巨大的成就。目前太阳能电池出现了薄膜电池、柔性电池、叠层电池等新概念电池，以及基于钙钛矿的新材料、染料敏化太阳能电池等。随着全球科学家的大力研究和发展，新型太阳能电池的转化效率得到大幅度提升，材料的稳定性也得到明显改善。太阳能建筑一体化是全球建筑发展的主流趋势，它并不是太阳能与建筑的简单相加，而是真正让太阳能成为建筑的一部分。现代建筑设计提倡绿色节能理念，以推动建筑节能、节地、节水、节材、环保型建材企业的市场化运用为建设设计标准，以低能耗、低排放为目标进行建设设计，重点是提高可再生资源的利用率。采用节能型的建筑技术、设备、材料等，提高保温隔热性能和采暖供热、空调制冷效率都是当今节能型建筑的主要研究和解决对象。

图 1.1　建筑一体化太阳能电池板

　　通过以上回顾可知，在过去的 100 多年里，太阳能的发展道路并不平坦，一般每次高潮期后都会出现低谷期，处于低谷的时间大约有 45 年。太阳能利用的发展历程与煤、石油、核能完全不同，人们对其认识差别大，反复多，发展时间长。这说明一方面太阳能开发难度大，短时间内很难实现大规模利用；另一方面太阳能利用还受矿物能源供应、政治和战争等因素的影响，发展道路比较曲折。尽管如此，从总体来看，近 20 年太阳能科技取得了瞩目成就。

1.2.2　生物质能

　　生物质能是自然界中的生命体所能提供的能量，尤其是能够进行光合作用的植物以生物质作为媒介储存太阳能，属于可再生能源。生物质是指利用大气、水、土壤等通过光合作用而产生的各种有机体，即一切有生命的可以生长的有机物质统称为生物质，包括植物、动物和微生物。生物质能的概念包括广义和狭义两方面，其广义概念是包括所有的植物、微生物和以植物、微生物为食物的动物及其生产的废弃物，其中代表性的生物质如农作物、农作物废弃物、木材、木材废弃物和动物粪便；其狭义概念主要是指农业、林业生产过程中除粮食、果实以外的秸秆、树木等木质纤维素(简称木质素)、农产品加工业下脚料、农林废弃物及畜牧业生产过程中的禽畜粪便和废弃物等物质。生物质能的特点是可再生、低污染、分布广泛。人类利用生物质能的历史可以追溯到原始社会的钻木取火。随着人类社会的发展，人们对生物质能的利用在环保、利用率、经济性等方面提出了更高的要求。生物质能是一种广泛存在、容易获得的能源，人类历史上最早使用的能源就是生物质能，人类社会的发展史可以看作对生物质资源利用的历史。

　　第一阶段：自人类诞生直至 17 世纪后半期，人类社会长期利用燃烧薪柴等获取光和热，用于照明、炊事、取暖，这就是人类社会能源发展的薪柴阶段，薪柴和木炭是这个阶段的主要能源。除此之外,新石器时代的人们采用"刀耕火种①"的耕作方式,砍伐地面树木的枯根朽茎,将草木晒干后用火焚烧。经过火烧的土地变得松软,利用地表草木灰作肥料,播种后不再施肥,一定程度上加速了自然界的碳和氮循环。

第二阶段:自18世纪初期至20世纪末期,西方国家逐渐用煤炭代替木柴。纽科门在1712年发明的燃煤蒸汽机开始了以蒸汽作为动力代替古老的人工体力、风力和水力的新时代,为人类的工业文明掀开了序幕,世界能源消费结构向以煤炭为主的碳基能源方向转变。1781年瓦特发明的改良蒸汽机更使煤炭得以大规模地使用,第一次工业革命随之大规模展开。1859年德雷克在美国宾夕法尼亚州打出了第一口油井,之后石油的大规模生产和使用不仅使工业革命得以更大规模地在全球推广,新的技术、新的发明创造也接踵而来,改变了世界的生产模式、交通模式。在这一阶段,生物质燃料的发展较为迟滞,其比较有效地利用生物质能的方式有:①制取沼气,主要是利用城乡有机垃圾、秸秆、水、人畜粪便,通过厌氧生物转化产生可燃气体甲烷,供生活、生产之用;②利用生物质制取乙醇,在无氧条件下,微生物(如酵母菌)分解葡萄糖等有机物,产生乙醇等不彻底氧化产物,同时释放出少量能量。当前的世界能源结构中,生物质能所占比重微乎其微。但是在这一阶段,广大的中国农村地区的人们将秸秆晒干储藏用于日常炊事和冬季取暖,部分地区也将秸秆编成坐垫、床垫、草鞋、笤帚等生活用品,铺垫牲圈、喂养牲畜,甚至遮盖屋顶,用途广泛。

第三阶段:进入21世纪以来,随着国内大力鼓励和支持发展可再生能源,生物质发电投资热情迅速高涨,各类农林废弃物发电项目纷纷启动建设,中国生物质发电技术产业呈现出全面加速的发展态势。2018年,中国生物质发电总装机容量已达到1784万kW。中国产业发展促进会生物质能产业分会发布的《2019中国生物质发电产业排名报告》指出:截至2018年年底,中国生物质发电装机规模已经实现全球第一。伴随着可再生能源产业的高速发展,中国生物质发电行业不断提速前行,单位成本持续降低,装备制造水平不断提升。从中国能源结构及生物质能地位变化情况来看,近年来,随着生物质发电持续快速增长,生物质装机容量和发电量占可再生能源的比重不断上升。具体表现为:2019年一季度中国生物质装机容量和发电量占可再生能源的比重分别上升至2.54%和6.31%。生物质发电的比重不断上升,说明生物质发电正在逐渐成为中国可再生能源利用中的新生力量。生物质能除用于发电外,还包括以下三条技术路线:①生物化学转化技术,包括厌氧性消化和生物发酵及生物制氢技术;②生物质热化学技术,是直接将低能量密度的低品质能源转变成高密度高品质能源的方式,包括液化技术、直接燃烧技术和热解气化技术等;③生物质热解气化技术,此技术发展较早,是生物质规模化利用较为成熟的一种技术,转化效率较高但燃气热值较低。放眼全球,在各国积极支持和推动生物质发电项目的情况下,世界生物质发电得到了前所未有的发展,生物质装机容量实现了持续稳定的上升。2013年全球生物质装机容量为85 GW,至2017年达到109.21 GW(图1.2),5年间增长了28.5%,年复合增长率达5.70%。2018年全球生物质装机容量达117.25 GW,亚洲成为全球生物质发电增长的主要推动力。

---

① 一种原始的耕作方法。把地上生长的草木砍倒烧成灰作肥料,就在烧后的地面上挖坑下种。

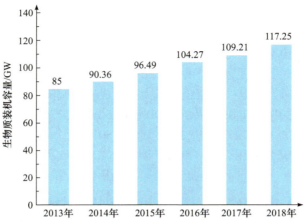

图 1.2　2013～2018 年全球生物质发电行业装机容量

整体而言,近年来,中国生物质发电产业快速发展,已取得一定的成绩,但是其发展水平较发达国家还有差距。要想进一步实现高质量发展,仍离不开国家政策的支持。就生物质能行业自身而言,亟待转型升级、积极探索多种盈利模式,减少对补贴的依赖,这是行业发展的根本出路。

1.2.3　风能

风能是在太阳辐射下由于空气流动形成的。与其他能源相比,风能具有明显的优势,其蕴藏量大,是水能的 10 倍,分布广泛,永不枯竭,对交通不便、远离主干电网的岛屿及边远地区尤为重要。目前风能最常见的利用形式为风力发电。

早期阶段:人类利用风能的历史可以追溯到公元前。中国是世界上最早利用风能的国家之一。公元前数世纪中国人民就利用风力提水、灌溉、磨面、舂米,用风帆推动船舶前进。宋代更是中国应用风车的全盛时代,当时流行的垂直轴风车一直沿用至今。在国外,公元前 2 世纪,古波斯人就利用垂直轴风车碾米。9 世纪在今伊朗、巴基斯坦和阿富汗地区的人们开始用风车提水,到 11 世纪风车已在中东获得广泛应用。13 世纪风车传至欧洲,14 世纪已成为欧洲不可缺少的原动机。在荷兰,风车先用于莱茵河三角洲湖地和低湿地的汲水,以后又用于榨油和锯木。早期人类对风能的利用主要是对风所产生的动能的利用。蒸汽机出现后,欧洲风车数目急剧下降,风能利用技术发展缓慢,也没有引起人们足够的重视。

现阶段:虽然人类历史上很早就出现风能的利用,但是风力发电技术发展却只有不到 200 年的历史。自 1973 年世界石油危机以来,在常规能源告急和全球生态环境恶化的双重压力下,风能作为新能源的一部分才重新有了长足的发展。风能作为一种无污染和可再生的新能源有着巨大的发展潜力,特别是对沿海岛屿,交通不便的边远山区,地广人稀的草原牧场,以及远离电网和近期内电网还难以达到的农村、边疆,风能作为解决生产和生活能源的一种可靠途径,有着十分重要的意义。即使在发达国家,风能作为一种高效清洁的新能源也日益受到重视。19 世纪 80 年代末期,第一台风力发电机由美国制造成功，但功率仅有 12 kW。1939～1945 年，丹麦首次投入使用少叶片风力发电机。20世纪 50 年代初期，丹麦制造出第一台交流风力发电机。1930～1960 年，丹麦、美国等欧美国家开始研发更大功率的风力发电机。图 1.3 是位于美国加利福尼亚州南部棕榈泉的风力发电场实景图，众多风机为用户供能。20 世纪 80 年代，已出现 630 kW 的风力发电机，国际技术已突破风力发电技术瓶颈，风力发电成本大幅降低。1990 年，新一代风力发电机的雏形已形成。中国风力机的发展，20 世纪 50 年代末期是各种木结构的布篷式风车，1959 年仅江苏省就有木风车多达 20 余万台。60 年代中期主要是发展风力提水机。70 年代中期以后风能开发利用列入"六五"国家重点项目，得到迅速发展。80 年代中期以后，中国先后从丹麦、比利时、瑞典、美国、德国引进一批中、大型风力发电机组，在新疆、内蒙古的风口及山东、浙江、福建、广东的岛屿建立了 8 座示范性风力发电场。1992 年装机容量已达 8 MW。新疆达坂城的风力发电场装机容量已达 3300 kW，是全国目前最大的风力发电场。至 1990 年年底，全国风力提水的灌溉面积已达 2.58 万亩。1997 年新增风力发电 10 万 kW。20 世纪 90 年代以来，大型风力机开始在中国推广应用，取得了可喜的成就。2016 年中国风力发电新增装机容量 2337 万 kW，累计装机容量达到 1.69 亿 kW，其中海上风力发电新增装机容量 59 万 kW，累计装机容量为 163 万 kW。2018 年风力发电新增装机容量为 21 GW，2019 年第一季度风力发电新增装机容量 6.88 GW，同比增加 9.21%。

图 1.3　位于美国加利福尼亚州南部棕榈泉的风力发电场

　　世界风能的潜力约 3500 亿 kW，因风力断续分散，难以经济地利用。今后输能、储能技术如有重大改进，风力利用率将会增加。风能由于受地理位置限制和对面积要求较高，其应用没有太阳能和生物质能广泛。但风力发电成本低，在条件优厚的地区风力发电成为当地发展新能源产业的有利模式。随着中国风力发电装机的国产化和发电的规模化，风力发电成本有望继续降低，加上持续性的政策优惠，风能行业发展呈现复苏迹象。

1.2.4　核能

核能尽管不是可再生资源，但其所具备的清洁、无污染、几乎零排放的特征让核能发电在能量资源利用上颇受关注。1954 年，苏联奥布宁斯克核电站并网发电，人类进入和平利用核能的时代，揭开了核能发电的序幕。60 多年以来，核电经历了 20 世纪 50～60 年代的起步阶段、70～80 年代的快速发展阶段、80 年代末到 21 世纪初的缓慢发展阶段，以及 21 世纪以来的复苏发展阶段。

起步阶段(1954～1968 年)：1954 年 6 月，苏联建成世界上第一座核电机组——5000 kW 石墨水冷堆奥布宁斯克核电站。美国于 1956 年投入运行了第一台 4500 kW 的沸水堆机组，1957 年 12 月建成了希平港原子能发电站，1960 年 7 月建成了德累斯顿沸水堆核电站。法国和英国在 1956 年也各建成一台石墨气冷堆机组。20 世纪 60 年代，德国、日本、加拿大等国的核电工业相继发展起来，总装机容量 1223 万 kW，最大单机容量 60.8 万 kW。

快速发展阶段(1969～1988 年)：这一阶段核电技术趋于成熟，拥有核电站的国家逐年增加。特别是 1973～1974 年的石油危机将世界核电的发展推向高潮。根据美国能源信息署(EIA)数据，截至 1988 年，全球核电装机容量达 319.50 MW，约为 1980 年装机容量 156.80 MW 的 2 倍；根据世界银行数据，1988 年全球核能发电量占全球总发电量的 15.29%，是 1980 年(7.81%)的近 2 倍。

缓慢发展阶段(1989～2000 年)：20 世纪 80 年代之后，世界经济特别是发达国家的经济增长缓慢，因而对电力需求增长缓慢甚至下降，核电发展遇到重重困难。1979 年 3 月美国发生的三英里岛核电站事故及 1986 年 4 月苏联发生的切尔诺贝利核电站事故使得核电安全受到政府和公众的极大关注。在这种情况下，政府和公众对核电的安全性要求不断提高，导致核电站设计更加复杂、政府审批时间和建造周期加长、建设成本上升，核电竞争力下降。

复苏发展阶段(2001 年至今)：在世界核电市场，由于 21 世纪全球工业水平和规模的高速发展，对电力的需求急剧增加。各国出于对化石燃料资源供应的担心，寄希望于核电；美国、俄罗斯、英国、法国等国家都制定了庞大的核电发展计划；后起的德国和日本也挤进了发展核电的行列；一些发展中国家则以购买成套设备的方式开始进行核电厂建设。在中国核电市场，具有核电业主身份的仅有三家企业——中国核工业集团有限公司、中国广核集团有限公司和国家电力投资集团有限公司，三家企业持有核电运营牌照。数据显示，截至 2018 年 6 月 30 日，中国投入商业运行的核电机组共 38 台，总装机容量 3694 万 kW，约占全国电力总装机容量的 2.13%。其中，中国核工业集团有限公司在运核电机组 18 台，装机容量 1547 万 kW，占中国大陆在运核电市场份额的 41.90%；中国广核集团有限公司在运核电机组 20 台，装机容量 2147 万 kW，占中国大陆在运核电市场份额的 58.10%。2018 年，中国核电建设取得了突破性进展，三代核电 AP1000 和 EPR 全球首堆建成投产，自主三代核电技术“华龙一号”示范工程建设进展顺利。图 1.4 是中国广核集团有限公司台山核电 1 号机组，这是全球首台实现并网发电的 EPR 三代核电机组。

图 1.4   全球首台实现并网发电的 EPR 三代核电机组——中国广核集团有限公司台山核电 1 号机组

总的来说，全球核电发展形势很好，正在全面复苏。国际能源机构(IEA)提出，要建立一个脱碳的能源系统，采用核能发电到 2030 年必须达到目前的 1.8 倍，才能使全球气温升高限制在 2 ℃以内。全球社会经济要发展，环境生态要保护，因此对核电的需求不仅数量大，而且时间紧迫，这是大势所趋。核电作为一种安全、经济、可靠的清洁能源，能够大规模替代化石能源，是发展低碳经济的选择之一。

1.2.5   地热能

地热能资源是指陆地下 5000 m 深度内的岩石和水体的总含热量。其中，全球陆地部分 3 km 深度内、150 ℃以上的高温地热能资源为 140 万 t 标准煤，一些国家已着手商业开发利用。从广义上讲，人类开始利用地热能资源最早始于几千年前利用温泉进行洗浴。如果特指现代工业社会对地热能的利用，意大利发明家康蒂于 1904 年在拉德瑞罗首次把天然的地热蒸汽用于发电，把地下的热能转变为机械能，再将机械能转变为电能，这项发明直接带动了意大利地热发电的大发展，使意大利和冰岛同时成为大规模利用地热发展最好的国家。

近年来世界地热发电发展迅速，全球地热发电装机容量从 2000 年的 8594 MW 增加到 2018 年的 13.3 GW。美洲地热发电市场以美国、墨西哥和尼加拉瓜为主。亚太地区的地热发电市场主要有印度尼西亚、日本、菲律宾和新西兰。美国拥有全球最多的地热资源，估计地热储量约为 31000 MW，地热能开发规模最大，地热发电居世界第一。北欧冰岛是全球地热开发的楷模，约三分之一的电力来自地热发电，地热能在一次能源中占54%。赫利舍迪地热电站装机容量为 30 万 kW，是冰岛最大的地热电站(图 1.5)。菲律宾是发达的地热发电国家，地热发电量仅次于美国，约占国内总发电量的 20%。印度尼西亚的活火山数和地热潜能居世界第二位,其地热发电装机容量居世界第三,目前地热发电量占全国总用量的 3%,地热储量约为 29 GW,占全球总量的 40%。

图 1.5　冰岛赫利舍迪地热电站实景图

　　中国的地热资源相当丰富,地热资源主要集中在构造活动带和大型沉积盆地中,主要类型为沉积盆地型和隆起山地型。自然资源部在系统收集中国基础地质、地热地质、水文地质、城市地质、石油地质等已有资料的基础上,对地热资源潜力进行了重新评价。根据该评价结果,中国浅层地热能资源量相当于 95 亿 t 标准煤。每年浅层地热能可利用资源量相当于 3.5 亿 t 标准煤。若全部有效开发利用,则每年可节约 2.5 亿 t 标准煤,减少二氧化碳排放约 5 亿 t;全国沉积盆地地热资源储量折合标准煤 8530 亿 t;每年可利用的常规地热资源总量相当于 6.4 亿 t 标准煤,每年可减少二氧化碳排放 13 亿 t。中国大陆 3000~10 000 m 深处干热岩资源总计相当于 860 万亿 t 标准煤,是中国目前年度能源消耗总量的 26 万倍。中国现已查明 287 个地级以上城市浅层地热能、12 个主要沉积盆地地热资源、2562 处温泉区隆起山地地热资源。目前利用地热发电的有 4 处,其中西藏有 3 处,分别是羊八井、那曲和朗久三个地热田,总装机容量约为 25 MW;广东丰顺地区有 1 处,其装机容量约为 0.3 MW。其余地热资源主要用于供暖、热泵、洗浴、医疗、养殖和农业大棚等。中国地热资源直接利用总量多年来位居世界第一。2014 年年底,中国地热直接利用发生了可喜的变化,地热供暖比例首次超过温泉洗浴,其中地源热泵为 58%,地热供暖为 19%,温泉洗浴为 18%,其他利用方式为 5%。中国地热开发的能源性、技术性更加突出。

　　中国地热资源利用虽然占据世界首位,但在中国能源结构中不足 0.5%,地热发电也仅占世界地热发电的 0.35%。大力开发和有效利用地热资源已成为中国当前能源问题形势下所面临的新挑战。

1.2.6　海洋能

海洋能是一种蕴藏在海洋中的重要的可再生清洁能源，主要包括潮汐能、波浪能、海流能(潮流能)、海水温差能和海水盐差能。海洋能作为战略性资源得到国际社会普遍认同，无论是承担更多碳减排责任的传统海洋强国，还是能源需求增长迅速的新兴国家，抑或是受全球变暖威胁的岛屿国家，都在对海洋可再生能源进行积极开发和利用。

中国海洋能资源可开发量丰富，因地制宜开发海洋能，可切实解决海岛发展、海上设备运行、深远海开发等用电用水需求问题，对于维护国家海洋权益、保护海洋生态环境、拓展发展空间具有战略意义。为了更好地促进海洋能研究、开发与利用，引导海洋能技术向可持续、高效、可靠、低成本及环境友好的商业化应用方向发展，国际能源机构实施了"海洋能系统技术合作计划"，目前共有 25 个成员国加入。中国由自然资源部国家海洋技术中心作为缔约机构加入协议，为了履行成员国"海洋能系统信息回顾、交流与宣传"的职责，定期发行"海洋可再生能源开发利用动态简报"，宣传国内外海洋能发展动态。

目前，全球海洋能开发热潮的兴起推动了海洋能商业化进程。在边远海岛供电、深海网箱养殖、海洋牧场建设、海洋观测仪器能源供给等目标领域，开展海洋能发电系统研发和应用。加快潮汐能、潮流能、波浪能示范基地建设，推进海洋能工程化应用。同步推进关键技术创新与基础研究能力提升。以单机 500 kW 潮流能机组、单机 100 kW 波浪能发电装置、50 kW 温差能综合利用技术为重点，加强技术创新，发展适合中国海洋能资源特点的高效能量转换新技术、新方法，充分发挥企业在技术创新体系中的主体地位，推进中国海洋能技术产业化进程。近年来，随着英国、美国等海洋强国持续加大海洋能技术研发力度，大型跨国能源和制造业巨头也开始进军海洋能领域，国际海洋能技术取得了一系列重要进展：世界最大的潮汐电站装机容量达 254 MW，潮流能发电场(总装机容量为 398 MW)一期工程已建成 6 MW，多个波浪能发电技术(最大 1 MW)已示范运行多年，温差能发电及其综合利用即将开展兆瓦级工程建设，海洋能技术在边远海岛、深远海、海底等的供电及综合利用逐步成为现实。

(1) 潮流能：迈向商业化应用。在潮流能技术方面，目前国际上已有数个单机兆瓦级机组实现并网，也有单机百千瓦级机组实现并网。对于潮流能资源丰富的海域，研发布放兆瓦级机组可有效降低单位发电成本。百千瓦级机组既适合在浅水区安装，又可在短期内实现潮流能发电阵列的应用，降低整个发电场成本。2015 年 9 月，荷兰布放了 1.2 MW 潮流能发电阵列，为 1000 户居民提供电力，成为国际上首个并网运行的潮流能发电阵列。2016 年 11 月，英国一潮流能发电场 6 MW 发电阵列并网发电，截至 2017 年 3 月底，累计发电 400 MW·h，满足了 1250 个英国家庭用电。这两个项目的成功并网发电，标志着国际潮流能技术迈向商业化应用。近年来，美国通用电气公司、法国国有船舶制造企业、法国电力集团等国际知名公司也纷纷进入潮流能领域，国际潮流能技术商业化进程进一步加快。图 1.6 是一台正在利用潮流能进行发电的装置。

(2) 波浪能：技术处于示范运行阶段。目前，全球虽然有不少波浪能发电装置进行了长期海试，但波浪能技术基本处于示范运行阶段。在恶劣环境下，波浪能发电装置的生存性、长期工作的可靠性、高效转换能力等关键技术问题仍有待突破。同时，波浪能发电

图 1.6 利用潮流能的发电装置示意图

现有装置基本安装在近岸海域运行，如西班牙穆特里库波浪能电站，装机容量 296 kW，自 2012 年运行以来，年均发电 40 MW·h，尚未到波浪能资源更加丰富的离岸 6 km 以外的区域开展示范运行。2004 年和 2009 年先后实现并网的英国"海蛇"波浪能装置和"牡蛎号"波浪能装置，由于技术问题迟迟未能商业化。这些项目积累了大量的海试经验，对其他波浪能装置研发具有重要借鉴意义。

(3) 温差能：已经进入兆瓦级电站建设阶段。近年来，日本、美国、印度等国家建造了几个百千瓦级温差能发电及综合利用示范电站，取得了较好的运行效果，为兆瓦级电站建造积累了重要经验。法国、美国、韩国等国家启动了兆瓦级温差能电站建设。2015 年 8 月，美国 100 kW 闭式循环海洋温差能转换装置在夏威夷自然能源实验室启动，成为美国首个并网的温差能电站，可满足 120 户家庭年用电需求。2013 年，日本在冲绳建成了 50 kW 示范电站，为温差能技术商业化奠定了基础。2012 年，印度在米尼科伊岛建造了日产淡水约 100 t 的温差能海水制淡水示范电站，韩国海洋科学与技术研究所于 2013 年建成了 20 kW 温差能试验电站，法国国有船舶制造企业在塔希提开展 10 MW 温差能电站建设可行性研究。总体来看，国际温差能技术仍处于核心技术突破阶段，其冷水管技术、平台水管接口技术、热力循环技术及整体集成技术等方面仍存在一定问题。温差能发电要突破高发电成本的制约，需要向十兆瓦甚至百兆瓦电站规模发展。

1.2.7 氢能

1970 年，美国提出"氢经济"的概念，主要描绘了未来氢气取代石油成为支撑全球经济的主要能源后，整个氢能源生产、配送、储存及使用的市场运作体系。氢经济是将氢作为一种低碳燃料使用，特别是用于取暖、氢汽车、季节性能源储存和远距离能源运输。以前，氢气主要用作工业原料，主要用于生产氨、甲醇和炼油。为了逐步淘汰化石燃料并限制全球变暖，氢开始用作燃烧燃料，只向大气释放干净的水，而不向大气释放二氧化碳。氢气在常规的储层中不是自然存在的。截至 2019 年，全球每年在工业加工过程中消耗的 7000 万 t 氢绝大多数是由天然气转化(甲烷转化为氢气和一氧化碳及二氧化碳的化学反应)而成，只有少量的氢是由水电解而成，目前还没有足够的廉价清洁电力(可再生能源发电和核能发电)，使得氢成为低碳经济的重要组成部分。

能源的发展史也可以看作是减碳增氢的发展历程。如图 1.7 所示，从不同时期主要能源的氢碳比例变化来看，煤炭、柴薪氢碳比例为 1∶1，石油氢碳比例为 2∶1，天然气氢碳比例为 4∶1。随着主要能源形式的发展，氢碳比例越来越高，而氢气的氢碳比例为正无穷。世界上许多国家都将氢能作为战略性能源来发展。早在 20 世纪 70 年代，美国就成功地将燃料电池应用于双子星 5 号太空船和阿波罗号宇宙飞船上，成为第一个实现氢能源技术应用的国家。然而，20 世纪末至 21 世纪初，因成本问题，氢能源技术的发展近乎停滞。直到 2014 年日本燃料电池技术的突破，加上石油、煤炭等一次能源的储量逐渐减少导致能源紧缺，各国构建"氢能社会"的愿景又被重拾，氢能源也重新受到重视。参照表 1.1，如今从国家层面来看，日本是氢能源发展最为积极的推动者；从市场实践层面来看，交通领域是全球氢能技术应用的"领头羊"。

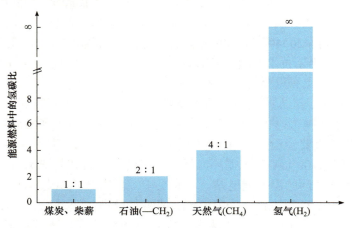

图 1.7　能源燃料中的氢碳比

表 1.1　氢能源技术的发展进程

年份	事件	国家	备注
1839	英国科学家格罗夫(Grove)实现燃料电池的原理性实验	英国	燃料电池技术的突破开启了人类对氢能源的利用
1962	质子交换膜燃料电池(PEMFC)正式应用于美国双子星 5 号太空船	美国	美国通用汽车公司(GM)启动了燃料电池汽车的研发

续表

年份	事件	国家	备注
1965	碱性燃料电池应用于美国阿波罗号宇宙飞船	美国	美国是世界上第一个实现氢能源技术应用的国家
1994	德国戴姆勒公司推出了第一代燃料电池汽车 Necar 1	德国	
2009	日本松下公司和东芝公司在全球首推家庭燃料电池 ENEFARM，能源效率超过 95%	日本	21 世纪初期，纯电动汽车因为相对更为经济，得到了稳定的发展，而燃料电池车和氢能源技术的发展却近乎停滞。直到日本燃料电池技术的突破，才使得氢能源再次受到重视
2014	日本丰田汽车公司在全球首推 4 人乘坐的燃料电池汽车 Mirai，续航里程 500 km，补充氢燃料仅需 3 min	日本	
2015	世界首列氢能源有轨电车在中车青岛四方机车车辆股份有限公司竣工下线	中国	
2016	日本本田汽车公司发布 5 人乘坐的氢燃料电池汽车 Clarity Fuel Cell，续航里程高达 750 km，补充氢燃料仅需 3 min，达到了与常规动力车型相同的标准	日本	
2016	法国阿尔斯通公司推出世界首款氢燃料电池客运列车，并于 2017 年年底在德国正式投入运营	法国	
2018	意大利宾尼法利纳公司设计的氢燃料电池超级跑车 H2 Speed 量产车型于日内瓦车展亮相	意大利	

1.3　新能源发展的机遇、挑战和意义

1.3.1　新能源的发展机遇

国际能源机构发布的《世界能源展望 2019》的统计数据显示，2018 年全球发电量达到 26.672 万亿 kW·h，其中化石能源发电占比 64%，可再生能源发电占比 36%(其中核能发电占比 10%)。就中国而言，截至 2018 年年底，中国可再生能源发电装机容量突破 7 亿 kW，其中水电、风电和光伏发电装机容量分别达到 3.5 亿 kW、1.8 亿 kW 和 1.7 亿 kW，均位居世界第一。核电装机容量达到 4464 万 kW，在建装机容量 1218 万 kW，在建规模世界第一，总体上中国非化石能源发电装机容量占比约 40%，发电量占比接近 30%。中国作为全球排名第一的能源生产和消费国家，积极顺应能源转型大势，持续增大对清洁能源的投资力度。目前，中国已经成为全球最大的清洁能源投资国，新能源面临着前所未有的发展机遇。

1. 能源结构变化的机遇

全球范围可再生能源正逐步替代传统能源。

(1) 未来 20 年全球能源消费总量将低速增长，结构将逐渐优化，世界能源消费继续保持低速增长。如图 1.8 所示，预计到 2035 年，世界能源消费将由 2016 年的 132.8 亿 t

油当量[①]增长到 175.2 亿 t 油当量，年均增长 1.5%。其中，石油消费年均增长 0.7%，天然气为 1.6%，煤炭为 0.4%，核电为 2.4%，水电为 1.8%，风电、太阳能、生物质能和地热能等其他可再生能源为 7.2%。世界能源结构将逐渐优化，煤炭和石油消费比重将持续下降，天然气消费比重显著上升。化石能源比重由 85.5% 下降到 78.0%，非化石能源比重由 14.5% 上升到 22.0%。化石能源中，煤炭和石油的消费比重将显著下降；非化石能源中，风电、光伏发电等其他可再生能源比重上升幅度最大。

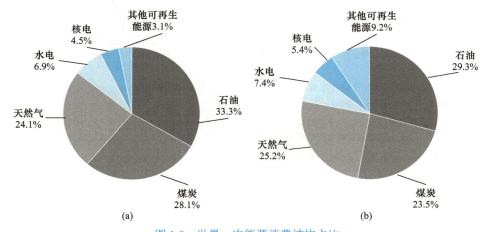

图 1.8　世界一次能源消费结构占比
(a) 2016 年统计数据；(b) 2035 年预测数据

(2) 未来 20 年，中国能源消费将进入减速换挡期，结构优化将取得显著成效。随着经济发展方式转变和能源效率不断提高，中国能源消费增速将不断下降。如图 1.9 所示，预计中国能源需求将由当前的 43.6 亿 t 标准煤增长到 2035 年的 51.4 亿 t 标准煤，增长 17.9%，年均增长 0.9%。化石能源中，天然气年均增长 4.6%，石油年均增长 1.6%，煤炭年均下降 0.6%。核电和非水电可再生能源增长较快，年均增速分别达到 6.1% 和 7.4%。能源结构优化取得显著成效，化石能源的比重由目前的 87% 下降到 2035 年的 80% 左右。非化石能源的比重将由目前的 13% 提高到 2035 年的 20%，其中风电、光伏发电等其他可再生能源的比重将由 1.4% 提高到 8.3%。

(3) "能源革命"将推动相关产业向绿色、可持续方向转型，电力在终端能源需求中将扮演更加重要的角色。低碳清洁发展仍是未来能源行业的主题。在《中美气候变化联合声明》中，美国宣布计划于 2025 年实现在 2005 年基础上减排 26%~28% 的目标。欧盟发布低碳经济转型目标，到 2030 年将可再生能源在能源消费结构中的占比提高到 27%。越来越多的发展中国家提出了宏大的中远期可再生能源发展目标，可再生能源发展将从

---

① 油当量：按标准油的热当量值计算各种能源量时所用的综合换算指标，又称标准油。凡是低位发热量等于 42.62 MJ 或 10 000 kcal · kg⁻¹ 的能源量称为 1 kg 标准油。在实际计量统计中可以采用吨标准油。世界能源消费以石油和天然气为主，通常采用吨油当量作为能源的统一计量单位。中国等一些以煤炭消费为主的国家则通常采用标准煤作为能源的统一计量单位，1 t 标准煤等于 0.7 t 标准油。

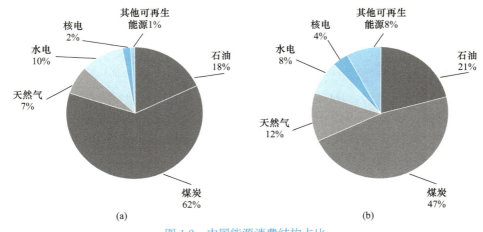

图 1.9　中国能源消费结构占比

(a) 2016 年统计数据；(b) 2035 年预测数据

由发达国家主导转向发达国家、发展中国家"双轮驱动"。由于发展中国家建筑和工业电气化的推动，未来全球电力消费将快速增长。从 2013 年到 2035 年，在终端能源消费中，电力将以年均 2.2%的速度增长，而其他能源的增速为 1.0%。电力占终端能源消费的比重将由 2013 年的 18%提高到 2035 年的 23%，到 2050 年将进一步提高到 25%。

2. 新能源发展经济性提高的机遇

1) 按投资成本排序

新能源的投资成本逐年降低，投资成本的降低将极大地促进新能源的发展。按照投资成本由低到高排序，依次是风力发电、太阳能发电、地热能发电和生物质发电。

(1) 风力发电：中国风力发电的单位成本较高，但风力发电单位成本在 2008 年达到高点后，呈现不断下降的态势，未来将具有与清洁火力发电相竞争的优势。2010 年中国风力发电成本为 $0.36\sim0.44$ 元·$(kW\cdot h)^{-1}$，2018 年风力发电成本降至 $0.32\sim0.40$ 元·$(kW\cdot h)^{-1}$，仍明显高于火力发电。其中，风力发电机组及安装投资平均约为 4500 元·kW^{-1}，除风力发电机组造价外，土建、升压站、辅助工程及其他费用投资平均约为 3000 元·kW^{-1}；在风电场的运行维护中，除去折旧成本后，单位运行成本平均约为 0.125 元·$(kW\cdot h)^{-1}$。设备成本占风力发电建设投资的 60%。在激烈的市场竞争压力下，随着风力发电产业的迅猛发展和市场扩大，中国主流国产风机的平均价格由 2008 年最高时的超过 6500 元·kW^{-1} 快速下降，仅在 2009 年就下降了约 15%，2014 年传统 1.5 MW 主流机型市场售价已降至 4000 元·kW^{-1}。随着风力发电设备单位投资水平下降、风电场选址水平提高，以及风力发电机组利用率和效率的提高，2020 年风力发电成本在此基础上降低了 20%，风力发电成本为 $0.29\sim0.35$ 元·$(kW\cdot h)^{-1}$，具有与清洁火力发电竞争的优势。

(2) 太阳能发电：光伏发电投资成本步入快速下降通道，中国光伏发电成本未来将大幅下降，成为可再生能源中最具竞争力的能源。国际可再生能源机构发布的最新报告称，全球大型地面光伏发电项目的平均投资成本在 $2009\sim2020$ 年下降了 80%(从 5 美元·W^{-1} 降至 1.65 美元·W^{-1})，预计 $2021\sim2025$ 年期间成本会继续下降 40%(低于 1 美元·W^{-1})。中国光伏电站投资在 8000 元·kW^{-1} 左右,初装费补贴由省市财政掌握,目前为 0～3 元·W^{-1}。中国太阳能光伏发电单位成本大幅下降,由 2010 年的 0.93 元·(kW·h)$^{-1}$ 下降到 2020 年的 0.37 元·(kW·h)$^{-1}$,预计到 2030 年将下降至 0.23 元·(kW·h)$^{-1}$,具备与传统火力发电竞争的优势。光热投资成本高位缓降,仍难以和光伏竞争。预计到 2025 年,以 7.5～9.0 GW·h 储能容量为例,160 MW 槽式光热电站装机成本可望下降 33%,从 2015 年及以前的 5.5 美元·W^{-1} 下降到 3.6 美元·W^{-1};而 150 MW 塔式光热电站成本可望下降 37%,从 2015 年及以前的 5.7 美元·W^{-1} 降至 3.6 美元·W^{-1}。预计 2030 年太阳能光热发电单位成本将略有下降。

(3) 地热能发电:地热供暖成本约为 15.5 元·m^{-2},相比燃煤锅炉供暖 23 元·m^{-2} 的供暖成本(含锅炉房、热力供应系统)具有较大的优势。地热供暖项目建设期投资包括钻井工程、管网敷设和地面工程三大项目;地热供暖项目运营成本主要包括电费、工人工资、设备维修费、折旧费、税费等。地热能发电成本对资源条件依赖较大,全球地热能发电成本为 0.26～0.72 元·(kW·h)$^{-1}$,中国当前地热能发电成本约 0.7 元·(kW·h)$^{-1}$。地热能发电的单位装机投资与热储温度直接相关,当温度升高约 300 ℃以后,地热能发电单位装机的投资基本保持不变。对地热能发电成本影响最大的是发电小时数和单位装机容量投资。当发电小时数为 7200 h,单位投资约 15 000 元·kW^{-1}。

(4) 生物质发电:独立生物质发电项目的初期建设成本及后期燃料、运行费用都较高,目前成本是 0.63 元·(kW·h)$^{-1}$,预计未来生物质发电成本将与火力发电成本相当。目前独立生物质发电项目的投资建设成本为 8000～10 000 元·kW^{-1},是常规火力发电投资的 2 倍。生物质发电企业的实际税率通常达 12%,也高于常规火力发电企业的 6%～8%。2020 年以前,生物质混燃发电的成本低于火力发电,因此成为生物质发电的主流技术。生物质直燃发电则需到 2025～2030 年才能达到成本标志性指标,因此 2050 年前直燃发电不宜快速发展,在资源较为丰富但缺乏发展混燃发电条件的地区可考虑生物质直燃发电热电联产,提高能源利用效率。气化发电的形式以生物质多联产分布发电为主,虽然技术成熟时间大约需要到 2030 年,但气化发电能够很好地适应生物质原料分布分散而广泛的特点,同时分布式发电节约了长距离输电的成本,提高了效率。虽然从项目层面发电成本略高于直燃发电,但从电力系统的层面考虑,气化发电在经济性方面具有一定的优势,可以成为未来生物质发电的重要途径。

2) 按价格与补贴排序

(1) 风力发电:中国实行风力发电价格费用分摊制度,风力发电的上网电价政策经历了 3 个阶段,目前风力发电上网电价降至历史最低水平,未来将持续下降至火力发电上网电价水平。从 2016 年 1 月 1 日起,中国实行最新颁布的四类风资源区上网电价,调整后的四类资源区价格分别为 0.47 元·(kW·h)$^{-1}$、0.50 元·(kW·h)$^{-1}$、0.54 元·(kW·h)$^{-1}$ 和 0.60 元·(kW·h)$^{-1}$。2018 年陆上风电标杆上网电价继续下调,调整后的四类资源区价格分别为 0.44 元·(kW·h)$^{-1}$、0.47 元·(kW·h)$^{-1}$、0.51 元·(kW·h)$^{-1}$ 和 0.58 元·(kW·h)$^{-1}$。预计到 2030 年,风力发电的上网电价将降至 0.35 元·(kW·h)$^{-1}$。

(2) 太阳能发电:目前光伏发电一类和二类资源区电价分别是 0.9 元·(kW·h)$^{-1}$ 和 0.95 元·(kW·h)$^{-1}$,未来光伏发电上网价格将持续走低,预计到 2030 年光伏发电上网电价将降至 0.65 元·$(kW \cdot h)^{-1}$。光伏电站标杆上网电价涵盖 2015 年及以前所有项目：Ⅰ类地区实行 0.9 元·$(kW \cdot h)^{-1}$的上网电价，Ⅱ类地区 0.95 元·$(kW \cdot h)^{-1}$，Ⅲ类地区 1 元·$(kW \cdot h)^{-1}$。光伏电站标杆上网电价高出当地燃煤机组标杆上网电价(含脱硫等环保电价)的部分，通过可再生能源发展基金予以补贴，对分布式光伏发电实行按照全电量补贴政策，电价补贴标准为 0.42 元·$(kW \cdot h)^{-1}$(含税)，各省市财政另外补贴 0～0.5 元·$(kW \cdot h)^{-1}$，余电上网按 0.39 元·$(kW \cdot h)^{-1}$收购。光伏发电项目自投入运营起执行标杆上网电价或电价补贴标准，期限原则上为 20 年。目前光热发电上网电价 1.15 元·$(kW \cdot h)^{-1}$，加上地方政府 0.3 元·$(kW \cdot h)^{-1}$的地方性补贴，为新能源发电中最高。未来光热发电上网价格将随着技术进步有所下降，预计到 2030 年光热发电上网电价将与光伏发电上网电价基本持平。

(3) 地热能发电：地热供暖的价格及补贴包括居民取暖价格、碳资产价格及贴费(补贴)，地热供暖每个供暖季的收入为 21.44 元·m^{-2}。居民采暖费价格为每月 5.4 元·m^{-2}，锁闭户按 30%收取，每个采暖季运行 120 天；二氧化碳价格按 50 元·t^{-1}计算，供暖季每平方米的能耗约为 26 kg 标准煤；补贴费用按 40.8 元·m^{-2}标准计算，综合考虑居民取暖价格、碳资产价格及补贴费用，地热供暖每供暖季的收入为 21.44 元·m^{-2}。地热能发电上网电价 0.9 元·$(kW \cdot h)^{-1}$(以西藏羊八井地热电站 2012 年上网电价为例)。

(4) 生物质发电：2010 年年底，国家发展和改革委员会对秸秆发电项目实行了标杆上网电价，将秸秆发电的上网电价统一提高到 0.75 元·$(kW \cdot h)^{-1}$。国家发展和改革委员会发布的《可再生能源发电价格和费用分摊管理试行办法》规定，中国可再生能源发电价格实行政府定价和政府指导价两种形式。实行政府定价的，在各省(自治区、直辖市)脱硫燃煤机组标杆上网电价基础上加补贴电价组成，补贴电价标准为 0.25 元·$(kW \cdot h)^{-1}$。发电项目自投产之日起 15 年内享受补贴电价，运行满 15 年后，取消补贴电价。自 2010 年起，每年新批准和核准建设的生物质发电项目的补贴电价比上一年递减 2%。通过风能、太阳能光伏、光热、地热、生物质等不同新能源和火力发电上网电价的分析对比，目前新能源发电上网电价仍高于火力发电上网电价。但从长期来看，考虑到国家新能源产业的政策走向，未来新能源发电上网电价将不断下调，最终与传统火力发电上网电价趋同。

3) 按新能源发电经济性排序

通过投资成本、上网电价、发电毛利等不同能源发电经济性对比分析，仅从单位投资收益的因素考虑，目前中国新能源发电经济性排序依次为光伏发电、地热能发电、风力发电、生物质发电、光热发电。如图 1.10 所示，随着新能源发电技术进步、装机成本不断下调，同时考虑到中国碳交易政策已于 2017 年正式实施，从单位投资收益的角度考虑，未来新能源发电的经济性将不断提高，预计到 2030 年，中国新能源发电经济性排序依次为光伏发电、地热能发电、生物质发电、风力发电、火力发电和光热发电，新能源发电相对传统火力发电更具有竞争力。

3. 智慧能源与微电网快速发展的机遇

未来随着信息化与工业化的深度融合，能源互联网将获得快速发展。能源互联网将对传统能源行业产生巨大而深刻的影响，互联网 B2B、B2C 的业务模式也在向大宗能源

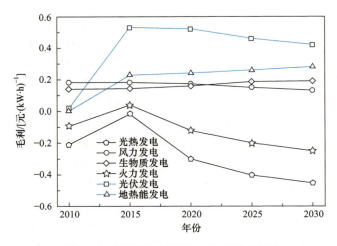

图 1.10　中国不同能源发电的毛利对比图

项目扩张，全球能源发展将呈现三大趋势——分布化、市场化、智能化。未来智能微电网的基本格局将是每个生产能源的单位都能够把生产的能源连接到能源互联网，而需要能源的人和单位也能够通过能源互联网获得能源，共享性、互联性成为智能微电网的主要特征。能源互联网中传输的电能就相当于互联网中传输的数据和信息，来自煤电、核电、可再生能源的电站就相当于海量的网站，储能装置的角色与服务器相当，输电线路就好比通信线路——互联网之外的另一张"能源互联网"模型初具雏形。物联网、云计算和大数据将促进能源流和信息流的高度融合，最终催生由智慧能源开拓的智能微电网时代。智慧能源不仅是用户有 IP 能够生产同时消费电力能源，也不仅是利用网络进行电力能源调配，而且要使电力能源产品像其他消费品一样能够自由交易。智慧能源是应用互联网和现代通信技术，对能源的生产、使用、调度和效率状况进行实时监控、分析，并在大数据、云计算的基础上进行实时检测、报告和优化处理，以达到最佳状态的开放、透明、去中心化和广泛自愿参与的能源综合管理系统。智慧能源产业就是将系统能源技术与信息技术相结合，应用于能源的生产、存储、输送、消费 4 个环节，并提供整体解决方案和配套技术服务，以达到资源能源最佳配置、优化、管控整个能源系统的目的。智慧能源不仅包括传统的能源生产，也包括新能源的开发利用，智慧能源产业创新是物联网的实践，最终的结果是能源互联网。中国能源互联网将发端于区域性分布式微电网建设，为新能源产业的发展拓展新的生态空间。2015 年 7 月，国家能源局发布《关于推进新能源微电网示范项目建设的指导意见》，为新能源微电网的发展创造了良好环境并在积累经验基础上积极推广。2016 年 2 月，国家发展和改革委员会、国家能源局、工业和信息化部联合发布《关于推进"互联网+"智慧能源发展的指导意见》，提出十大重点任务和两大发展阶段，为智慧能源产业发展指明方向。与此同时，国家推动的电力体制改革、中国制造2025、节能减排升级创新、多能互补集成优化和互联网升级去中心时代等，从各个领域、各个方向全面推动了智慧能源产业创新和能源互联网的发展。由此，"互联网+"智慧能源备受关注，能源互联网生态新模式正在开启。

4. 电动汽车发展冲击传统油品市场的机遇

电动汽车的电力消耗在中国总用电量中所占份额很小，对电力供需关系影响较小。按照纯电动汽车百公里平均耗电 20 kW·h、年行驶里程 10 000 km 计算，每辆车年耗电 2000 kW·h，50 万辆电动汽车年耗电 10 亿 kW·h，占 2015 年用电量的 0.01%。假设 1 亿辆电动汽车年耗电 2000 亿 kW·h，仅占 2035 年用电量的 2.1%。电动汽车发展对电网负荷有一定影响，但智能电网可助力电动汽车发展。大量电动汽车同时充电将使局部电网负荷升高，需要对配电网络进行改造，通过更换变压器解决负荷加重问题。电动汽车对整个电网的负荷影响不大，按每辆电动汽车充电的负荷为 3 kW 计算，1 万辆电动汽车同时充电的负荷为 30 000 kW，约相当于北京最大用电负荷的 0.2%；10 万辆电动汽车同时充电，约相当于北京最大用电负荷的 2%。如果在低谷时充电，不需要额外增加发电、输电和配电设施，并有利于电价下降；如果在高峰时充电，需要额外增加发电装机容量及输配电设施，并导致电价上涨。此外，车辆充电场所不固定，导致系统的运行工况随时可能发生改变，给系统的稳定带来隐患。智能电网可以根据负荷情况确定电动汽车的充电时间，并利用电动汽车存储的电能对电网进行调峰，因此发达的智能电网对于促进电动汽车发展十分重要。充电基础设施的建设发展空间大。假设直流快速充电桩 1 h 充电可支撑普通纯电动汽车续航约 200 km，电动汽车每年行驶 10 000 km，则需要充电 50 h；每个充电桩平均每天充电 14 h，则每年充电 5110 h。据此计算，每个充电桩可为约 100 辆电动汽车服务。以北京为例，假设北京市电动汽车未来规模达到 200 万辆，其中一半的充电需求由公共快速充电桩满足，其他由停车位充电桩(慢充)满足，则北京市需要建设 1 万个公共快速充电桩和 100 万个停车位充电桩，发展空间大。如果我国大力实施新能源汽车推广，2030 年将对传统油品市场产生一定的冲击。未来汽车技术发展将呈现电气化、互联化与智能化的特点。国家层面将形成产业间联动的新能源汽车自主创新发展规划，并推出持续可行的新能源汽车财税鼓励政策，新能源汽车发展将迎来全面爆发时期。到 2030 年我国民用汽车保有量将达到 4.79 亿辆，电动汽车保有量将达到 2400 万辆。2020~2030 年期间，我国电动汽车保有量将有较大幅度增长，可能替代 1000 万~2500 万 t 汽油消费。电动汽车的加速发展将对传统油品市场造成冲击。

在我国新能源汽车的发展过程中，提出了意义重大的"三纵三横"("三纵"指混合动力汽车、纯电动汽车、燃料电池汽车；"三横"指多能源动力总成控制系统、电机及其控制系统、电池及其管理系统)总体路线，清晰地指明了研发和产业化思路。

我国新能源发展具备良好的资源条件，同时需要应对全球气候变化和适应国内"转方式、调结构"的严峻现实，这为我国的可再生能源发展创造了良好的内、外部条件。2005 年，我国颁布了《中华人民共和国可再生能源法》(简称《可再生能源法》)，提出到 2020 年非化石能源达到能源消费 15%的目标，为可再生能源发展提出了更高要求。国务院做出了关于加快培育和发展战略性新兴产业的决定，将新能源作为我国战略性新兴产业的重要内容，极大地促进了我国新能源和可再生能源发展，实现了可再生能源技术、市场和服务体系的突破性进展，为实现可再生能源规模化发展奠定了重要基础。

5. 新技术推动能源系统变革的机遇

在能源转型进程中，储能、氢能、能源互联网等新技术的突破，有可能重塑能源系统，新的能源系统将更具有柔性、开放性和兼容性。各类能源品种在新的能源系统中有机融合、互补，各尽所能发挥作用，从而实现能源系统的低碳化转型。

首先是快速发展的储能技术。能源系统最终实现低碳、零碳转型，风、光等间歇性能源的大规模利用是当前世界各国的共识。在间歇性能源规模化利用方面，有两种方案：一是基于现有能源体系，通过集中开发，(超)远距离传输，如国内风光基地建设，以及全球能源互联；二是基于风、光等间歇性能源特点，分布式利用就地消纳。第一种方案，大规模接入会对电网安全稳定带来冲击。需要更加灵活配套电源来进行干预(这种方式并不低碳与经济，偏离了能源转型的初衷)，或者只能通过大规模储能减少波动性，避免对电网的冲击。第二种方案，分布式利用虽然可独立运行，减少了对电网的冲击，但小型储能系统仍然是这种分散式利用商业化的必要条件之一。因此，储能技术的成熟及商业化应用将极大地提高风、光等间歇性能源利用规模。

其次是氢能利用技术的发展。氢作为洁净的二次能源载体，能方便地转换成电和热，具有转化效率高、来源途径广、噪声低及零排放等优点，可广泛应用于汽车、飞机、火车等交通工具及固定电站等方面。有专家预测，氢能源将颠覆两个领域：一是交通运输行业，技术成熟的氢能汽车将取代传统燃油汽车和"传统"电动汽车；二是能源格局，采用可再生能源实现大规模制氢，通过氢气的桥接作用，既可为燃料电池提供氢源，也可转化为液体燃料，从而有可能实现由化石能源顺利过渡到可再生能源的可持续循环，催生可持续发展的氢能经济。因此，氢能作为洁净能源重要载体，被日本和欧洲国家看作本国未来能源变革的重要组成部分，甚至将氢能产业提升到战略高度。

此外，数字化、能源互联网、微电网、虚拟电厂、区块链等领域的技术进步也逐渐渗透至能源系统内部，不仅有利于提高能源系统的包容性，而且更加丰富了新能源利用的商业模式，对新能源产业将是新的机遇。

1.3.2 　发展新能源面临的挑战

加快推进能源革命蕴含大有可为的机遇和优势。落实新发展理念，全面推进生态文明建设，建设美丽中国，为推进能源革命提供了不竭动力。我国发展潜力大、韧性强，实施"一带一路"建设、京津冀协同发展、长江经济带发展三大战略，推进新型城镇化，为推进能源革命构筑了广阔舞台。经济发展进入新常态，能源消费增速放缓，供应压力有所减轻，为推进能源革命拓展了余地。全社会对能源开发利用普遍关切，广大人民群众节能环保意识不断增强，为推进能源革命奠定了广泛基础。

加快推进能源革命，是一项长期战略任务，更是一项复杂系统工程，面临现实困难与挑战。我国人口众多、人均能源资源拥有量相对较低，随着经济规模不断扩大，资源约束日益趋紧。发展方式粗放，能源利用效率低，生产和使用过程中环境污染问题突出、生态系统退化，控制碳排放任务艰巨。能源科技整体水平与能源结构转型要求不适应，支撑引领作用不够强，关键核心技术自主创新能力不足。与传统化石能源相比，新能源在技术经济性等方面竞争优势不明显，通过市场作用调节能源结构的机制还不完善。体制机制难以适应构建现代能源体系的需要，改革创新刻不容缓。世界能源地缘关系日趋复杂，保障开放条件下的能源安全面临诸多挑战。目前新能源的发展受限于以下因素：

第一，电网发展滞后、可再生能源优先调度机制不健全，但随着微电网发展的不断推进，新能源发展的机遇将凸显。目前，可再生能源发展规划与电网建设规划的统筹衔接矛盾较为突出，由于区域电网结构限制及外送通道建设滞后，风力发电、光伏发电集中开发地区面临的限电形势更加严峻，导致资源丰富地区的优势难以实现。很多地区尚未建立完善的保障可再生能源优先调度的电力运行机制，仍然采取平均分配的发电量年度计划安排电力调度运行，国家《可再生能源法》的保障性收购要求得不到切实落实，可再生能源发电系统被限制出力的现象十分严重。"十二五"期间，中国电力工业规划受特高压建设等重大未决事项影响迟迟未能确定，可再生能源发展目标和电网配套设施建设的滞后之间的时间、空间错配，导致了"大范围、常态性"的"弃风弃光"限电现象。加上经济发展放缓，电力需求不足，新能源发电遭遇了前所未有的限电危机。在可再生能源中，风能和太阳能的发展速度非常快，原因一是成本降低，二是获得了强有力的政府支持。但是，风能和太阳能需要把不确定性与电力需求的稳定性相结合，挑战巨大。如果风能和太阳能的占比相对较低，这种不稳定性能够应对，但占比升到 25%甚至更高，就必须用其他办法保证能源的安全。然而，国家减排力度不断加大和微电网的快速发展，对新能源的发展有重大的促进作用，新能源发展机遇期即将到来。我国将于 2030 年左右使二氧化碳排放达到峰值并争取尽早实现，2030 年单位国内生产总值二氧化碳排放比 2005 年下降 60%～65%，非化石能源占一次能源消费比重达到 20%左右，森林蓄积量比 2005 年增加 45 亿 m^3 左右。随着我国二氧化碳排放总量控制力度加大，中国核证减排量(CCER)和碳资产交易体系的加速完善将有助于加快新能源发展步伐。同时，微电网的快速发展代表了未来能源发展趋势，是"互联网+"在能源领域的创新性应用，对推进节能减排和实现能源可持续发展具有重要意义，为新能源发展打通外输通道，新能源发展的机遇凸显出来。

第二，政府补贴政策缺乏持续性、补贴效率不高将影响新能源发展。首先，新能源建设和运营过于依赖政策补贴，在经济发展水平较高的时期，政府将有更多的富余资金用来投资，客观上促进了新能源的发展。在经济低迷期，用有限的资金不足以支持可再生能源的持续发展，如果国家财政逐渐取消对新能源的补贴，当前阶段对新能源的发展十分不利。特别是当前传统能源价格普遍下行，新能源的相关技术经济性相对处于劣势，新能源在国家财政不能持续补贴之后，发展将面临困境。其次，在新能源发展中，政府的补贴政策造成许多企业为了套取补贴，新能源设施建成不用的状况较为普遍。另外，可再生能源补贴资金存在巨大缺口，补贴拖欠较为严重。随着政府管理手段的不断探索和完善，补贴的效果和效率将提高。未来随着国家新能源产业政策不断优化，产业配套措施不断完善，科技创新扶持力度加大，新能源产业链关键性技术取得突破，新能源企业将逐步由依赖政府补贴的营利模式转向依靠技术进步、成本下降获取经营效益。同时，随着可再生能源补贴政策的不断完善，补贴申报程序简化，这将提高补贴发放的及时性，有利于发电企业资金流转顺畅、降低财务成本，进而促进企业的技术创新、技术改造升级。

第三，下游新能源汽车发展面临技术缺陷和收益状况不佳的双重瓶颈，但技术进步将有效突破瓶颈。在极冷、极热的气候条件下，电动汽车与燃油汽车相比缺乏耐候性，特别是当气温降至-10 ℃以下时，电动汽车基本无法正常行驶，技术上无法达到替代油和气的程度。收益状况不佳、缺乏经济性是新能源汽车发展最大的瓶颈。国内能源企业充换电设施建设起步较早，然而由于充换电业务收益普遍不佳，难以大范围推动新能源充换电设施的扩张。同时，在电动汽车替代传统燃油汽车方面，电动汽车投资远比燃油汽车高，缺乏经济性，还存在充换电导致的运力减损问题。未来电池技术的进步将对新能源汽车发展的瓶颈有所弥补。短期来看，电动汽车技术发展的重点是通过扩大电池容量和增加电池数量配置延长续驶里程，减少充电次数。长期来看，新型电池性能逐步完善和量产，将逐步取代现行的锂离子电池。同时，世界各国科学家还在积极开发燃料电池技术。

第四，融资难严重制约新能源企业的发展，但绿色金融的快速发展有望成为刺激新能源产业发展的"经济杠杆"。高额的融资成本使得我国新能源企业成本较高，大幅侵蚀企业利润，严重制约风力发电、光伏发电等制造业的技术改革和新技术产业化。一是部分金融机构鉴于新能源企业不良贷款率高等，普遍收紧信贷融资。二是我国骨干新能源企业丧失在海外资本市场融资能力。以光伏发电企业为例，虽然我国骨干新能源企业多在境外上市，但因盈利能力不强、受行业整合及国外贸易争端等影响，不被境外投资者看好，缺乏境外资本市场竞争力，基本丧失在海外资本市场融资能力。三是我国境内融资成本较高。据调查统计，我国多数光伏发电企业融资成本在8%左右，部分企业甚至高达10%，而境外融资成本多为3%～5%。目前"能源+金融"的绿色金融时代已经到来，绿色金融产业将成为金融业发展的新亮点，政策红利、市场需求、资本助推等多方位利好，带动产业投资规模8万亿～10万亿元。绿色债券作为其中一个典型的资本工具，为金融机构和绿色企业提供了一条新的、融资成本较低的渠道。

1.3.3　发展新能源的意义

新能源产业对能源格局将产生以下几方面的影响：其一是促进国家的能源独立；其二是使未来能源更加多样化；其三是能够改善环境状况。这几个方面的影响相互联系但又有着各自的重点。

1. 促进国家的能源独立

当前我国社会还处在高速发展之中，对能源的需求很大。如何做到能源独立自主、自给自足，是关系国家安全和持续发展的重要影响因素，现在新能源的发展和推动是一个机会。旧的能源格局是以化石能源为基础，但是我国的储备无法满足社会对能源的需求，因此需要向外寻求能源合作。而新能源产业的大力发展可以减小对外国能源的依赖，大大促进国家的能源独立，保证国家安全。

以中国和美国能源发展为例，2018年5月，中美两国在华盛顿就双边经贸磋商发表联合声明，双方同意采取有效措施实质性减少美对华货物贸易逆差。从官方声明看，能源是中美双方的焦点议题，能源合作对于稳定和改善中美贸易关系起到了非常重要的作用。从 2009 年开始，中国就超过美国成为世界第一大能源消费国。如图 1.11 所示，2017 年，中国能源消费总量为 31.43 亿 t 油当量，对外依存度[①]为 20.04%；美国能源消费总量为 24.43 亿 t 油当量，对外依存度只有 7.61%。2017 年，中国石油净进口 4.19 亿 t，超越美国成为世界第一，对外依存度约为 70%；进口 940 亿 m^3 天然气，对外依存度为 39.61%，是仅次于日本的世界第二大液化天然气进口国；煤炭净进口量为 2.62 亿 t，对外依存度为 9.66%。2017 年，美国的能源净进口量下降到 1982 年以来的最低水平。2005 年美国的能源净进口量最高，为 7.55 亿 t 油当量，对外依存度为 30.14%。2007 年，美国的能源消费达到最高值，为 25.25 亿 t 油当量。在保持经济增长的同时，2017 年美国能源消费没有超过 2007 年的水平，而国内的能源产量却在不断增长，从 2007 年的 17.85 亿 t 油当量增长到 2017 年的 21.88 亿 t 油当量。2011 年，美国就成为石油产品的净出口国，2017 年又成为天然气的净出口国。目前，除仍净进口原油外，美国已成为煤炭、焦炭、石油产品、天然气和生物质能的净出口国。

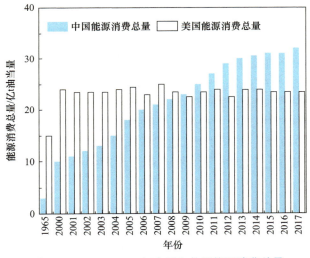

图 1.11　1965～2017 年中国和美国能源消费总量

　　目前，我国能源消费总量巨大，化石能源占绝对地位。鼓励、发展新能源和可再生能源具有环境和社会意义，但传统化石能源的清洁化、高效使用更具现实意义。我国丰富的煤炭和油气等传统化石能源资源应在现代技术的驱动下清洁、高效地使用，在支撑经济社会发展和保障能源安全的同时，充分发挥出其应有的价值和作用。到 21 世纪中叶，我国要全面建成社会主义现代化强国，则能源消费仍将保持一定的增长，消费峰值可能会出现在 2030 年前后，能源对外依存度还将上升，2030 年石油对外依存度有可能达到 80%。

---

　　① 原油对外依存度是指一个国家原油净进口量占本国石油消费量的比例，体现了一个国家石油消费对国外石油的依赖程度。

当前，世界大部分国家已经积极推进能源转型实践，向清洁低碳的能源体系转型成为各国能源战略重要内容。围绕化石能源制定未来能源发展战略，在能源转型不断推进的背景下将逐渐失去现实基础。例如，如果仅强调能源供给的传统能源安全战略，将很有可能失去在未来新的世界能源格局下的话语权。同样，如果不能从战略高度确定新能源在未来能源系统中的战略性角色，那么在既定的能源发展战略路径下，传统化石能源的优势将会继续，甚至会因为化石能源行业投资锁定效应得以增强，从而压缩了新能源进一步发展的空间，增加了能源转型的成本。因此，我国能源发展战略需要在能源系统向以风、光为代表的新能源转型背景下进行调整。一是确定新能源在未来能源系统中的战略地位；二是部署新能源领域重大、前沿技术研发；三是调整能源领域重大投资方向，更加鼓励新能源领域的基础设施投资；四是制定新能源发展的长期战略安排、实施路径，以及新能源发展的进展和政策实施效果的科学评估和考核体系。在新的形势下加强向围绕新能源而构建的能源系统转型的顶层设计，构建有利于新能源发展的制度环境和市场机制是提高新能源占终端比重、实现新能源产业健康发展的关键，能有效促进国家的能源独立。

2. 使未来能源更加多样化

过去 20 年，我国一直是全球能源生产和消费大国。根据国际能源机构发布的长期展望报告，这种情况还将持续至少 30 年。我国占据了自 2000 年以来全球能源消费增长的 50%以上的份额，在某些类型的能源领域中的比重甚至更高。我国主导了煤炭和石油需求的增长，而在水力发电领域也位于前列。石油和煤炭在推动我国的经济奇迹中所发挥的作用显而易见。到 2040 年，中国占全球能源需求增长比重将超过五分之一。这一比重低于印度的 26%。即便如此，中国的整体能源需求到 2040 年仍将是印度的近 2 倍，并且比美国和欧盟的总和还高。我国的能源需求量巨大，但这种多余的能源需求与以前有很大不同。之所以从煤炭向天然气、可再生能源和核能转变，其中有两个最重要的原因。首先，在经历了大规模的工业化之后，我国的经济增长将从单纯建设向提供服务转变；其次，我国为其对煤炭(和柴油)的依赖付出了沉重的代价。在依赖能源进口方面，到 2040 年，我国超过 80%的石油都将依赖进口。更多的进口意味着供应具有更大的风险。污染和不安全因素都推动着我国大力发展能源多样化并注重发展更清洁的能源。在多样化方面，我国已经显示出作为世界最大消费国的优势。到 2040 年，预计我国将在低碳发电领域投入 2.3 万亿美元，而能源总投资将达到 6.4 万亿美元。除供应之外，预计我国还将在其他低碳技术领域投入 1.3 万亿美元，并在能效方面投入 2.1 万亿美元。另外，我国还将在电网上投入 1.9 万亿美元。除电网之外，我国还计划到 2040 年在集中和分散式可再生能源发电、电动汽车和能效领域每年投资超过 2200 亿美元。

我国经济的持续快速发展离不开有力的能源保障。首先应该对我国的油页岩、煤层气、天然气水合物等非常规油气资源的储量分布、开发利用现状、资源潜力、面临的主要问题及促进发展的政策建议等进行系统的分析，明确提出非常规油气资源是常规油气资源的重要补充，发展非常规油气资源和太阳能、风能等新能源符合我国可持续能源发展战略的需要。其次，面对国际金融危机和低油价的影响，我国应当加大对非常规油气资源勘探开发利用的投入，做好资源和技术储备，严格监督管理，出台相关政策，为促进我国能源多样化、积极改善能源结构、增强能源供给、缓解能源进口依存度而努力。

3. 改善环境状况

能源环境的约束强化需要新能源产业的绿色发展。目前，我国仍处于重化工业发展阶段，对能源的消耗很大，这些情况要求转变能源产业的发展方式，进一步加强新能源等绿色产业的发展。能源消费污染加重呼唤新能源产业的绿色发展。由于化石能源的生活型消费对环境污染和居民健康损害加剧的压力，要求改变能源消费结构，发展绿色新能源产业。

外贸能源资源逆差加大需要新能源产业的绿色发展。加入世界贸易组织后，我国进出口加速增长，顺差不断扩大。但由于在出口结构中能源资源型产品比重过大，在这些行业的贸易总值是顺差，但在资源环境核算上却是"逆差"。据估算，约 30% 的二氧化硫、25% 的烟尘和 20% 的化学需氧量的排放源于出口贸易。外贸造成的二氧化硫"逆差"约为150 万 t。这就意味着我国在出口大量商品的同时，出口了大量的能源，进口了大量的污染排放。我国能源资源压力不断加大的趋势，必然要求转变以量取胜的外贸发展方式，调整外贸结构，降低能源资源型产品出口的比重，促进产业升级，改变在国际产业链中的分工，从而减少外贸对国内能源资源的消耗和环境的污染，发展绿色外贸。

新能源产业的发展一定会在无形之中改变当前的能源格局，让国家能源更独立，让能量利用范围更广泛，让能量提取更方便，新能源产业将不断发展壮大。总体上看，推进能源革命的机遇与挑战并存，机遇大于挑战。必须统筹全局，把握机遇，因势利导，主动作为，集中力量实现战略目标。

1.4　新能源的统筹与管理

能源管理体系概念的产生源于对能源问题的关注。发展的需求和能源制约的矛盾唤醒和强化了人们的能源危机意识，而且人们意识到单纯开发节能技术和装备仅是节能工作的一个方面。人们开始关注工业节能、建筑节能等系统节能问题。研究采用低成本、无成本的方法，用系统管理的手段降低能源消耗，提高能源利用效率。一些组织还建立了专业的能源管理部门，有计划地将节能措施和节能技术用于生产实践，能够持续地降低能源消耗，提高能源利用效率。这不仅极大地促进了系统能源理念的建立，而且由此产生了能源管理体系的思想和概念。

新能源管理就是从体系的全过程出发，遵循系统管理原理，通过实施一套完整的标准、规范，在组织内建立起一个完整有效的、科学可行的能源管理体系，注重建立和实施过程的控制，使组织的活动、过程及其要素不断优化，通过例行节能监测、能源审计、能效对标、内部审核、组织能耗计量与测试、组织能量平衡统计、管理评审、自我评价、节能技改、节能考核等措施，不断提高能源管理体系持续改进的有效性，实现能源管理方针和承诺并达到预期的能源消耗或使用目标。良好的能源管理是实现经济增长和社会价值的支柱。

　　我国人均能源占有量远低于世界平均水平，能源供给不足已经成为我国经济可持续发展的严重制约因素。为了切实有效地加强能源管理，节约能源和降低生产成本，建立和推行科学规范的能源管理体系是行之有效的途径，对实现我国节能目标、建设节约型社会及可持续发展都具有重要意义。

　　对能源的有效管理离不开切实可行的能源管理系统。能源管理系统是以帮助工业生产企业在扩大生产的同时，合理计划和利用能源，降低单位产品能源消耗，提高经济效益，降低二氧化碳排放量为目的的信息化管控系统。能源管理系统是整个能源管理体系的重要实施环节，是实现能源管控的中心，即能源管理体系是根据能源方针和能源目标对能源消耗和能源利用效率等有关能源数据进行制度上的管理；能源管理系统是根据能源管理体系的需求具体落实对能源消耗和能源利用效率等有关能源数据实际情况进行信息化管理的系统。

　　图 1.12 是能源管理系统架构示意图，能源管理系统主要由系统软件、数据网络、能源设备、测控网络和智能装置等构成。

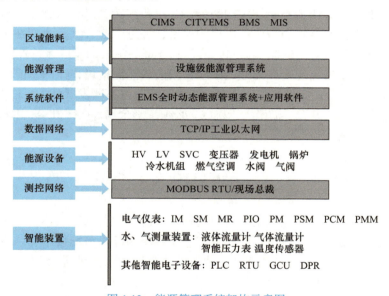

图 1.12　能源管理系统架构示意图

CIMS：计算机集成制造系统；CITYEMS：城市能源管理系统；BMS：电池管理系统；MIS：管理信息系统；EMS：能源管理系统；TCP/IP：传输控制协议/网际协议；HV：高压电；LV：低压电；SVC：静止无功补偿装置；MODBUS RTU：当控制器设为在 Modbus 网络上以 RTU(远程终端模式)模式通信；Modbus：通信协议；IM：IM 系列电力智能监测仪表；SM：SM 系列电力智能监测仪表；MR：MR 系列电力智能监测仪表；PIO：智能输入输出控制单元；PM：智能配电测量单元；PSM：智能配电测量监视单元；PCM：智能配电测量控制单元；PMM：智能配电测控管理单元；PLC：可编程逻辑控制器；RTU：远程终端设备；GCU：数字化变电站；DPR：数字综合保护装置

　　在我国的能源消耗中，工业的占比很大，而不同类型工业企业的工艺流程、装置情况、产品类型、能源管理水平对能源消耗都会产生不同的影响。建设一个全厂级的集中统一的能源管理系统可以对能源数据进行在线采集、计算、分析及处理，从而在能源物料平衡、调度与优化、能源设备运行与管理等方面发挥重要作用。能源管理系统可以对能源管理体系中所规定的能源因子进行主次区分，识别和监测重要能耗区域，通过策划、实施、检查和改进循环过程，不断提升能源绩效和能源效率。

新能源统筹规划的紧迫性不断增强。面对石油、煤炭等传统石化能源藏量的下降以及可能由此带来的温室效应气体排放等问题，发展新能源已经成为当今世界的历史潮流和必然选择。随着产业链不断完善，风能、光能等新能源正逐渐转变身份，应用日益常态化，成为经济社会生活中不可或缺的角色。今后新能源发展应侧重统筹规划安排，避免一哄而上造成与市场脱节，从而真正激发新能源的应用潜能。

新能源补齐产业链应用常态化。风能、光伏能源过去仅以新能源的面貌出现，占比不高。近年来，随着新能源的产出及利用产业链不断补齐，广阔的市场前景正在成为可以深入利用的现实。作为我国风能和光能最富集的地区之一，新疆的风、光能源开发正迎来"井喷期"。新疆发展和改革委员会数据显示，截至 2018 年 9 月，新疆电网总装机容量 8219 万 kW，其中风力发电装机容量 1835 万 kW，光伏发电装机容量 909 万 kW，新能源装机总量和占比均位居全国前列。不只是在新疆，从我国各省实际状况看，光伏发电的开发利用成熟度最高。光伏产业已成为我国为数不多可以同步参与国际竞争、有望达到国际领先水平的战略性新兴产业，也成为我国产业经济发展的一张崭新名片和推动我国能源变革的重要引擎。目前，我国多晶硅、硅片、电池、组件、逆变器等光伏主要产品产量均连续多年位居全球首位，且在多个领域占比在 50%以上。产业化技术不断突破，多晶硅行业平均综合电耗已降至 70 kW·h·kg^{-1} 以下，综合成本已降至 6 万元·t^{-1}。应用市场也实现快速增长，2017 年，我国光伏发电新增装机容量达到 53.06 GW，占全国电源新增发电装机容量的 39%，连续 5 年光伏发电新增装机容量全球第一；累计装机容量 130.25 GW，连续三年全球第一。

做强做优仍面临"紧箍咒"。尽管风能、光能的发展取得显著成就，但不可回避的是，一些长期存在的问题束缚了新能源应用潜能的进一步释放。首当其冲是弃置问题仍然突出，部分地方弃置率高达 50%以上。受电力市场增速放缓、远离内地用电市场、冬季调峰困难等因素影响，我国中西部地区弃风弃光弃水现象比较普遍。以新疆地区为例，弃风弃光率一度高达 50%。长达数年的新能源弃置现象表明，国家需要加强清洁能源跨区配置能力。我国电力负荷中心集中在东部，风能、光能、水能资源却大量富集于西部，这种逆向分布的现实体现了"西电东送"的必要性。然而，在有的"西电东送"重要输出省份，水电外送能力严重不足，导致网、源建设严重脱节。同时，部分新能源行业仍存在补贴"依赖症"。随着光伏发电装机容量快速攀升，补贴缺口持续扩大。此外，新能源发展还面临部分非技术成本压力。例如，各地对光伏电站应缴纳土地使用税和耕地占用税征收方式、税额标准不规范，具体税额级差大，可调整空间过大。耕地占用税各地税务部门有 5 倍的调整空间，土地使用税可调整空间有 20 倍。

多管齐下激活新能源市场活力。当前，电力市场供需格局正在发生根本性改变。我国电力供应将进入持续宽松的新阶段，电力行业的首要任务应从保供应向调结构、优布局、抓改革等方向转变。这对作为后起之秀的新能源产业也提出了更高的要求。在一些专家学者看来，新能源产业不能一味求大，统筹规划布局紧迫性不断增强。发展到当下，要强化新能源规划的引导作用，统筹协调国家规划和地方规划、总体规划和专项规划，以及各类能源专项规划。地方政府更是要明确消纳新能源电力比例，确保新能源电力项目与电网同步建设，并对新能源企业设定资质、技术门槛，防止一哄而上，供求失衡。还要加快电力体制改革，激发市场力量。2015年我国电力体制改革以"三放开、一独立、三强化"为总体思路，进一步明确了市场化方向，并且通过六个配套文件多管齐下，构建主体多元、竞争有序的电力交易格局，使市场在电力资源配置中起决定性作用。同时要求政府在放权给市场后，加快职能转变，发挥好支持、引导的作用。加快新能源外输通道建设，平衡地区间差异很有必要。业内人士认为，"西电东送"从资源配置的角度来看仍然很有必要性，同时也是缓解华北及华东地区大气污染的有效手段，还可助推新一轮西部大开发，加快西部贫困地区实现资源优势转化。同时要持续改善新能源产业的营商环境，绿色金融优先支持新能源产业。

1.4.1　能源的转型

能源转型是国家通向安全、环保和经济成功的未来之路。我国在不断调整能源供应结构：减少化石能源的消耗，开发利用可再生能源，同时致力于在未来不断提高能源的利用效率，并以此为气候保护做出重要贡献。

从经济区位的角度出发，能源转型对于国家发展是一个独特的机遇。能源转型应当成为工业社会通过现代化走向明天的关键引擎，应当开创新的商业领域、激发创新、促进就业和经济增长。此外，通过利用可再生能源和提高能源效率减少对石油和天然气的进口依赖。为使能源转型成为生态和经济领域的成功篇章，必须保证能源供应的安全性和价格的可承受性，只有这样才能获得民众对能源转型的支持。而且只有继续加强并保持我国经济发展速度和体量的竞争力，才能保证能源转型的长期成功。与可再生能源发展和高效利用能源相关的领域已形成新的国际市场。中国企业在这一领域起着突出的作用——开发世界领先的技术，促进经济增长，创造就业机会。不过，能源转型依旧是一个富于挑战的目标，还有很多任务需要完成。其中一个重要的阶段性目标是让可再生能源扶持政策适合未来的需要。只有将能源转型视为一项由全社会共同参与的任务，在走向未来清洁、经济和安全的能源道路上才能够战胜一切挑战。

能源转型的总战略：能源转型，即不断调整能源供应结构。它触及各个政治层面和大小企业，也触及全体公民的生活领域，调整过程耗时长，只有依靠明确的政策方向、清晰的路线规划和良好的合作才能成功。图1.13反映了我国可再生能源在总用电量中的比重，从图中可以看出可再生能源正在健康快速发展。其重点是两个核心目标：一个是不断将能源供应结构转向可再生能源；另一个是不断提高能源利用效率。可再生能源是能源供应的支柱。高效利用电力、热力和动力燃料可以节省开支、增加能源供应安全和保护环境，提升能源效率就是为了更好地利用能源。因此，能源效率在能源转型中是与可再生能源并列的第二个支柱。

与能源转型相适应的电力市场：能源转型目前进入了一个新阶段。由于利用风能和太阳能等受天气影响的电力生产的比例不断增加，建立一个与此相应的、经济安全的供电系统变得更加重要。因此，需要对电力批发市场做出调整，保持未来电力供应的安全、可靠。灵活性是"未来的电力市场"的重要标志之一，因此电力市场必须具备针对风电和

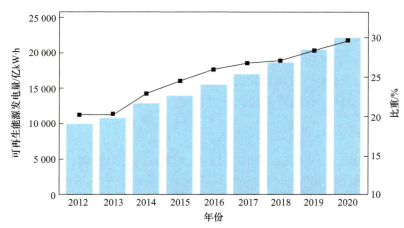

图 1.13　2012～2020 年我国可再生能源发电量及其在总用电量中的比重

光电生产的波动性迅速做出反应的能力。同时，未来的电力市场还要为不同的平抑解决方案创造竞争条件，使总成本保持在较低的水平。未来的电力生产体系将具有很强的分散性，但分散生产有别于自给自足。

1.4.2　我国能源管理体系的发展

在我国整体经济水平不断提高的同时，还面临着严重的能源耗损的问题。为了有效管理能源问题，需进一步探讨能源管理体制及发展趋势，以及明确政府能源管理的职责，加强和改善能源领域宏观调控，提高能源规划和政策协调能力。

1. 我国能源管理体制面临的挑战

20 世纪 90 年代以来，我国的经济进入快速增长时期，我国现在已经是世界第一大能源消费国。我国的能源需求引起世界范围内各种商品价格的变化，世界能源市场的动荡不安又使得我国的能源安全需求迫切上升。同时，业界期待能有一个更大、更管用的政府机构来解决国内能源行业复杂的矛盾，如价格机制、产业发展政策等。

从外部因素分析，当今世界，能源的战略地位和作用日益凸显，成为国家经济和社会发展的命脉。近年来，随着国民经济的持续快速增长，国内能源消费尤其是石油消费大幅增长，对外依存度明显提高，能源供求关系日趋紧张。与此同时，国际能源争端日趋激烈，市场变幻莫测，价格跌宕起伏，造成局部能源短缺和供应中断的危险因素增多。

2. 能源综合管理的必要性和紧迫性

我国的能源安全形势严峻。从宏观的角度分析，一方面，我国经济正处于转型过程中，对于能源的需求正逐渐由依赖本国资源转向依赖国际市场，在这一转变过程中，我国的能源供应和能源安全面临许多亟待解决的问题；另一方面，有效运转的国内市场是建立国家能源安全体系不可或缺的一部分。这就需要一个综合的能源管理部门促进强有力的市场体系和框架的形成，制定市场规则，让市场更有效、更富有竞争力。能源安全是涉及国计民生的重要问题，从目前我国能源现状来看，我国的能源问题将越来越复杂：

石油进口依赖程度增加；电力体制改革将面临越来越多的问题；油气行业的竞争、监管和对外开放也变得很复杂；各能源行业之间的联系也会越来越多；由能源生产和消费引起的环境问题将越来越严重。

在能源问题上，即使是最市场化的国家，政府依然要在这个领域发挥巨大的作用。为了应对能源安全挑战，我国需要建立一个长期、全面、行之有效的能源安全系统。

3. 能源管理体制变迁经验

在能源管理方面，历史经验表明，如果缺乏政府的集中管理，就会出现政府能源管理职能分散、多头管理、政出多门、宏观调控乏力、管理效率低下的情况。近年来，国内能源供应几次大起大落，出现煤、电、油、运相互牵制、全面紧张、异常发展的状况都是这种情况造成的。因此，能源管理体制的进一步改革必须打破这种局面，实现政府职能的转变，确立宏观的管理体制，从决策上对能源管理进行引导。只有这样，才能真正保证能源管理的顺畅和能源市场的良性运行与能源行业的健康发展，并最终实现能源战略目标。必须建立全面的信息搜集、服务机制，确立完善的能源管理体制和决策机制，历史的和现实的状况表明，如果能源统计跟不上形势发展，能源生产和消费基础数据统计就会不完整和不准确，造成信息失真、缺失问题严重，影响国家能源宏观决策。这种状况不彻底改变，不仅影响国家的能源战略研究分析的科学性和预见性，而且还将直接影响整个国家的能源宏观决策和调控。

加强统筹协调，理顺关系，强化国家的总体规划和宏观调控。加强统筹协调、理顺关系，就要加强部门、地方及相互间的统筹协调，强化国家能源发展的总体规划和宏观调控，着力转变职能、理顺关系、优化结构、提高效能。形成适当集中、分工合理、决策科学、执行顺畅、监管有力的管理体制。能源产业是一个有机整体，内部各专业领域需要在统一的规划和政策指导下，实现整体结构优化和协调发展。而我国能源产业管理体制历经多次变革，都没有按照大能源的内在发展要求进行体制再造，各个专业领域各自为政，甚至相互牵制，致使能源产业结构调整缓慢，能源开发、能源消费、能源节约、能源储备和环境保护等方面的工作难以形成统一协调的局面。如果不下决心革除这种体制弊端，就会进一步加剧我国能源的供需矛盾，影响整个能源产业的健康发展。

深化能源投资体制改革，建立和完善投资调控体系。推进投资体制改革是建立和完善社会主义市场经济体制的重要举措，对当前加强和改善宏观调控有特别重要的意义。在能源投资领域，要充分发挥市场配置资源的基础性作用，实行政企分开，减少行政干预；要确立企业在投资活动中的主体地位，实行企业自主投资、自负盈亏、银行自主审贷、自担风险，要合理界定政府投资职能，通过制定发展规划、产业政策，运用经济和法律的手段引导社会投资；要改进政府投资项目的决策规则和程序，提高投资决策的科学化、民主化水平，建立严格的投资决策责任追究制度。总之，能源投资体制要按照完善社会主义市场经济体制的要求，不断改革深化，最终建立起市场引导投资、企业自主决策、银行独立审贷、融资方式多样、中介服务规范、宏观调控有效的新型能源投资体制。

强化能源资源的规范管理，完善矿产资源开发管理体制。目前我国能源市场体系不完善，应急能力有待加强。能源市场体系的不完善主要表现在：能源价格机制未能完反映资源稀缺程度、供求关系和环境成本；能源资源勘探开发秩序有待进一步规范，能源监管体制尚待健全；煤矿生产安全欠账比较多，电网结构不够合理，石油储备能力不足，有效应对能源供应中断和重大突发事件的预警应急体系有待进一步完善和加强。强化能源的规范管理，就要完善国家矿产资源的开发管理体制，建立健全矿产资源有偿使用和矿业权交易制度，整顿和规范矿产资源开发市场秩序。

价格机制是市场机制的核心。政府在妥善处理不同利益群体关系、充分考虑社会各方面承受能力的情况下，应积极稳妥地推进能源价格改革，逐步建立能够反映资源稀缺程度、市场供求关系和环境成本的价格形成机制，并在此基础上深化煤炭价格改革，全面实现市场化。推进电价改革，逐步做到发电和售电价格由市场竞争形成、输电和配电价格由政府监管。逐步完善石油、天然气定价机制，及时反映国际市场价格变化和国内市场供求关系。

此外，对一些实践中已经证明行之有效的制度，如节能发电调度、电力需求侧管理、能效标识、政府节能采购等，应总结完善，积极推广，健全有利于能源节约和高效利用的机制。

4. 我国的能源管理发展趋势

明确"大能源"理念，借鉴国际经验。按照"大能源"产业发展的内在要求，进一步深化国家能源管理体制，加强部门、地方及相互间的统筹协调，将分散在政府各个部门中的能源战略、政策法规、能源开发、市场消费、能源储备、节约替代、环境保护、对外合作、新能源和可再生能源发展等宏观管理职能整合在一起，形成适当集中、分工合理、决策科学、执行顺畅、监管有力的管理体制，进一步强化能源资源的规范管理，完善矿产资源开发管理体制，建立健全矿产资源有偿使用和矿业权交易制度，整顿和规范矿产资源开发市场秩序，建立起集中统一的"大能源"综合管理体制。如今，能源安全直接影响国家经济的可持续发展和社会稳定。因此，世界各国都非常重视建立完善的能源管理体制，以更加有效地保证国家安全和可靠的能源供应。国际上，能源管理主体的设置一般有几种模式，有统一、专门的能源主管部门，有综合性产业(包括能源)主管部门，还有跨部门的能源协调机构和分散管理模式。从能源的生产和消费方面来说，美国和加拿大的能源管理体制值得中国借鉴。另外，中国和俄罗斯都经历着由原先的计划经济体制向市场经济体制转轨的相似历程，有些能源管理体制改革方面的经验可以相互借鉴，因此俄罗斯设立国家动力部集中管理的模式值得借鉴。

建立能源综合管理体制。国家应将分散在各政府部门的能源管理职能集中起来，组建国家综合性能源管理机构，建立国家和地方各级能源管理体系，建立能源管理机构与相关部门之间的工作协调机制，对能源实行集中统一管理。

从长期发展来看，完善能源管理体制对于促进能源总量平衡、结构优化和效率提升，确保国家能源安全具有重要作用。

1.4.3　发展新能源应处理好的几个关系

为顺利实现政府规划目标和国际节能减排承诺，今后的新能源和可再生能源发展应注意处理好以下几个关系：

(1) 传统能源清洁利用与可再生能源发展的关系。欧美国家近几年来新能源发展很快，原因是总能耗已经不再增长，或者是增长很少，新兴能源主要是补充和逐步替代增加部分的化石能源。而中国的资源优势和发展阶段决定了中国以煤为主的能源结构和火力发电为主的电力格局将在相当长时间内难以改变，新能源在相当长时期内只能作为传统能源的补充能源。当前，世界能源消费还处在由传统燃煤时代向油气时代过渡的阶段，清洁的新能源时代尚未到来，中国也不例外。因此，现阶段中国应正确评估新能源的市场开发潜力和应用前景，在积极探索新兴能源开发与利用的同时，实事求是，科学谋划，进一步加大对传统能源的清洁化改造力度，并加大油气资源特别是非常规油气资源的开发，确立传统能源为主、新能源为补充的能源消费格局。

(2) 经济性与先进性的关系。新能源开发潜力大，环境影响小，大多可以永续利用，是开拓未来能源的重要方向，也符合人类对能源利用清洁化、优质化、高效化的要求，其先进性不言而喻。但是，当前新能源还处于初步开发阶段，技术水平不高，开发成本高，缺乏经济性也是不争的事实。从可持续发展的角度讲，在新能源经济性还不成熟的情况下，应坚持"技术可行、经济合理"的基本原则，量力而行，适度发展，不可一哄而上、不计成本急于求成，以免带来损失。现阶段可在政策上对新能源的研究、实验进行充分的政策支持，力求使新能源在技术和经济性上达到可与传统火力发电竞争的水平。

(3) 小规模分布式与大规模集中式的关系。新能源具有能量密度低、带有随机性和间歇性、还不能商业化储存的特性，根据技术、经济约束条件，宜采用分散式、分布式开发方式，将其就地、就近利用。"大规模—高集中—远距离—高电压输送"的发电-输电模式不仅需要大量投资，而且影响电网运行安全。因此，对新能源和可再生能源要因地制宜，采用集中开发与分散开发相结合的模式。根据可再生能源资源和电力市场分布，加大资源富集地区可再生能源开发建设力度，建成集中、连片和规模化开发的可再生能源优势区域。同时，发挥可再生能源资源分布广泛、产品形式多样的优势，鼓励各地区就地开发利用各类可再生能源，大力推动分布式可再生能源应用，形成集中开发与分散开发及分布式利用并进的可再生能源发展模式。

(4) 市场机制与国家引导的关系。新能源处于发展初期，需要国家政策的扶持和引导，但应遵循市场规律，政策扶持的最终目的在于构建起支撑新能源可持续发展的市场化内生机制。目前，关于何种新能源更有发展前途尚存争论，何种新能源作为战略重点进行推广应用，应由市场来决定。此外，公共财政对新能源的支持应有预算约束。从理论上讲，公共财政是一种国家(政府)集中部分社会资源，用于为市场提供公共物品和服务的经济行为，主要是为了满足社会公共需要。新能源产品本身是一种竞争性的商品，在国家财力有限的情况下，公共财政支出应重点支持非竞争性的公共事业领域，竞争性产品的成长应更多地交由市场来决定。

(5) 政府补贴与效率的关系。现阶段新能源发展离不开政府补贴，但政府补贴政策需要贯彻效率原则，尽可能减轻因发展新能源给国民经济带来的负担。目前，我国对新能源企业的补贴政策存在不足。一是没有充分体现鼓励先进。政府部门只按企业申报的成本进行审批，"高成本批给高额补贴，低成本不给补贴"。二是易诱发道德风险。部分企业不再努力控制成本，反而在建设规模、投产时间和财务数据上做假。三是补贴数额往往跟不上技术进步和市场供需产生的经济性变化，有时这种补贴方式反而起到适得其反的效果。

1.4.4　促进新能源发展的策略

我国新能源发展已取得显著成就。新能源装机规模不断扩大，光伏发电成为电源增长的主力，新增装机容量已经超过火力发电，累计装机容量突破 1 亿 kW，分布式光伏发电呈现爆发式增长；新能源消纳明显改善，弃风弃光增长势头得到遏制。我国新能源发展处于重要的战略机遇期，为了促进新能源良好、科学、可持续发展，应该做到以下几点：

(1) 合理预期发展规模。加快开发利用可再生能源、逐步提高优质清洁可再生能源在能源结构中的比例，已成为我国应对日益严峻的能源环境问题的必由之路。为此，要积极推进各类可再生能源的发展，但又要控制好节奏，避免一哄而上。

(2) 完善定价机制。目前，我国的能源价格很难充分反映其稀缺程度和外部成本。因此，必须建立和健全反映市场供求和资源稀缺程度、体现生态价值和代际补偿的资源有偿使用制度和生态补偿制度的价格形成机制，充分体现可再生能源的环境价值等综合社会效益。一方面，进一步完善可再生能源定价机制，定价时综合考虑价格、技术创新和可持续发展等因素；另一方面，进一步完善环境补偿机制，将传统能源的外部成本内部化。

(3) 深化电力体制改革。为可再生能源发电上网创造良好条件，应积极推动相关电力体制改革。第一，修改《电力法》相关规定，鼓励新能源"分散上网，就地消纳"，构建有利于分布式能源发展的法律和政策体系。第二，深化电力体制改革，改革电网企业盈利模式，建立公开透明、竞争有序的电力市场机制，为提高能源利用效率、促进新能源发展提供体制保障。第三，尽快实施可再生能源配额制，明确地方政府、电网公司、电力开发商开发、利用和消纳新能源的职责和义务，从体制上重点解决电网企业接纳风电的积极性问题。第四，建立分布式能源电力并网技术支撑体系和管理体制，鼓励分布式能源自发自用，探索多余电力向周边用户供电机制。

(4) 制定符合效率原则的财税政策。国家补贴政策一是要体现阶段性，仅在新能源技术、产业还不能与传统能源竞争的特定阶段实行。当前的补贴政策是为了扶持和加强新能源产业的成长和发展，在新能源具有一定竞争力后，政策应适时退出。二是要考虑成长性，对商业化新能源项目补贴的对象应是已经具有成长性的技术且能够通过自身技术进步和商业化规模扩大，不断降低成本的企业。三是补贴要紧扣实际发电业绩，建议将"事前装机补贴"改为"事后度电补贴"，修改重建设规模、轻发电量的片面补贴政策。

1.4.5　能源审计和能源法规

1. 能源审计

能源审计是指能源审计机构依据国家有关的节能法规和标准，对企业和其他用能单位能源利用的物理过程和财务过程进行的检验、核查和分析评价。能源审计科学规范地对用能单位能源利用状况进行定量分析，对用能单位能源利用效率、消耗水平、能源经济与环境效果进行审计、监测、诊断和评价，从而寻求节能潜力与机会。

目前，我国的能源审计虽处于探索阶段，但各级政府审计部门已陆续在党政领导干部自然资源资产审计、节能减排相关资金等审计项目中开展有关能源事项的审计工作。审计人员依据国家有关的节能法规和标准，立足财政财务收支审计主责主业，以用能单位经营活动中能源的收入、支出财务账目和反映用能单位内部消费状况的台账、报表、凭证、运行记录及有关的内部管理制度为基础，并结合现场考察、设备测试等，对用能单位的能源使用状况进行系统的审计、分析和评价。

1）能源审计的类型

（1）初步能源审计。初步能源审计针对的对象比较简单，通过对现场和现有历史统计资料的了解，对能源使用情况仅做一般性的调查，所花费的时间也比较短。这种审计方式一方面可以找出明显的节能潜力以及在短期内就可以提高能源效率的简单措施；另一方面也可以为下一步全面能源审计奠定基础。

（2）全面能源审计。全面能源审计是对用能系统进行深入全面的分析与评价的详细审计方式。这就需要用能单位有比较健全的计量设施，全面地采集用能数据，进行用能单位的能源实物量平衡，对重点用能设备或系统进行节能分析，寻找可行的节能改进方案。

（3）专项能源审计。专项能源审计是对初步能源审计中发现的重点能耗环节进行有针对性的能源审计。在初步能源审计的基础上，可以进一步对该方面或系统进行封闭的测试计算和审计分析，查找出具体的浪费原因，提出具体的节能技改项目和措施，并对其进行定量的经济技术评价分析。

2）能源审计的内容

（1）用能单位的能源管理情况总体评价。

（2）用能单位的能源计量及统计数据分析。

（3）用能单位能源消费指标的计算分析。

（4）主要用能设备的运行效率计算分析。

（5）产品综合能耗和产值能耗指标计算分析。

（6）能源成本指标计算分析。

3）能源审计的作用

（1）能源审计有利于提高用能单位的经济效益和社会效益。

能源审计的本质在于实现能源消耗的降低和能源使用效率的提高。开展能源审计可以使用能单位及时分析掌握本单位能源管理水平及用能状况，排查问题和薄弱环节，提供节能方案，从而为用能单位带来经济、社会和资源环境效益，实现"节能、降耗、增效"的目的。

（2）能源审计有利于加强能源管理，使节能管理向规范化和科学化转变。

开展能源审计，能够使管理层更合理地分析用能单位自身的能源利用状况和水平，实现对用能单位能源消耗情况的监督管理，保证能源的合理配置使用，提高能源利用率，节约能源，保护环境，促进经济持续地发展。

(3) 能源审计有利于促进能源管理的信息化，减少能源管理的工作量。

对于用能单位来说，能源管理是一项重要而复杂的工作，需要大量的人力、物力和财力。能源审计可以准确反映用能单位的能源计量统计情况，保证用能单位有目的地采取措施，减少人工管理工作量，降低管理成本。

能源审计的一般流程如图 1.14 所示。

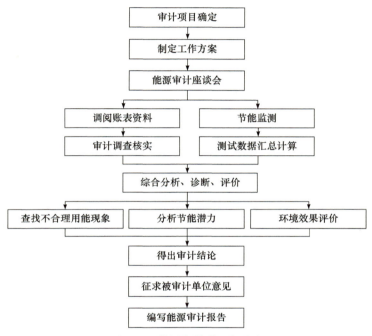

图 1.14　能源审计的一般流程

2. 能源法规

2017 年以来，国家发展改革委、国家能源局组织成立了专家组和工作专班对《中华人民共和国能源法(送审稿)》修改稿进一步修改完善，形成了新的《中华人民共和国能源法(征求意见稿)》。2020 年 4 月，国家能源局就新的《中华人民共和国能源法(征求意见稿)》，再次向社会公开征求意见。征求意见稿主要涉及推动能源清洁低碳发展，提高能源供应能力，健全能源普遍服务机制，全面推进能源市场化等内容。

征求意见稿在总则的立法目的中提到"优化能源结构"的目标："为了规范能源开发利用和监督管理，保障能源安全，优化能源结构，提高能源效率，促进能源高质量发展，根据宪法，制定本法。"在我国积极应对气候变化的几十年里，能源行业发生了巨大的变化。此次征求意见稿的发布不仅总结了我国多年来的经验，也以法律的形式将其中较成熟的内容确定了下来。征求意见稿首次明确提出，国家将可再生能源列为能源发展的优先领域，能源开发利用应与生态文明相适应，这对于风力发电、光伏发电等可再生能源的大规模发展无疑是重大利好，对于明确国家能源战略、引导清洁能源转型以及平衡各方利益主体等方面有着重要意义，也将有助于促进我国落实应对气候变化的承诺。2015年，我国提交了应对气候变化的国家自主贡献，承诺到 2030 年，非化石能源占一次能源消费比重将提高至 20% 左右。在此基础上，有研究进一步指出，到 2035 年，我国煤炭消费比重需要降低至 40%，并大幅提升清洁能源比重。截至 2021 年年底，我国非化石能源消费仅占 20.3%，距离中期规划目标仍有一定距离。若要确保新能源法中能源转型方向与"双碳"目标相匹配，我国还需要加大力度持续推动清洁能源转型。

征求意见稿拟设立的法律制度主要有：一是通过战略、规划统筹指导能源开发利用活动，推动能源清洁低碳发展；二是科学推进能源开发和能源基础设施建设，提高能源供应能力；三是以保障人民生活用能需要为导向，健全能源普遍服务机制；四是全面推进科技创新驱动，提升能源标准化水平，加快能源技术进步；五是支持能源体制机制改革，全面推进能源市场化；六是建立能源储备体系，加强应急能力建设，保障能源安全；七是依法加强对能源开发利用的监督管理，健全监管体系，推进能源治理体系和治理能力现代化。

思 考 题

1. 简述太阳能的发展史并分析各阶段成因。
2. 简述地热能的主要利用方式，尝试提出地热资源的新型利用与回收方式。
3. 目前新能源发展过程中存在哪些挑战？针对这些挑战，有哪些可能的解决方案？
4. 什么是新能源管理？
5. 新能源管理岗位的职责可能有哪些？
6. 与传统能源相比，新能源在管理方面有哪些独特之处？

第2章 新能源生产及分配管理

新能源的利用包括生产、分配、存储和消耗等主要过程。从能源本身的利用过程出发，新能源的生产、分配属于能源的产生过程，而存储、消耗属于新能源的利用过程。本章主要是对新能源的生产和分配过程的管理进行阐述。

2.1 新能源生产和分配管理概述

2.1.1 世界能源的发展趋势

能源是现代社会的血液。18世纪以后，煤炭、石油、电力的广泛使用，先后推动了第一、第二次工业革命，使人类社会从农耕文明迈向工业文明，能源从此成为世界经济发展的重要动力，也成为各国利益博弈的焦点。当今世界，化石能源大量使用，带来环境、生态和全球气候变化等一系列问题，主动破解困局、加快能源转型发展已经成为世界各国的自觉行动。新一轮能源变革兴起，将为世界经济发展注入新的活力，推动人类社会从工业文明迈向生态文明。

(1) 能源清洁低碳发展成为大势。在人类共同应对全球气候变化大背景下，世界各国纷纷制定能源转型战略，提出更高的能效目标，制定更加积极的低碳政策，推动可再生能源发展，加大温室气体减排力度。各国不断寻求低成本清洁能源替代方案，推动经济绿色低碳转型。联合国有关气候变化的《巴黎协定》提出了新的更高要求，明确21世纪下半叶实现全球温室气体排放和吸收相平衡的目标，将驱动以新能源和可再生能源为主体的能源供应体系尽早形成。

(2) 世界能源供需格局发生重大变化。世界能源需求进入低速增长时期，主要发达国家能源消费总量趋于稳定甚至下降，新兴经济体能源需求将持续增长，占全球能源消费比重不断上升。随着页岩油气的革命性突破，世界油气开始呈现石油输出国组织、俄罗斯—中亚、北美等多极供应新格局。中国、欧盟等国家(地区)可再生能源发展，带动全球能源供应日趋多元，供应能力不断增强，全球能源供需相对宽松。

(3) 世界能源技术创新进入活跃期。能源新技术与现代信息、材料和先进制造技术深度融合，太阳能、风能、新能源汽车技术不断成熟，大规模储能、氢燃料电池、第四代核电等技术有望突破，能源利用新模式、新业态、新产品日益丰富，将给人类生产生活方式带来深刻变化。各国纷纷抢占能源技术进步先机，谋求新一轮科技革命和产业变革竞争制高点。

(4) 世界能源走势面临诸多不确定因素。近年来，国际油价大幅震荡，对世界能源市场造成深远影响，未来走势充满变数。新能源和可再生能源成本相对偏高，竞争优势仍不明显，化石能源主体地位短期内难以替代。地缘政治关系日趋复杂，不稳定不确定因素明显增多。能源生产和消费国利益分化调整，全球能源治理体系加速重构。

2.1.2　我国能源形势及结构优化

2020 年以后的 10 余年是我国现代化建设承上启下的关键阶段，我国经济总量将持续扩大，人民生活水平和质量全面提高，能源保障生态文明建设、社会进步和谐、人民幸福安康的作用更加显著，我国能源发展将进入从总量扩张向提质增效转变的新阶段。

(1) 我国能源消费将持续增长。一方面，实现全面建成小康社会和现代化目标，人均能源消费水平将不断提高，刚性需求将长期存在。另一方面，我国经济发展进入新常态，经济结构不断优化、新旧增长动力加快转换，粗放式能源消费将发生根本转变，能源消费进入中低速增长期。

(2) 绿色低碳成为能源发展方向。随着生态文明建设加快推进，大幅削减各种污染物排放，有效防治水、土、大气污染，显著改善生态环境质量，要求能源与环境绿色和谐发展。同时，积极应对气候变化，更加主动控制碳排放，要求坚决控制化石能源总量，优化能源结构，将推动能源低碳发展迈上新台阶。

(3) 能源体制不断健全完善。随着全面深化改革的不断推进，国家治理体系和治理能力现代化将取得重大进展，发展不平衡、不协调、不可持续等问题逐步得到解决，能源领域基础性制度体系也将基本形成，能源发展水平与人民生活质量同步提高。

(4) 能源国际合作水平持续提高。随着我国深度融入世界经济体系，对内对外开放相互促进，开放型经济新体制加快构建，创新驱动发展战略深入实施促进能源科技实力显著提升，在国际能源合作和治理中将发挥更加重要的作用。

能源生产结构是指生产能源的各工业部门的产量在整个能源工业总产量中所占的比重。目前，我国已形成较为完善的能源生产和供应体系，包含煤炭、电力、石油、天然气、可再生能源等成熟的能源品类。为了进一步优化我国能源生产结构，提高整体能源利用率，可采取有效利用煤炭资源、优先发展新能源和可再生能源、鼓励能源生产新技术的研发和利用、放开能源价格管制等策略。

1. 有效利用煤炭资源

煤炭是我国的基础能源，这决定了我国能源生产结构以煤为主的格局在今后一段时期内不会改变。我国的优质煤炭资源较少，在既要增加煤炭供给又要减少环境污染的前提下，还要保障煤矿生产安全。因此，需要做到以下几点：

(1) 提高洁净煤技术水平，实现煤炭清洁利用。煤炭仍将在我国未来能源供应体系占据基础的地位，一定要做好煤炭的清洁利用工作。一方面要加大对优质煤炭资源的勘探和开发，另一方面要大力发展和推广洁净煤技术。未来应大力发展煤炭清洁利用技术，推进洁净煤技术产业化，这既立足我国国情，又是我国经济社会可持续发展的必由之路，尤其是煤的洗选、型煤、动力配煤、水浆煤、煤气化联合循环发电技术，煤的气化、液化、焦化，燃料电池与磁流体发电技术，烟道气净化和开发利用，煤的流化床和循环流化床燃烧技术，先进的粉煤燃烧器技术。这些技术的利用不仅能够提高煤炭的利用效率，而且能够提高我国的环境质量。

(2) 继续推进煤炭资源整合开发。传统的煤炭工业发展模式问题众多，兼并重组整合是加快煤炭工业科学发展的正确选择，而且慢不得，更等不得。这样才能加快煤炭工业集约化发展步伐，这也是煤炭产业自身结构优化的内在要求。煤炭是典型的高危行业和资源、资本密集型产业，必须走以大企业为主、规模化生产、集约化发展的路子。目前，美国年产煤 10 亿 t 左右，前 4 家公司占 70%，澳大利亚年产煤近 4 亿 t，前 5 家公司占 71%；印度年产煤 4.5 亿 t，1 家公司占 90%。相比而言，我国煤炭工业差距很大，提高集约化发展水平的紧迫性很强。稳定煤炭经济，最直接、最有效的办法就是通过推进煤炭企业兼并重组整合，提高产业集中度，形成竞争合力。因此，我国要继续推进煤炭资源整合开发，主要是实行区域集团化，进一步优化煤炭产业结构。自 2009 年起，我国的产煤大省山西省已经开始了煤炭行业的整合工作。截至 2020 年，山西煤炭国营企业已经从 7 家整合为 2 家，7 大煤炭国营企业并立的局面成为历史。

(3) 促进与相关产业协调发展。要坚持煤炭开发与地方经济和社会发展相结合的原则，合理开发利用煤炭资源，促进煤炭、电力、冶金、化工等相关产业的联合和煤炭就地转化，带动地方经济和社会协调发展。积极采取措施，改善运输条件，提高煤炭运输能力，缓解交通运输对煤炭工业发展的制约。坚持"三个转化"的原则，鼓励煤电一体化发展，加快大型坑口电站、煤化工和建材项目建设。

2. 优先发展新能源和可再生能源

新能源和可再生能源具有良好的发展前景，因此要优先发展新能源和可再生能源，这是调整能源结构也是实现低碳经济的必由之路。优先发展新能源和可再生能源需要解决以下三个问题：

(1) 突破体制障碍，加强政策扶持。要重点发展资源潜力大、技术基本成熟的风力发电、生物质发电、生物质成型燃料、太阳能利用等可再生能源，以达到规模化建设带动产业化发展。虽然新能源在理论上具有良好的发展前景，但要实现大规模产业化发展还需要很长一段时间。新能源开发通常需要先进行大量投资，而且很难在短期内得到理想的回报。新能源开发的投资主体通常为政府机构。目前包括美国、日本、欧盟等发达国家和地区在内，新能源消费比例相对油气、煤炭等常规能源来说也处于较低水平。这需要体制机制的深刻变革。从中外新能源产业发展情况看，要想让全社会在发展新能源问题上达成共识，取决于社会成员和组织是否能够放弃当前利益寻租，树立当前利益与长远利益统筹兼顾的理念。要取得这样的共识，仅靠个体力量是不够的，还要加强政策扶持。

(2) 突破技术屏障，提高自主创新能力。现在新能源产业发展的障碍主要是系列重大技术障碍。国内外新能源产业的科研工作虽然已经取得了一定进展，但是科技成果与大规模工业应用之间存在一定的距离。以风力发电为例，我国风电设备技术比较落后，目前进口风电机组在国内占有很大的市场份额。又由于对风电的技术难度估计不足，导致引进的设备风机不能在国内得到广泛利用和推广。应采取各项措施大力扶持国内风电设备生产企业。又如，我国光伏产业链中各环节发展不协调、不平衡，每个生产环节都需要从国外引进设备，而且出现了上游比下游薄弱的状态。再以生物能源产业为例，其核心技术在国内仍是空白。世界生物资源产业化经验说明，生物质能源的开发与高新技术有极强的关联性。这些技术因素在一定程度上制约了新能源产业化的发展，因此需要提高自主创新能力。

(3) 突破成本壁垒，增加市场空间。新能源产业运营及生产成本高已成为全球性问题。主要有以下两个原因：一是产业发展的规模程度不够；二是没有形成完善的市场体系和良好的产业发展空间。与传统能源相比，风能、太阳能、地热能等新能源的开发前期投入大，风险高，还没有形成规模效应。以可再生能源发电为例，目前国内该产业除小水电外，其余可再生能源发电成本远高于常规能源发电成本，当前小水电发电成本约为火力发电的 1.2 倍，生物质发电和风力发电成本则为火力发电的 1.7 倍，光伏发电成本更高，为火力发电的 11～18 倍。尽管我国的可再生能源具有巨大资源潜力，并且部分技术实现了商业化，但大多数可再生能源产业的运行成本过高和市场的容量相对狭小。由于成本居高不下、市场容量狭小，又进一步缩小了其成本下降的空间，形成恶性循环，严重抑制了该产业的进一步发展。这种制约新能源产业发展的成本壁垒是必须要突破的。

3. 鼓励能源生产新技术的研发和利用

能源结构的优化和调整要以能源技术做支撑。遵循科学技术发展规律和特点，应鼓励积极开发和推广能源的节约、替代、循环利用技术，大力促进治理污染的先进适用技术。主要做好以下工作：

(1) 大力发展和推广节能技术。我国是能源资源严重短缺的国家，与能源短缺形成强烈反差的是能源浪费惊人。我国能源效率只有 33%，比国际先进水平低 10% 左右。因此，应该把节能技术的发展和利用放在优先地位。除了要攻克高耗能领域的关键节能技术，提高一次能源和终端能源利用效率，还要引导社会向节能技术投资，实施对节能技术的发明人的奖励政策。目前我国在工业、交通运输、建筑等行业的能源浪费比较严重，要着重研究这方面的节能技术与设备，实现可再生能源与建筑一体化。

(2) 推进关键技术的创新。解决煤炭清洁利用的关键性技术主要包括：推进煤炭气化及加工转化技术，推广整体煤气化联合循环、超临界、大型循环流化床等先进发电技术，发展以煤气化为基础的多联产技术。为了更好地发展我国的核电能源，要掌握第三代大型压水堆核电技术，攻克高温气冷堆工业实验技术。要发展复杂地质油气资源勘探开发和低品位油气资源高效开发技术，这样可以增加油气产量。还要鼓励发展替代能源技术，优先发展可再生能源规模化利用技术，可以提高再生能源的比重。稳步推进正负 800 kV 直流输电和 1000 kV 交流特高压输电技术和增强电网安全技术等技术是增强我国电力供应的保障。

(3) 采用国际先进技术提升装备制造水平。高效的能源技术是增强我国整体经济效益、提高国际竞争力的重要手段。装备制造业是能源技术发展的基础。装备制造业技术主要包括发展煤矿综合采掘设备、开发大型煤化工成套设备、发展大型高效清洁发电装备、发展石油天然气勘探和钻采装备。还可以采取以市场换技术、技术与贸易相结合的方式引进国外的先进技术，尽快提高国产大型能源动力设备的制造能力。尽早采用目前国际先进的主流技术和装备武装我国的能源工业，使其在较短时期内摆脱整体技术落后水平。

(4) 加强前沿技术研究，增加未来竞争力。前沿技术是能源发展的潜力，可以引领能源产业和能源技术实现跨越式发展。这类技术主要是一些可再生能源技术，包括生物质能源和可再生能源制氢、经济高效储氢及输配技术；燃料电池基础关键部件制备及电堆集成、燃料电池发电及车用动力系统集成技术；突破化石能源微小型的燃气轮机等终端能源转换、储能及热电冷三联产技术；气冷快堆设计及核心技术；磁约束核聚变和天然气水合物开发技术等。这些技术将大大增加可再生能源的生产比重，对优化我国能源生产结构产生良好的影响，增强我国未来的竞争力。

(5) 开展基础科学研究，加强能源科技人才培养。基础研究既是自主创新的源头，又能决定能源产业发展的实力和后劲。我国要逐步建立以企业为主体、以市场为导向、产学研相结合的技术创新体系，加强基础科学研究。研究重点应放在化石能源高效洁净利用与转化的基础理论；高性能热功转换和高效节能储能的关键原理；规模化利用可再生能源的基础技术，规模化利用核能、氢能技术等基础理论。与此同时，还要大力加强能源科技人才培养，加强能源计量、控制、监督与管理，建立一套完整的节能技术服务体系，为能源技术发展创造良好条件。

4. 进一步放开能源价格管制

(1) 能源价格改革需遵循以下原则：一是市场导向原则。市场配置资源的作用主要是通过价格信号来实现，价格是市场机制的核心。因此，价格改革要坚持市场化的方向，才能最大限度地运用市场机制，理顺能源价格关系。二是节约优先原则。根据科学发展观的要求，能源价格改革要有利于促进能源节约，有利于解决能源短缺问题。三是统筹协调原则。能源价格直接关系生产者、经营者、消费者、上下游产业等各方面的利益，因此要统筹协调、综合平衡，调动各方面的积极性，才能避免出现新的矛盾和问题。

(2) 制定能源价格的形成机制。能源价格调整过程就是利益再分配的过程。因此，能源价格形成机制主要包括以下内容：一是要合理界定能源成本。要考虑能源本身的价值(能源地租)，还要制定对能源地租进行量化的依据和方法，资源定价需要充分考虑获取能源的成本、环境破坏和环境治理成本、能源开采和能源利用的收益、能源的稀缺性、能源的合理补偿等各方面因素。二是要科学确定价格水平。针对各种能源的特点，采用相应的能源价值测算方法和价格模型，对能源价值进行定量分析，科学确定能源价格的水平，使能源定价有科学依据。三是要理顺能源比价关系。重点是调整原油、天然气和发电用煤之间不合理的比价关系，这有利于能源结构的优化和调整。四是要规范政府定价程序。随着政府依法行政的积极推进和人民群众维权意识的增强，对政府价格管理规范化、科学化、透明化的要求越来越高。程序规范是政府定价科学合理的重要保证。政府定价程序一定要合法、公开、公平、公正，才能得到各方面的认同。

(3) 政府与市场共同作为定价主体，稳步推动能源价格改革。在市场经济条件下，让市场决定能源的价格，虽然可以促进能源利用效率的提高，但是只有市场机制远远不够，市场价格不能完全反映能源使用者的成本。因此，为实现能源开采、使用的代际公平和合理补偿，要调整市场价格以反映社会成本同时兼顾公平，这需要政府加以干预。合理的能源定价主体应是市场与政府相结合，在市场形成价格的基础上，辅之以必要的政府干预。既保证自然资源效用最大化目标的实现，又坚持了能源的可持续采用和社会的可持续发展。

2.1.3　新能源生产和分配的基本原则

能源是人类社会赖以生存和发展的重要物质基础。能源的开发利用极大地推进了世界经济和人类社会的发展。我国是目前世界上最大的能源生产国和消费国。能源供应持续增长，为经济社会发展提供了重要的支撑。能源消费的快速增长，为世界能源市场创造了广阔的发展空间。我国已经成为世界能源市场不可或缺的重要组成部分，对维护全球能源安全发挥着越来越重要的积极作用。

新能源的生产和利用应该遵循以下基本原则，坚持安全为本、节约优先、绿色低碳、主动创新的战略取向，全面实现我国能源战略性转型。

(1) 能源生产首先要树立底线思维，坚持总体国家安全观，将能源安全理念体现在经济社会、生产生活等各个方面，落实在法律法规、规划政策、技术标准等各个层面。加强能源全方位国际合作，着力构建多元的能源供应体系，保障能源生产的高质量与足数量，牢牢掌握能源安全主动权，满足人民群众基本用能需求和经济社会可持续发展需要。以保障安全为出发点，推动能源供应多元化，着力优化能源结构，加快形成煤、油、气、核、新能源和可再生能源多轮驱动、协调发展的能源供应体系。坚持互利共赢开放战略，全面提升能源国际合作质量和水平，积极参与全球能源治理，构建广泛利益共同体，实现开放条件下的能源安全。

(2) 要发挥市场在资源配置中的决定性作用，还原新能源的商品属性，遵循市场经济规律、新能源行业发展规律，突出市场主体推进能源革命的主力军作用。更好地发挥政府作用，加强基础能源制度建设，健全法律法规，维护市场秩序，精准科学调控，推进能源治理现代化。对于比较成熟的新能源发电技术，通过市场价格调控和政府政策干预等手段相结合，能够有效地稳定和提升新能源的收益率，进一步加强新能源领域的投资和发展，可为国家新能源战略和目标的实现提供保障。

(3) 坚持长远战略目标不动摇，主动作为、积极稳妥、循序渐进，结合地区用能需求与资源储量，突出发展具有地区特色的能源供给模式，解决现实问题，补齐发展短板。凝聚社会共识，形成各方合力，实现由量变到质变的能源跨越式发展。第一，立足现实优存量，实现传统能源的清洁和高效利用，推进煤炭清洁高效开发、集中利用。以多种优质能源替代民用散煤，推广煤改气、煤改电工程。建设高效、超低排放煤电机组，实现燃煤电厂污染物排放达到燃气电厂水平，防止煤电出现新的产能过剩。推动化石能源外部环境成本内部化，合理确定煤炭税费水平。第二，实现能源增量需求主要依靠清洁新能源，开启低碳能源供应新时代。推动可再生能源高比例发展，提高水能、风能、太阳能并网率，降低发电成本。因地制宜开发多种形式的生物质能、地热能、海洋能。采用最新安全标准，安全高效发展核电，加强核电全产业链的协调配套发展。积极推动天然气倍增发展，力争 2030 年天然气供应能力比 2015 年增加两倍。推动分布式天然气和分布式可再生能源成为重要的能源利用方式。第三，全面建设"互联网+"智慧能源网络，促进能源与现代信息技术深度融合。加强电力系统的智能化建设。集中式智能电网与分布式能源网络相互结合互动，建设基于用户侧的分布式储能设备，依托新能源、储能、柔性网络和微网等技术，实现分布式能源的高效、灵活接入及生产、消费一体化，建设"源—网—荷—储—用"协调发展、集成互补的能源互联网。进入提质增效新阶段。我国能源发展正进入从总量扩张向提质增效转变的全新阶段。这是我国供给侧结构性改革、提升经济发展质量的需要，是破解资源环境约束、治理大气和水污染、推进生态文明建设的需要，是积极应对气候变化、实现长期可持续发展的需要，更是增加能源公共服务、惠及全体人民、加快国家现代化建设的需要。2017 年，国家发展和改革委员会、国家能源局发布《能源发展"十三五"规划》，提出对能源消费总量和能耗强度实施双控，根本扭转能源消费粗放增长方式，要求 2020 年煤炭消费在一次能源中的比重降到 58% 以下，非化石能源与天然气等低碳能源的联合占比达到 25%。预计到 2030 年，可再生能源、天然气和核能利用持续增长，高碳化石能源利用大幅减少。非化石能源占能源消费总量比重达到 20% 左右，天然气占比达到 15% 以上，即低碳能源联合占比达到 35%，新增能源需求主要依靠清洁低碳能源满足；推动化石能源清洁高效利用，二氧化碳排放 2030 年左右达到峰值并争取尽早达峰；单位 GDP 能耗达到目前世界平均水平(2015 年中国单位 GDP 能耗是世界平均水平的 1.5 倍)；能源科技水平位居世界前列。展望 2050 年，能源消费总量基本稳定，非化石能源占比超过一半，建成绿色、低碳、高效的现代化的能源体系。以绿色低碳为方向，坚持能源绿色生产、绿色消费，切实减少对环境的破坏，保障生态安全。根据资源环境承载能力科学规划能源资源开发布局，推动能源集中式和分布式开发并举，坚持优存量和拓增量并重，降低煤炭在能源结构中的比重，大幅提高新能源和可再生能源比重，使清洁能源基本满足未来新增能源需求，实现单位国内生产总值碳排放量不断下降。

(4) 供需结合，成本经济。新能源与传统能源相结合，调配遵循新能源优先原则，既能保证能源资源的合理利用，又能解决新能源自身存在的时间、连续性的限制。传统能源是以石油、天然气等化石能源的形式储存起来的稳定的化学能，能够在自然界中稳定保存和平稳输出利用。新能源生产具有自身不连续性和新能源转换为电能作为过程性能源的特点，其真正的利用过程需要结合优异的大规模储能技术。规模化储能技术既受限于体系成本和稳定性的问题，也受限于材料体系的科学和技术水平。基于传统化石能源与新能源不同的能源特点，在能源利用的选择上，应该优先利用新能源，合理计划能源供需关系，合理匹配新能源发电量与需求之间的关系，减少新能源转化为电能的大量储存和"弃电"现象。以节约优先为方针。坚持开源、节流并重，坚决控制能源消费总量，彻底改变粗放型能源消费方式，科学管控劣质低效用能。提高能源利用效率，推动产业结构和能源消费结构双优化，推进能源梯级利用、循环利用和能源资源综合利用，加快形成能源节约型社会，降低社会用能成本。

加快能源科技创新步伐，推动能源技术从被动跟随向自主创新转变，着力突破重大关键能源技术，加快建设智慧能源管理系统，增强需求侧响应能力，实现能源生产和消费智能互动。推动能源体制机制创新，加快重点领域和关键环节改革步伐，提高能源资源配置效率，为能源转型发展提供不竭动力。

2.2 新能源的生产管理

优化能源结构，即在保证足够的能源供应需求的同时如何高效低能生产是能源生产管理研究的核心问题。

2.2.1 太阳能利用与管理

太阳能一般指太阳光的辐射能量。太阳辐射能实际上是地球最主要的能量来源。太阳能是太阳内部连续不断的核聚变反应过程产生的能量，尽管太阳辐射到地球大气层外界的能量仅为其总辐射能量(约为 3.75×10^{14} TW)的二十二亿分之一，但其辐射通量已高达 1.73×10^5 TW，即太阳每秒投射到地球的能量相当于 5.9×10^6 t 煤。太阳能的主要利用形式有太阳能的光热转换、光电转换及光化学转换三种。广义上的太阳能是地球上许多能量的来源，如风能、水能、生物质能、海洋温差能、波浪能和潮汐能等都是由太阳能导致或转化成的能量形式。利用太阳能的方法主要有：太阳能热水器，利用太阳光的热量加热水，直接利用热水或利用热水进行发电；太阳能电池，通过光电转换把太阳光中包含的能量转化为电能；绿色植物的光合作用，将光能转换为化学能储存于植物体内等。太阳能清洁环保，无任何污染，利用价值高，而且太阳能永远不可能短缺，这些优点决定了其在能源更替中不可取代的地位。如图 2.1 所示，我国西部地区和北部地区具有非常丰富的太阳能资源。

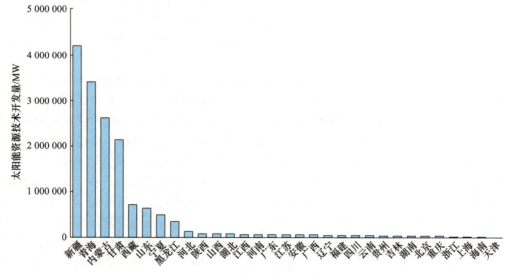

图 2.1　我国太阳能资源分布

太阳能必须经过各种转换，才可能方便地服务社会。各种太阳能利用成功的关键在于太阳能转换技术。现代意义上的太阳能转换技术开发的全部内容可归纳为以下两个主要方面：

(1) 高效地收集太阳能，主要技术内容有：①选择性表面技术；②受光面的光学设计；③集热体的热结构设计与分析；④装置的机械结构设计。

(2) 将收集的太阳能高效地转换为其他形式的有用能，主要技术内容有：①尽可能降低能量转换过程中的各种热、电损失；②优异的系统设计。

1. 太阳能光热转换

太阳能光热技术是指将太阳辐射能转化为热能的利用技术。按照最终转换产物的不同，太阳能光热技术可分为光热转换和光热电转换两种形式。二者原理大致相似，都是利用集热器将太阳光的热能收集起来，再将收集到的能量用于转换。太阳能的光热转换是指通过反射、吸收或其他方式把太阳辐射能集中起来转换成足够高温度的过程，以有效地满足不同负载的要求。太阳能光热转换在太阳能工程中占有重要地位，其基本原理是通过特制的太阳能采光面，将投射到该面上的太阳能辐射能进行最大限度的采集和吸收，并转换为热能，加热水或空气，为各种生产过程或人们的生活提供所需的热能。下面主要讲述太阳能热水器和太阳能空调技术。

1) 太阳能热水器

太阳能热水器也称太阳能集热器、太阳热水装置或太阳热水系统。太阳能热水器是利用太阳光加热水箱中的水，这是光热转换最常见的、最基本的形式，太阳能热利用的本质在于将太阳辐射能转化为热能。太阳能热水器主要包括平板热水器和聚光热水器。平板热水器是一种不聚光的热水器，它吸收太阳辐射的面积与采集太阳辐射的面积相等，主要用于太阳能热水、采暖和制冷等方面。平板热水器提供的温度一般比较低，这限制了其使用范围。为了在较高温度条件下利用太阳能，聚光热水器应运而生，它可将太阳光聚集在比较小的吸热面上，散热损失少，吸热效率高，可以达到较高的温度。聚光热水器还可以利用廉价反射器代替昂贵的集热器以降低造价成本。太阳能热水器的关键技术在于集热(集热器)和保温(储热水箱)。为了提高集热器的性能，应用了各种先进技术来开发新型集热器、特生热水器的加工工艺，以及集热器的光的吸收和透过涂料等。例如：①西安交通大学对窄缝高真空平面玻璃用于太阳能集热器盖板的实验研究；②新加坡国立大学机械工程系的研究人员完成了以温度为材料和冷剂特性变量的平板集热器；③德国慕尼黑大学的Scholkopt 采用电子束蒸发的方法在金属条带上连续沉积 TiNO 选择性吸收涂层；④美国明尼苏达大学的拉曼(Raman)等介绍了利用高分子聚碳酸酯材料制作集热器盖板；⑤美国雷诺金属公司正在研究铝板间的流道内存热聚酯薄膜防腐新工艺，可使吸热板芯的成本降低25%。此外，还出现了蜂窝热管平板式太阳能集热器、带透明蜂窝盖板和辅助反射面的整体式太阳能集热器、采用减反射低铁玻璃生产高性能的平板集热器。北京市太阳能研究所有限公司研制了不锈钢氮化物和不锈钢碳化物耐气候性涂层。将透明隔热材料应用于集热器的盖板与吸热间的隔层，以减少热量损失。储热水箱的保温材料一般为用一氟三氯甲烷发泡剂制备的硬质聚氨酯泡沫塑料，目前对其材料组成及工艺的研究取得了很大成就。

2) 太阳能空调技术

太阳能空调系统兼顾供热和制冷两个方面的应用。太阳能空调系统主要由太阳能集热装置、热驱动制冷装置和辅助热源组成。其工作方式主要有两类：①首先实现光电转换，再用电力驱动常规压缩式制冷机进行制冷，这种方式原理简单、容易实现，但成本高；②利用太阳能转换的热能驱动进行制冷，这种制冷方式技术要求高，但成本低、无噪声、无污染。

根据工作原理的不同，可将太阳能空调技术分为四类：太阳能压缩式制冷与空调技术、太阳能吸收式制冷与空调技术、太阳能吸附式制冷与空调技术、太阳能喷射式制冷与空调技术。其中，太阳能吸附式制冷与空调技术的研究最接近实用化，而且已经有了很多成功的实例。除了以上四类主流技术外，目前还出现了一些新型的太阳能制冷与空调系统：

(1) 吸附、吸收与蒸汽喷射的混合系统，它在吸收循环基础上增加吸附器和气、液喷射器，打破了吸收循环的制约关系，使发生器浓度和吸收器浓度成为两个可以选择的参量。此系统既保持了单效吸收式制冷系统流程简单的特点，又弥补了喷射式制冷效率低的缺点，还利用了吸附制冷和喷射制冷对太阳能需求的时间差而实现系统的连续制冷，对吸附热的有效回收和制冷系数的提高也有一定作用。

(2) 太阳能毛细驱动喷射式空调器，即太阳能集热器获得的热水通过发生器传热给液体工质，工质吸热后形成高压蒸汽，通过喷射器中的喷嘴成为高速气流，吸引来自蒸发段的蒸汽，混合后经过扩压到冷凝器，冷凝液一部分通过毛细作用流向发生器，一部分通过节流阀到蒸发器，工质在蒸发器内蒸发吸热达到制冷效果。

(3) 太阳能驱动的溴化锂吸收式循环制冷系统，采用真空管太阳能集热器和无泵型溴化锂吸收式制冷机相结合的技术，得到了比单效、双效循环更优越的性能。

2. 太阳能光电转换

根据太阳能的利用转换方式的不同，太阳能光电转换可以分为光热电转换技术和光伏发电技术。

1) 光热电转换技术

太阳能光热发电是指利用大规模阵列抛物或碟形镜面收集太阳热能，通过换热装置提供蒸汽，结合传统汽轮发电机的工艺，从而达到发电的目的。采用太阳能光热发电技术，避免了昂贵的硅晶光电转换工艺，可以大大降低太阳能发电的成本。这种形式的太阳能利用还有一个其他形式的太阳能转换无法比拟的优势，即太阳能烧热的水可以储存在巨大的容器中，在无阳光的状况下仍然能够带动汽轮机发电。光热发电示范项目运行始于 20 世纪 80 年代，1984 年美国加利福尼亚州建立了全球第一座光热示范电站 SEGS 系列槽式光热电站。1991 年开始全球光热发电技术的研究进入停滞阶段，直至 2006 年西班牙启动首个光热发电项目，全球光热发电开始复苏。目前，全球范围内已经掀起了新的光热投资和建设热潮，光热发电总装机规模持续上升。根据国际可再生能源机构的统计数据，全球太阳能光热发电装机容量已达 4652 MW，其中美国、西班牙处于行业领跑地位，超过全球总量的 80%，印度、南非、阿联酋等国家相对靠前。我国幅员辽阔，有丰富的太阳能资源，陆地表面每年接受的太阳辐射能约为 5×10^{19} kJ。从全国太阳能年辐射总量的分布来看，西藏、青海、甘肃、新疆、内蒙古南部等广大地区的太阳能年辐射总量很大。光热发电行业是朝阳产业，政策支持力度大。早在 2007 年，国家发展和改革委员会发布的《可再生能源中长期发展规划》中就把太阳能热发电明确列为重点和优先发展方向。2016 年，国家开始加大对太阳能光热发电行业的支持力度，"十三五"规划强调建设现代能源体系，积极支持光热发电，将实施光热发电示范工程列为能源发展重大工程，加快推进光热发电技术研发应用；同年，国家发展和改革委员会印发《关于太阳能热发电标杆上网电价政策的通知》，核定太阳能热发电标杆上网电价为 1.15 元·$(kW·h)^{-1}$，同时鼓励地方政府对太阳能热发电企业采取税费减免、财政补贴、绿色信贷、土地优惠等措施。《中国 "十四五" 电力发展规划研究》中提到，预计 2025 年我国全社会用电量为 8.8 万亿～9.5 万亿 kW·h，年均增长 3.5%～5.1%，人均用电量 6500 kW·h 左右，仍与主要发达国家存在较大差距。预计在 2025 年建成太阳能光热发电项目 900 万 kW。目前，国内该市场仍属于开发阶段，由国企和央企主导开发，未来一段时间仍有很大的发展前景。2018 年 12 月底，全球最高、聚光面积最大的熔盐塔式光热电站——甘肃敦煌 100 MW 熔盐塔式光热电站并网发电，并达到夏季工况下连续发电突破 180 万 kW·h。这标志着我国成为世界上少数掌握大规模熔盐塔式光热电站成套核心技术的国家之一。图 2.2 是张家口市奥运迎宾光伏廊道项目的太阳能电池板实景图。

图 2.2　张家口市奥运迎宾光伏廊道项目的太阳能电池板实景

　　光热发电技术是原理不同于光伏发电的全新的新能源应用技术。图 2.3 是太阳能光热发电原理示意图。它是将太阳能转化为热能，再将热能转化为电能的过程。利用聚光镜等聚光装置采集的太阳热能将传热介质加热到几百摄氏度的高温，传热介质经过换热器后产生高温蒸汽，从而带动汽轮机产生电能。该系统中的传热介质多为导热油与熔盐。通常将整个光热发电系统分成四部分：集热系统、热传输系统、蓄热与热交换系统、发电系统。

　　(1) 集热系统：集热系统采集太阳能，将太阳能转化为热能。集热系统包括聚光装置、接收器、跟踪机构等部件。如果说集热系统是整个光热发电的核心，那么聚光装置就是集热系统的核心。聚光装置就是聚光镜或定日镜等，其反射率、焦点偏差等均影响发电效率。目前国内生产的聚光镜，效率可以达到 94%，与国外生产的聚光镜效率相差不大。

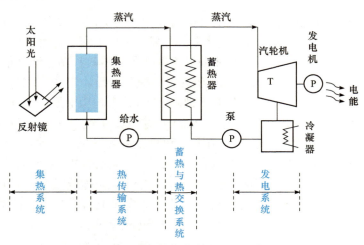

图 2.3　太阳能光热发电原理示意图

(2) 热传输系统：热传输系统主要是传输集热系统收集起来的热能。利用传热介质将热能输送给蓄热系统。传热介质多为导热油和熔盐。理论上，熔盐比导热油温度高，发电效率大，也更安全。热传输系统一般由预热器、蒸汽发生器、过热器和再热器等组成。热传输系统的基本要求是：传热管道损耗小、输送传热介质的泵功率小、热量传输的成本低。在热传输过程中，传热管道越短，热损耗越小。

(3) 蓄热与热交换系统：光热发电技术在蓄热与热交换系统中充分体现了对比光伏发电技术的优势，即将太阳热能储存起来，可以在夜间发电，也可以根据当地的用电负荷，适应电网调度发电。蓄热装置通常由真空绝热或以绝热材料包覆的蓄热器构成。蓄热系统中对储热介质的要求是：储能密度大，来源丰富且价格低廉，性能稳定，无腐蚀性，安全性好，具有较好的黏性。目前我国正在研究蓄热的各种新技术新材料，更有专家提出用陶瓷等价格低廉的固体蓄热，以达到降低发电成本的目的。

(4) 发电系统：用于太阳能热发电系统的发电机有汽轮机、燃气轮机、低沸点工质汽轮机、斯特林发动机等。这些发电装置可根据汽轮机入口热能的温度等级及热量、蒸汽压力等情况进行选择。对于大型光热发电系统，由于其温度等级与火力发电系统基本相同，可选用常规的汽轮机；工作温度在 800 ℃以上时，可选用燃气轮机；对于小功率或低温的太阳能发电系统，则可选用低沸点工质汽轮机或斯特林发动机。虽然光热技术的发电系统类似于火力发电系统，但还是有一定的区别，要求汽轮机具有频繁启停、快速启动、低负荷运行、高效性等特点。

按照聚焦方式及结构不同，光热发电系统可以分为塔式、槽式、碟式、菲涅尔式四种。

(i) 塔式发电系统：塔式发电系统为点式聚焦系统，其利用大规模的定日镜形成的定日镜场阵列，将太阳辐射反射到置于高塔顶部的吸热器上，加热传热介质，使其直接产生蒸汽或者换热后再产生蒸汽，以此驱动汽轮机发电。塔式发电系统具有热传递路程短、热损耗小、聚光比和温度较高等优点，但塔式发电系统必须规模化利用，占地要求高，单次投资较大，采用双轴跟踪系统，镜场的控制系统较为复杂。

(ii) 槽式发电系统：槽式发电系统全称为槽式抛物面反射镜太阳能热发电系统，是将多个槽式抛物面聚光集热器经过串并联的排列，加热工质，产生过热蒸汽，驱动汽轮机发电机组发电。

(iii) 碟式发电系统：碟式发电系统也是点式聚焦系统，是世界上最早出现的太阳能光热发电系统。碟式发电系统也称为抛物面反射镜斯特林系统，由许多镜子构成的抛物面反射镜组成，接收在抛物面的焦点上，接收器内的传热介质被加热后，驱动斯特林发动机进行发电。碟式发电系统的聚光比非常高，可达到几百至上千，聚焦温度甚至可以达到 1000 ℃以上，效率较高，对于地面坡度要求也更为灵活。但成本上还缺乏优势，技术上也有待完善。碟式发电系统比较适合用于边远地区独立电站，可以单台使用或多台并联使用，适宜小规模发电。

(iv) 菲涅尔式发电系统：菲涅尔式发电系统的工作原理与槽式发电系统类似，只是采用菲涅尔结构的聚光镜替代抛物面反射镜。这使得它的成本相对来说低廉，但效率也相应较低。此类系统由于聚光倍数只有数十倍，因此加热的水蒸气质量不高，整个系统的年发电效率仅能达到 10%左右；但由于系统具有结构简单、直接使用导热介质产生蒸汽等特点，其建设和维护成本也相对较低。

与火力发电厂联合发电的运行方式将成为光热发电的一个重要发展趋势。光热发电与光伏发电形成互补效应，建设"光热+光伏"的综合电站，在同一个发电区域内平衡光热和光伏之间的电力生产和输送，可消除光伏的间歇性问题，这两大技术的结合从总体上可有效降低整体系统的发电成本。美国的新月沙丘项目则是"光热+光伏"全集成的项目，该电站向需要全天候电能供给的矿业供电。建立分布式发电系统有助于解决偏远山区的供电问题，碟式发电系统最适合，但由于其发电技术还不成熟，因此多采用槽式发电系统。太阳能热发电站的聚光镜场可以用来产生蒸汽供工业应用，如用于海水淡化、纺织行业、化工和稠油开采等，国内已有部分示范项目。海南乐东、临高有太阳能海水淡化的示范项目，广东番禺有太阳能中温产生蒸汽供纺织厂用的示范项目，新疆克拉玛依太阳能预热天然气蒸汽锅炉用于稠油开采等。未来几年，光热发电成本有望进一步下降，发展潜力将继续增大。国外光热发电电价已经降到 15 美分，美国将降到 6 美分左右。而光热发电示范工程电价为 1.09～1.4 元·W^{-1}，再加上未来投资成本下行驱动因素(包括电站规模化和核心部件国产化等)，如果后续大面积铺开建设，造价有望不断下降。根据绿色和平组织预测，到 2050 年光热发电的成本将降至 1.6 万元·kW^{-1}，降幅可达 40%。另外，光热发电由于具备储能优势，是未来新能源发展的重要方向。国际能源机构和欧洲太阳能热发电协会(ESTELA)预测，到 2030 年光热发电将满足全球 6%的电力需求，到 2050 年该比例将上升至 12%。光热发电将逐步和光伏发电一样成为主要的清洁能源，未来 10～15 年是光热发电市场的快速发展期。

2) 光伏发电技术

太阳能电池是通过光电效应或光化学效应直接把光能转化成电能的装置。图 2.4 和图 2.5 分别是太阳能转化为电能和光伏太阳能电池的基本原理示意图。太阳能电池利用光电转换原理使太阳的辐射光通过半导体物质转变为电能，这种光电转换过程通常称为光生伏特效应，因此太阳能电池又称为光伏电池。目前基于光电效应工作的薄膜式太阳能电池是研究的主流，而基于光化学效应工作的湿式太阳能电池还处于初级研究阶段。

在光照条件下,半导体 PN 结的两端产生电势差。该过程是半导体吸收光子后产生附加的电子和空穴,这些自由载流子在半导体内的局部电场作用下,各自运动到界面层两侧积累起来,形成净空间电荷,从而产生电势差。半导体太阳能电池按材料分类可分为单晶硅太阳能电池、多晶硅太阳能电池、非晶硅太阳能电池、化合物半导体太阳能电池和有机半导体太阳能电池等,目前最常用的半导体是硅。当光照射到电池上,一部分光被半导体物质吸收,被吸收的这部分光所含的能量就转移到半导体中,吸收能量后的电子运动速度加快。在电场的作用下,自由移动的电子朝着某个方向运动,电子的流动形成电流。当光电池的顶部和底部安装金属触点,材料内部的电流就可以对外供电,这是光电池的基本原理。以单晶硅电池为例,纯硅的导电性很差,它所有的电子都被锁在晶体结构中,不存在可以自由运动的电子。通过掺杂的方法,在硅晶体中添加杂质可改变硅的属性,使其变为导体。在硅中添加锑或硼(铟),就会形成 N 型或 P 型硅。当 N 型和 P 型硅接触时,就会产生电场。在 N 型硅的一侧富集大量的自由电子(荷负电),而在 P 型硅

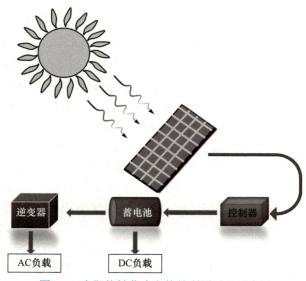

图 2.4 太阳能转化为电能的利用过程示意图

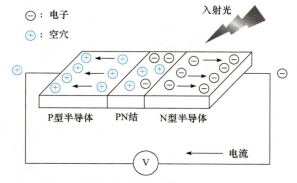

图 2.5 光伏太阳能电池的基本原理示意图

的一侧富集大量的空穴(荷正电)，所以两者存在一定的电压，当两者接触时会形成电流。自由电子和空穴混合并形成一道屏障，使 N 型硅一侧的电子想要穿过屏障到达 P 型硅的一侧变得越来越困难，最终达到一种平衡状态，即形成一个电场将两侧分开。电场就像一个二极管，推动电子从 P 型硅的一侧流动到 N 型硅的一侧，但不会发生相反的运动。因此，在这个作用类似二极管的电场中，电子只能单向移动。当以光子形式存在的光照射到太阳能电池上，光能会把电子-空穴对拆开。通常每个带有一定能量的光子都会释放一个电子，形成一个自由空穴。如果这种情况发生在交界面附近，或者一个自由电子和一个自由空穴刚好运动到交界面的影响范围内，在电场的作用下，电子就会进入 N 型硅一侧，而空穴就会进入 P 型硅一侧。这样，中性电荷的状况被进一步打破。如果此时出现一条外部的电流通路，电子就会从这条通路返回它们初始的位置(P 型硅的一侧)。在返回途中，它们会与在电场作用下到达该侧的空穴结合。电子的流动产生电流，电池的电场形成电压。光伏发电技术是利用太阳能电池片将太阳能直接转换为电能的新生技术。在太阳能光电技术中，能够将太阳辐射出来的能量转换为电能的核心器件是太阳能电池板。光伏发电系统主要部件有太阳能电池板、控制器、逆变器三大部分。使用太阳能电池可以完成太阳光能向电能的转换，如果将太阳能电池串联封装，并安装功率控制器，就能形成大面积的太阳能电池光伏发电设备。

　　钙钛矿太阳能电池是利用钙钛矿型有机金属卤化物半导体作为吸光材料的太阳能电池，属于第三代太阳能电池，也称为新概念太阳能电池，其基本结构如图 2.6 所示。在接受太阳光照射时，钙钛矿层首先吸收光子产生电子-空穴对。由于钙钛矿材料激子束缚能的差异，这些载流子或者成为自由载流子，或者形成激子。而且，因为这些钙钛矿材料往往具有较低的载流子复合概率和较高的载流子迁移率，所以载流子的扩散距离和寿命较长。然后，这些未复合的电子和空穴分别被电子传输层和空穴传输层收集，即电子从钙钛矿层传输到电子传输层，最后被导电玻璃收集；空穴从钙钛矿层传输到空穴传输层，最后被金属电极收集，当然，这些过程中总不免伴随着一些使载流子的损失，如电子传输层的电子与钙钛矿层空穴的可逆复合、电子传输层的电子与空穴传输层的空穴的复合

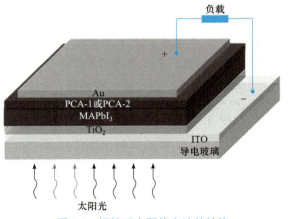

图 2.6　钙钛矿太阳能电池的结构

(钙钛矿层不致密的情况)、钙钛矿层的电子与空穴传输层的空穴的复合。要提高电池的整体性能，这些载流子的损失应该降到最低。最后，通过连接导电玻璃和金属电极的电路而产生光电流。

太阳能具有环保、效率高、无枯竭危险的特性，在使用上对地理位置要求较低，因此我国的光伏发电市场发展快速。在应用分布上，光伏发电 36%集中在通信和工业应用，51%在边远地区应用，小部分应用于太阳能商品，如计算器、手表等。除此以外，光伏发电的应用呈多样化趋势，与扶贫、农业、环境等相结合。例如，光伏农业大棚正在快速扩张中，光伏农业项目成为光伏应用的主要形式之一。在政策扶持和国内市场需求被激发的情况下，光伏发电端增长迅猛。截至 2015 年 9 月底，光伏发电装机容量达到 3795 万 kW。目前制约光伏产业发展的最大问题在于我国企业在光伏技术领域还处于下游水平，并且主要市场需求仍然集中在国外。

2019 年，全球光伏发电装机容量为 114.9 GW，累计装机容量达到 627 GW。中国以30.1 GW 的规模占据世界第一。国家能源局的数据表明，2020 年上半年，全国新增光伏发电装机容量 1152 万 kW，其中集中式光伏新增装机容量 708 万 kW，分布式光伏新增装机容量 444 万 kW。截至 2020 年 6 月底，光伏发电累计装机容量达到 2.16 亿 kW，其中集中式光伏 1.49 亿 kW，分布式光伏 0.67 亿 kW。近 10 年光伏组件的成本已经大幅下降，全球光伏产业已经相对成熟。光伏发电已初步具备经济性，在全球多个地方已经低于传统电源成本，实现平价上网。展望未来，有关气候变化的《巴黎协定》已经生效，这将进一步推动清洁能源的发展，而没有其他能源能够像太阳能一样如此普遍，同时又是可再生能源。到 2050 年，太阳能将有可能成为全球主要能源。

光伏发电的初始投资额比较灵活，所以适用范围比较广，但是也存在不够稳定、发电时间短、转换效率低等问题，还有一系列技术问题亟待解决，但这改变不了太阳能成为未来重要能源的趋势。当未来能源需求进一步提高时，现有的转换效率已经不能提供足够的能量，转换效率就成为关键问题。其次是成本问题，虽然现在的成本已经下降了很多，但未来还是有必要进一步降低，才能解决广泛应用的问题。因此，未来光伏产业的主要技术突破点在于提高转换效率和产能并降低成本，其次是环保的问题，要解决光伏发电的污染问题。

虽然太阳能光热发电和光伏发电技术都具有很多优点，但其仍具有一定的局限性。首先，太阳能能流密度低，受季节、地点和气候等多种因素影响，存在太阳能转化效率不能维持常量的情况。其次，太阳能转换所用设备造价较高，且技术尚未完全成熟。目前的使用生产中，只有对太阳能热水器及温室大棚等的利用较为普遍，而主动、被动太阳房，太阳能制冷技术等的发展仍属于研究试验阶段，如果希望在日常生活中大规模推广使用，还需要很长一段时间的努力。并且，光伏发电时太阳能照射的能量分布密度小，即要占用巨大面积，这一缺陷严重影响了其发展。光热发电表现出稳定性差、转换效率低的缺点，是影响其发展的重要因素。因此，太阳能近期内无法取代常规能源的主导地位。

3. 太阳能光化学转换

太阳能光化学转换是先将太阳能转化为化学能，再转换为电能等其他能量。植物靠叶绿素把光能转化为化学能，实现自身的生长与繁衍，若能揭示光化学转换的奥秘，便可实现人造叶绿素发电。目前，太阳能光化学转换正在积极探索、研究开发阶段，这种转换技术包括半导体电极产生电，电解水产生氢，利用氢氧化钙或金属氢化物热分解储能等形式。只有解决了太阳能制氢问题，才能实现真正意义上的氢能利用(包括燃料电池)，这将引起时代的变革。

20 世纪 70 年代，科学家发现，在太阳光辐照下二氧化钛等宽频带间隙半导体可为水的电解提供所需能量，并析出氧气和氢气，从而在太阳能转换领域产生了一门新兴学科——光电化学。随着光电化学及光伏技术和各种半导体电极试验的发展，太阳能制氢成为发展氢能产业的最佳选择。

1995 年，美国科学家利用光电化学转换中半导体-电介质界面产生的隔栅电压，通过固定两个光粒子床的方法解决水的光催化分离问题取得成功。两个光粒子床概念的光电化学水分解机制为

生成氢气的光化学反应式：　　$4H_2O + 4M^\circ \longrightarrow 2H_2 + 4OH^- + 4M^+$

生成氧气的光化学反应式：　　$4OH^- + 4M^+ \longrightarrow O_2 + 2H_2O + 4M^\circ$

反应的净结果为　　　　　　$2H_2O \longrightarrow 2H_2 + O_2$ (其中 M 为氧化还原介质)

在太阳能制氢产业方面，1990 年德国建成一座 500 kW 太阳能制氢示范厂，沙特阿拉伯已建成发电能力为 350 kW 的太阳能制氢厂。印度于 1995 年推出了一项制氢计划，投资 4800 万美元，在每年有 300 个晴天的塔尔沙漠中建造一座 500 kW 太阳能电站制氢，用光伏-电解系统制得氢。自 20 世纪 90 年代以来，德、英、日、美等国已投资积极进行氢能汽车的开发。美国佛罗里达州太阳能中心用太阳能制氢作为汽车燃料——压缩天然气的一种添加剂，在高价值利用方面获得成功，为氢燃料汽车的实用化提供了重要基础。另外，在对重量十分敏感的航天、航空领域，以及氢燃料电池和日常生活中储氢水箱的应用等方面，氢能都将获得特别青睐。

2.2.2　生物质能利用与管理

生物质能是可再生能源的重要组成，我国有丰富的生物自然资源和可利用资源，除了种植物和陆地、海洋的野生物以外，还有秸秆，餐厨垃圾，畜禽、工业和生活污水等。据统计，我国林业、农业、工业生产的废气一年有 12 亿 t，其中秸秆就有 7 亿 t。家禽和养殖业有机物的排放量为 33 亿 t，数量惊人，但是这些资源大部分没有被利用，反而造成了大气和水源的污染。生物质能的开发利用是发展新能源的重要选择，是国际可再生能源领域的焦点。

生物质是指通过光合作用而形成的各种有机体，包括所有的动植物和微生物；生物质能则是太阳能以化学能形式储存在生物质中的能量形式，即以生物质为载体的能量。生物质能源作为一种洁净又可再生的能源，是唯一可替代化石能源转化成气态、液态和固态燃料及其他化工原料或产品的碳资源。据估计，全世界每年由光合作用固定的碳达到 2×10^{11} t，含能量达到 3×10^{18} kJ，可开发的能源约相当于全世界每年消耗能量的 10 倍；

生成的可利用干生物质约为 1700 亿 t，而目前将其作为能源利用的仅为 13 亿 t，约占其总产量的 0.76%，资源开发利用潜力巨大。由于生物质能具有以上优势，世界各国已经将其作为发展新型能源的重要选择。近年来，燃料乙醇、生物柴油、生物质发电及沼气等生物质能产业在世界范围内得到了快速的发展，尤其进入 21 世纪后，随着国际石油价格的不断攀升及《京都议定书》的生效，生物质能更是成为国际可再生能源领域的焦点。许多国家纷纷制定了开发生物质能源、促进生物质产业发展的研究计划和相关政策，如美国的《生物质技术路线图》和《生物质多年项目计划》，欧盟委员会提出 2020 年运输燃料的 20%将用生物柴油和燃料乙醇等生物燃料替代计划，以及日本的"阳光计划"、印度的"绿色能源工程计划"、巴西实施的乙醇能源计划等。中国政府对生物质能的开发利用也极为重视，自 20 世纪 70 年代以来，连续在四个"五年计划"中将生物质能利用技术的研究与应用列为重点科技攻关项目，开展和实施了一系列生物质能利用研究项目和示范工程，推动了中国生物质能产业的发展。

1. 生物质物理转化技术

生物质物理转化技术是指在一定压力和温度下，通过粉碎、干燥、机械加压等过程，将松散、细碎的生物质原料压制成结构紧密的块型、棍型或颗粒型燃料，又称生物质固化成型技术。此外，有时还混合一定比例的低热值化石燃料、固硫剂等制成生物质型煤。这种生物质燃料水分少，着火容易，能量密度与中质煤相当，燃烧性能明显改善，火力持久，黑烟少，且便于储存和运输。此外，燃烧后灰渣含碳量低、不结渣，排放的二氧化硫低于煤炭，是一种适合工业锅炉使用的高品位燃料。目前，用于生物质固化成型技术的设备主要有螺旋挤压式成型机、活塞冲压式成型机和压辊式颗粒成型机。

日本早在 20 世纪 50 年代就研制出棒状燃料成型机及其相关的燃烧设备；美国在 1976 年研制了生物质颗粒及成型设备，颗粒成型燃料年产量达 80 万 t；一些欧洲国家，如荷兰、瑞典、丹麦等相继在 20 世纪 70 年代设计制造了冲压式成型机、颗粒成型机及配套的燃烧设备；泰国、印度、韩国等也建立了不少生物质固化专业生产厂，并加紧研制开发相关的燃烧设备。

中国自 20 世纪 80 年代起对生物质固化成型设备进行了广泛的研究和开发，如陕西省武功县轻工机械厂研制的螺旋推进秸秆成型机、辽宁省能源研究所有限公司研制的颗粒成型机、中国林业科学研究院林产化学工业研究所研制的多功能成型机等。这些生物质固化成型设备在实际应用中都取得了较好的运行效果。生物质固化技术在燃烧性能和环保效果上具有明显的优势，但固化成型机的设备配套性能较差，压制机械部件磨损严重，使用寿命短，运行成本较高。目前，生物质固化技术还处于实验室研究和工业试生产阶段，尚未形成规模产业。因此，改进生物质固化成型的技术和设备、进一步提高生物质固化燃料的转化效率和热值、降低设备运行费用等是今后生物质固化技术发展的主要方向。

2. 生物质生物转化技术

生物质生物转化技术主要是指生物质原料在微生物的发酵作用下生成沼气、乙醇等能源产品，也就是利用原料的生物化学作用和微生物的新陈代谢作用产生气体或液体燃料。

1) 生物质厌氧发酵

最常见的厌氧发酵是对人畜粪便、农业废弃物、有机废水和家庭垃圾的发酵处理。在厌氧发酵过程中，有机物在发酵池内厌氧微生物的作用下，完全被降解成以甲烷(沼气)为主的可燃气体。沼气是一种丰富、廉价的生物质能源，广泛用于生产生活，而且沼气发酵后的残渣还是优质的农家肥，对农作物均有不同程度的增产效果。因此，该技术引起了世界各国的高度重视。国外沼气技术主要应用于工业和城镇生活废弃物、废水的综合治理。美国、英国、德国、法国、日本等发达国家早在 20 世纪 50 年代就利用厌氧消化技术处理城市和工厂污水，既治理了污染，又获得了能源。近年来，中国采用厌氧发酵技术制取沼气得到了长足的发展。沼气的使用虽然十分广泛，但也存在发酵转化周期较长、产气率普遍偏低、远距离输送困难等一系列问题。这就需要在施工工艺、建筑材料等方面进行改进，还要选择适当的发酵添加剂并进一步优化发酵条件等。现今，中国政府从系统生态原理出发，根据农村的实际情况，大力提倡发展以沼气为中心的综合利用技术，即将农村能源、农业生态、商品生产有机地结合起来，建立现代化绿色生态农业基地。

2) 生物质制取乙醇

利用生物质制取乙醇技术是指生物质经过水解生成含有氢气、一氧化碳、二氧化碳的低热值气体，然后通过生化发酵池转化为乙醇的工艺过程。根据国际能源机构报告显示，10%的全球废弃生物质可生成约 1550 亿 L 纤维素乙醇，能够供应 2030 年运输燃料需求量的 4.1%。目前，美国主要利用玉米和谷物生产生物乙醇，2016 年总产量约 577 亿 L。巴西主要使用甘蔗汁及其农业资源生产燃料乙醇，2016 年总产量约 276 亿 L。加拿大政府通过立法支持本国纤维素乙醇研究，以加快农业和林业废弃生物质转化为纤维素乙醇及副产品可持续发展，纤维素燃料乙醇商业化也取得了较大进展，典型代表是 Iogen、Greenfield 和 Enerkem 公司，其中 Iogen 公司更是走在全球纤维素乙醇产业化前列。哥斯达黎加、菲律宾、苏丹、肯尼亚、泰国等发展中国家也正大力推进醇类燃料的开发计划。我国在生物质乙醇研究和应用方面也取得了较大发展。山东龙力生物科技股份有限公司以玉米芯作原料，实现了纤维素乙醇工业化生产。济南圣泉集团股份有限公司 2012 年实现了年产 2 万 t 纤维素乙醇。山东泽生生物科技有限公司建成并投产年产 3000 t 的纤维素燃料乙醇示范工程。美国杜邦(DuPont)公司与我国合作的第一个秸秆乙醇项目于 2015 年落户吉林省四平市。中国林业科学研究院林产化学工业研究所、山东大学、沈阳农业大学等也先后开展了生物质水解制取乙醇工艺和设备的研究开发。利用生物质制取乙醇的原料可分为三大类：含糖类，如甘蔗；含淀粉类，如甘薯、玉米、小麦；含纤维素类，如农作物秸秆、木材加工废料等。由于生物质的成分不同，其水解发酵的方法也不同。糖类和淀粉类生物质制取乙醇的技术已日趋成熟，目前的研究重点是提高发酵速度和产量。利用含纤维素较高的农林废弃物制取乙醇是将木质纤维水解成葡萄糖，再将葡萄糖发酵生成乙醇。根据纤维素水解所采用催化剂的不同，分为无机酸水解法和酶水解法。对于无机酸水解法，温度和无机酸浓度是影响纤维素生物质水解反应速率的最主要因素。生物质水解的主要技术难点是纤维素分解率低，工业生产成本较高。到目前为止，无机酸水解法已经通过试验研究达到工业化水平，酶水解法还处于研究试验阶段，该技术的商品化还需要一定的研究周期。

3. 生物质化学转化技术

生物质化学转化方式主要包括：生物质气化、热解、液化及生物质直接燃烧。

1) 生物质气化

生物质气化技术是以固体生物质如稻壳、秸秆、柴草等作为原料，经粉碎、干燥处理后送入气化炉中，以空气或水蒸气作为气化剂，将固体生物质原料转化为气体燃料的过程。生物质气化的主要产物是中、低热值的气体燃料，可用于发电、供热、民用煤气及化学品的合成。目前已开发出的气化反应器主要有三类：固定床气化炉、流化床气化炉和携带床气化炉。固定床气化炉分为上吸式气化炉、下吸式气化炉、横吸式气化炉及开心式气化炉，其中上吸式和下吸式气化炉的使用较多；流化床气化炉分为单床气化炉、循环气化炉和双床气化炉，其中循环气化炉的使用最为流行；携带床气化炉是流化床气化炉的一种特例。上吸式固定床气化炉的生物质原料从气化炉的顶部加入，气化剂由炉底进气口进入炉内参与气化反应，产生的可燃气体自下而上流动，从可燃气出口排出。该气化炉的热效率比其他固定床气化炉高，燃料适用范围较广，但连续给料不便，可燃气中焦油含量较高。下吸式固定床气化炉的生物质原料和气化剂都是由炉顶的进料口投入炉内，物料自上而下分为干燥层、热分解层、氧化层和还原层。这种气化炉的结构简单，运行稳定可靠，可随时添加燃料，产生气体的焦油含量较少，但产生的可燃气体热值偏低。横吸式固定床气化炉的气化剂由炉子的一侧投入，产生的可燃气体从另一侧抽出。该炉主要用于木炭的气化，其反应温度较高。开心式固定床气化炉结构类似于下吸式固定床气化炉，不同的是采用了转动炉栅，并多以稻壳为气化原料。流化床气化炉与固定床气化炉相比具有独特的优点，它的反应速率快，气体转化效率和气体热值较高，产生的可燃气中焦油含量较少。但由于流化床气化炉需要掺入惰性材料，因而出炉的可燃气含有较多的灰分。总体来说，固定床气化技术简单、易于操作，但产生的可燃气体热值偏低且焦油含量较高；流化床气化技术可以提高气化效率和气体燃料的热值，但工艺设备复杂，操作不易掌握。自1839年世界上第一台上吸式气化炉问世以来，气化技术已有180多年的历史，国外生物质气化装置一般规模较大，自动化程度高，工艺较复杂，以发电和供热为主。美国夏威夷大学和佛蒙特大学开展生物质流化床气化发电工作，建立了日处理生物质量为100 t的工业化压力气化系统，并已进入正常运行阶段；印度安那大学新能源和可再生能源中心研究用流化床气化稻壳、木屑、甘蔗渣等农林废弃物，并初步建立了一个中等规模的生物质流化床气化系统用于柴油机发电。

虽然生物质气化是所有生物质热化学加工中开发较早且最接近规模生产的技术，但当前仍存在一些亟待解决的关键性技术问题，如焦油问题、二次污染问题、气体热值偏低问题等。其中，焦油问题对生物质气化技术造成的不利影响较为突出。这是由于生物质气化过程中产生的焦油容易堵塞气化设备的管道、污染气缸，导致发电与供气设备无法正常运行，同时也给司炉操作带来了较重的负担。目前主要采用水洗法除去可燃气中的焦油，但其净化效率不高，投资费用较大，使得生物质气化的运行成本偏高，与现有的煤气相比优势不明显。因此，仍需要进一步完善生物质气化技术并优化相关的气化设备，使其具有较高的实用性和经济性。

2) 生物质热解

生物质热解是指利用热能切断大分子量的有机物、碳氢化合物，使生物质转变为含碳数少的低分子量可燃气体、液体及固体的过程。热解既可以作为一个独立的过程，也可以是燃烧、气化、液化等过程的一个中间环节。生物质热解与生物质气化的主要区别是：①热解是在完全隔绝或限制供给氧化介质的条件下进行热分解反应，而气化是采用气化剂使生物质进行氧化还原反应；②热解的产物主要有三种形态，分别为固体炭、液体的木焦油和木醋液、可燃性气体，而气化的主要产物只是可燃气，且两者可燃气的成分也不相同；③热解过程需要外加能源，而气化无需外加热量。根据热解温度、加热速率、固体停留时间及物料颗粒度等可以把生物质热解分为慢速热解、快速热解及瞬时热解。影响生物质热解产物产量、组成成分的因素主要是生物质的种类，热解反应的温度和压力，以及加热速率的快慢。热解反应温度高有利于提高液体、气体热解产物的产量，这是由于高温进一步引起了热解产物的二次分解；而加热速率则因为改变了反应的类型，使热解产物的质与量发生了相应的变化。因此，选用不同的生物质原料，采取不同的热解工艺，热解得到的固体、液体和气体产物比例也不相同。由生物质热解得到的固体炭具有灰分含量低、热值高、还原性能好等特点，可用作有色冶金业的还原剂，医疗、环保行业的吸附剂，以及农业土壤的改良剂。木焦油和木醋液是生物质热解的液体产物，含有多种化学物质，是相当有价值的化工原料。木焦油除了可以直接用作防腐剂外，还可以加工提炼多种药物制品；而木醋液可作为饲料添加剂和植物生长剂，起到增产、保鲜的作用。生物质热解得到的可燃气主要成分是甲烷、乙烷、乙烯、氢气、一氧化碳和二氧化碳等，属于中热值可燃气，与城市人工煤气相近，完全符合民用生活燃气的质量标准，可以直接作为城市居民生活用能，也可作为工业企业的优质燃料。

20 世纪 60 年代起，美国、西欧及日本分别建立了一系列商业化或近于商业化生产的城市固体垃圾热解处理工厂；美国在热解过程的研究方面进展迅速，建立了处理量为 1360 kg·h^{-1} 的示范装置；比利时处理量为 250 kg·h^{-1} 的流化床热解装置已经投入生产，取得了良好的运行效果。我国从 20 世纪 50 年代开始进行了大量木材热解技术的研究工作，中国林业科学研究院林产化学工业研究所在北京市光华木材厂建立了一套生产能力为 500 kg·h^{-1} 的木屑热解工业化生产装置；安徽芜湖木材厂建立了年处理能力达万吨以上的木材固定床热解系统；黑龙江省铁力木材干馏厂引进了年处理木材 10 万 t 的大型热解设备。利用这些生物质热解设备，可以将生物质原料转化得到焦炭、生物质油、合成气、甲醇和氢气等多种形式低污染的高效优质燃料，满足人们生产生活的需求。

目前，高温快速热解技术可以获得大量能量密度高、使用便利的液体燃料，成为国外生物质热解技术的重点研究方向。国际能源机构组织美国、英国、加拿大等发达国家的十余个研究小组对高温快速热解技术进行了长期深入的研究，得出了相当乐观的结论。然而，由于生物质原料种类丰富，热解产物的组成成分较为复杂，给生物质热解技术的研究开发带来了较大的难度。因此，仍需进一步做大量深入的基础研究工作，掌握生物质热解过程的规律，逐步实现生物质热解应用技术的商品化和产业化。

3) 生物质液化

生物质液化可分为催化液化和超临界液化。催化液化是指在较低的温度、较高的压力和还原环境下，生物质原料经过较长时间分解反应形成液体产物的过程。在催化液化过程中，溶剂和催化剂的选择是影响生物质液化率和质量的重要因素。超临界液化是利用超临界流体选择性地萃取生物质原料中所需成分，再将萃取物与超临界流体分离以获得液体燃料的过程。该工艺无需催化剂，并且可以防止液化产物的二次反应，从而提高了生物质液化的转化效率。生物质液化的产物为生物质油，是一种高度氧化的复杂混合物，其包含了数百种化合物，如醚类、酯类、醛类、醇类和无机酸等。生物质油不仅可以用于锅炉、发动机等动力设备，经萃取获得的化学产品还可以合成食品添加剂、农业化工产品及特制药品。

美国、日本、加拿大等先后开展了从生物质制取液化油的研究工作，将生物质粉碎置于液化反应器内，在催化剂的作用下木质原料液化转化率达 50%以上，发热量达到 $3.5 \times 10^4 \, kJ \cdot kg^{-1}$；欧盟以生物质为原料制取生物质油，已经完成 $100 \, kg \cdot h^{-1}$ 的试验规模，液化转化率达 70%，液化油热值为 $1.7 \times 10^4 \, kJ \cdot kg^{-1}$。然而，生物质液化存在高压工艺设备昂贵、高压泵送给料困难、产量偏低等技术难题，而且生物质油的黏度和水溶性较高，性质不稳定，且腐蚀性较强，需要采取一定的改良措施，如加氢处理或分子筛处理。虽然通过加氢精制处理可以除去氧气，调整碳氢比例，但此过程会产生大量的水分，容易使催化剂失去活性，从而增加了运行成本，降低了生物质液化的经济性。分子筛处理的成本低于加氢处理且操作方便，但其相关技术还有待进一步研究开发。由此可见，生物质液化技术的研究开发是一个更长期的目标，目前重点主要放在基础研究上。

4) 生物质直接燃烧

生物质直接燃烧技术是最普遍、最广泛的生物质能源利用方式，是将生物质直接作为燃料燃烧，把储存在生物质内的太阳能转换为热能。燃烧过程中所产生的热和蒸汽可用于发电，或向需要热量的地方供热，如各种规模的工业过程、空间加热及城镇家庭供暖照明等。

直接燃烧技术是一种古老的生物质能转化技术，传统的民用转化效率一般只有 5%～15%。现在，采用现代化高效的燃烧技术和燃烧装置，大大提高了生物质的利用效率。英国和丹麦生产的烧草固定床式锅炉的热效率达到 60%；荷兰的木材炉可用于家庭取暖和热水供应，热效率为 50%以上；瑞典研制的燃木质碎料的流化床锅炉热效率高达 80%左右。近年来，国内多所大学相继对生物质直接燃烧技术进行了一系列广泛研究，从理论到实践均取得了许多宝贵经验和研究成果。

综上所述，世界各国对生物质能源转换技术的研究开发都是基于本国国情，因而在开发方式和利用水平上存在较大的差异，有些转换技术已处于实用阶段，有些还待进一步研究开发。生物质能基本的利用方式总结于图 2.7 中。我国在生物质能源的利用方面也做了许多研究工作，取得了大量的研究成果。然而，生物质的固化、气化和液化等转化技术与世界先进水平相比仍有较大的差距，特别是在技术设备的产业化和能源产品的商业化方面差距更为明显。与众多的生物质能源转换技术相比，生物质直接燃烧技术在我国具有技术成熟、设备简单、操作方便、燃烧产物用途广泛等诸多优点。但是大部分生物质组成成分复杂、热值低且水分含量较大，使得生物质燃料不能在工业锅炉上直接燃用，因此需要对现有锅炉的结构和运行情况进行一系列改进和完善。

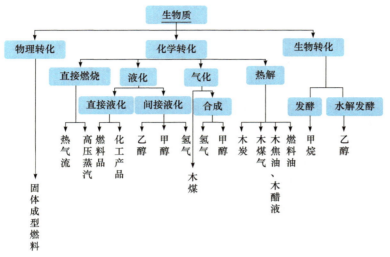

图 2.7　生物质能基本的利用方式

2.2.3　风能利用与管理

风能作为一种清洁的可再生能源，越来越受到世界各国的重视。风能蕴藏量巨大，全球的风能约为 2.74×10^9 MW，其中可利用的风能为 2×10^7 MW，比地球上可开发利用的水能总量还要大 10 倍。我国风能储量很大、分布面广，仅陆地的风能储量就有约 2.53 亿 kW。随着全球经济的发展，风能市场也迅速发展起来。目前，全球已有 100 多个国家开始发展风力发电。根据全球风能理事会的统计，2001～2019 年全球风力发电累计装机容量从 23.9 GW 增至 650.6 GW，年复合增长率为 20.15%。全球风力发电产业已形成亚洲、北美洲和欧洲三大风力发电市场。2019 年，亚洲、北美洲和欧洲风力发电累计装机容量分别为 285.0 GW、148.1 GW 和 204.6 GW，约占全球风力发电累计装机容量的 98%，未来仍将是推动风力发电市场不断发展的中坚力量。2021 年是我国"十四五"规划的开局之年，我国风力发电进入新发展阶段。2022 年 1 月 25 日，国家能源局发布 2021 年全国电力工业统计数据。截至 2021 年 12 月底，全国发电装机容量约 23.8 亿 kW，同比增长 7.9%。其中，风力发电装机容量约 3.3 亿 kW，新增 4757 万 kW，同比增长 16.6%。从发展情况看，2021 年海上风力发电异军突起，全年新增装机容量 1690 万 kW，是此前累计建成总规模的 1.8 倍，目前累计装机容量达到 2638 万 kW，跃居世界第一。中国电力企业联合会预计 2022 年年底风力发电装机容量将达到 3.8 亿 kW，即 2022 年风力发电新增装机容量约为 50 GW。我国风力发电等新能源发电行业的发展前景十分广阔，未来很长一段时间都将保持高速发展，同时盈利能力也将随着技术的逐渐成熟稳步提升。风力发电发展到目前阶段，其性价比正在形成与火力发电、水力发电的竞争优势。风力发电的优势在于：能力每增加一倍，成本就下降 15%，近几年世界风力发电增长一直保持在 30% 以上。随着中国风力发电装机的国产化和发电的规模化，风力发电成本可望再降。

我国已着手积极推广风能，其市场前景广阔。我国已经是世界最大的风能生产国，但仍计划扩大风能产量。我国积极发展风能将推动风能产业降低成本、促进创新，且有助于开拓新市场。目前风力发电作为继火力发电和水力发电之后的第三大能源，有很大的潜力，将在国民社会经济发展中继续发挥重要作用。我国的风能市场发展前景良好，且拥有非常稳健高效的生产能力。尽管风能开发的热潮仍存在一系列挑战，如风力发电厂建造速度快，但连接涡轮机与输电网的建设跟不上；风能暂时还无法完全满足我国对能源的需求；目前风能的成本比我国的主要能源煤炭高；但是我们对解决这些问题充满信心。对于成本，专家认为长期来看，风能成本将比煤炭成本低。目前，我国政府已经把发展可持续能源放在战略性优先地位，并通过补贴制度支持风能迅速发展。许多城市的空气污染问题也使得开发可持续能源更为合理。这一目标比能源安全和降低碳排放量更为实际。我国风力资源丰富，可开发利用的风能储量为 1 TW。特别是我国沿海岛屿，交通不便的边远山区，地广人稀的草原牧场，以及远离电网的农村、边疆，对风能的利用作为解决生产和生活能源的一种可靠途径，具有十分重要的意义。

1. 风力发电

风力发电已成为风能利用的主要形式，受到世界各国的高度重视，而且发展速度最快。风力发电通常有三种运行方式：一是独立运行方式，通常是一台小型风力发电机向一户或几户提供电力，它用蓄电池蓄能，以保证无风时的用电。二是风力发电与其他发电方式(如柴油机发电)相结合，向一个单位、村庄或海岛供电。三是风力发电并入常规电网运行，向大电网提供电力；通常是一处风场安装几十台甚至几百台风力发电机，这是风力发电的主要发展方向。

风力发电的原理是利用风力带动风车叶片旋转，再通过增速机将旋转的速度提升，促使发电机发电。依据目前的风车技术，风速约为 $3\ \mathrm{m \cdot s^{-1}}$ 的微风便可以开始发电。风力发电正在世界上形成一股热潮，因为风力发电没有燃料问题，也不会产生辐射或空气污染。风力发电在芬兰、丹麦等国家很流行，中国也在西部地区大力提倡。

小型风力发电系统效率很高，但它不是只由一个发电机头组成的，而是一个小系统：风力发电机+充电器+数字逆变器。风力发电机由机头、转体、尾翼、叶片组成。各部分功能如下：叶片用来接受风力并通过机头转为电能；尾翼使叶片始终对着来风的方向从而获得最大的风能；转体能使机头灵活地转动以实现尾翼调整方向的功能；机头的转子是永磁体，定子绕组切割磁力线产生电能。

风力发电机因风量不稳定，故其输出的是 13～25 V 变化的交流电，需经充电器整流，再用电瓶充电，使风力发电机产生的电能变成化学能，然后用有保护电路的逆变器将电瓶中的化学能转变成 220 V 交流电，才能保证稳定使用。通常人们认为，风力发电的功率完全由风力发电机的功率决定，总想选购功率大的风力发电机，这是不正确的。目前的风力发电机只是给电瓶充电，而由电瓶把电能储存起来，人们最终使用电功率的大小与电瓶大小有更密切的关系。风力发电机功率的大小更主要取决于风量的大小，而不仅是机头功率的大小。在内地，小的风力发电机比大的更合适，因为它更容易被小风量带动而发电，持续不断的小风比一时狂风更能供给较大的能量。当无风时人们还可以正常使用风力带来的电能，也就是说一台 200 W 风力发电机也可以通过大电瓶与逆变器的配合使用，获得 500 W、1000 W 甚至更大的功率。使用风力发电机就是源源不断地把风能变成家庭使用的标准市电，其节约的程度是明显的，一个家庭一年的用电只需 20 元电瓶液的代价。而现在风力发电机的性能有很大改进，以前只是在少数边远地区使用，风力发电机接一个 15 W 的灯泡直接用电，一明一暗经常容易损坏灯泡。而现在由于技术进步，采用先进的充电器、逆变器，风力发电能在一定条件下代替正常的市电。

我国风力发电行业拥有自主知识产权的产品有以下几类：

(1) 20 世纪 90 年代，我国的独立电源系统主要采用水平轴风力发电机和太阳能光伏系统供应电力，主要应用于通信基站、边防哨所、海岛部队等特殊场合。经过一定时间的应用后，发现诸多问题，如台风期间的设备损坏严重；噪声大，影响人员正常休息；对通信设备的干扰，使得某些设备无法正常运转，这些问题使部队正常通信受到了影响。为了解决这些问题，2001 年，上海模斯电子设备有限公司(MUCE)在西安电子科技大学、西安交通大学、复旦大学、同济大学等高校专家的配合下，成功研制出世界上第一台新型(H 型)垂直轴风力发电机，并装机试验成功，获得了基础数据和实际经验。在后续的一年里，MUCE 公司对产品进行了改进和测试，2002 年年底产品通过了各项测试，并达到了各项设计要求。深圳诚远新能源动力设备有限公司生产的风光互补路灯供电系统是综合利用太阳能和风能的一种道路照明系统。单独的太阳能或风能供暖系统由于受时间和地域的约束，很难全天候利用太阳能和风能资源。而太阳能与风能在时间上和地域上都有很强的互补性，白天光照强时风小，夜间光照弱时，风能由于地表温差变化大而增强，太阳能和风能在时间上的互补性是风光互补路灯供电系统在资源利用上的最佳匹配。该系统节能环保、可再生、取之不尽、用之不竭，今后必将替代其他道路照明系统成为主流。系统工作时，太阳能集热器收集太阳辐射能量发电(白天)，通过专用线路传入电力控制系统，蓄存、派发。风力发电机全天候使用风能，将风能转化成电能，再通过控制器整流，给蓄电池组充电。

(2) 新型风能转化方式——径流双轮效应：径流双轮效应(或称双轮效应)是一种新型风能转化方式。它是一种双轮结构，相对于水平轴流式风机，它是径流式的，与已有的立轴式风机一样都是沿长轴布设桨叶，直接利用风的推力旋转工作，单轮立轴风轮因轴两侧桨叶同时接受风力而扭矩相反，相互抵消，输出力矩不大。设计为双轮结构并靠近安装，同步运转，将原来的立轴力矩输出对桨叶流体力学形状的依赖改变为双轮间的转动产生涡流力的利用，两轮相互借力，相互推动；而吹向两轮间的逆向风流可以互相遮挡，进而又依次轮流将其分拨于两轮的外侧，使两轮外侧获得有叠加的风流，因此使双轮的外缘线速度高于风速。双轮结构的这种互相助力、主动利用风力的特点产生了双轮效应。与有些单轮结构风机中采用外加的遮挡法、活动式变桨距等被动式减少叶轮回转复位阻力的设计相比，双轮结构体现了积极利用风力的特点。因此，这一发明不仅具有实用价值，促进了风力利用的研究和发展，而且具有新的流体力学方面的意义。它开辟了风能发展的新空间，是一项带有基础性质的发明。这种双轮风机具有设计简捷、易于制造加工、转数较低、重心下降、安全性好、运行成本低、维护容易、无噪声污染等特点，可以大范围普及推广，适应我国节能减排需求，市场前景远大。

风力发电的优越性可归纳为三点：第一，建造风力发电场的费用低廉，比水力发电厂、火力发电厂或核电站的建造费用低得多；第二，不需火力发电所需的煤、油等燃料或核电站所需的核材料即可产生电力，除常规保养外，没有其他任何消耗；第三，风力是一种洁净的自然能源，没有煤电、油电与核电所伴生的环境污染问题。

2. 风帆助航

风能最早的利用方式是风帆助航，如图 2.8 所示。埃及尼罗河上的风帆船、中国的木帆船，都有两三千年的历史记载。唐代有"长风破浪会有时，直挂云帆济沧海"的诗句，可见那时风帆船已广泛用于江河航运。最辉煌的风帆时代是中国的明代，15 世纪初叶航海家郑和七下西洋，庞大的风帆船队功不可没。在机动船舶发展的今天，为节约燃油和提高航速，古老的风帆助航也得到了发展。航运大国日本已在万吨级货船上采用计算机控制的风帆助航，节油率达 15%。

图 2.8　风帆助航

3. 风力提水

2000 多年前人类发明了风车，用它来提水、磨面，替代繁重的人力劳动。风力提水自古至今一直得到较普遍的应用。20 世纪后期，为解决农村、牧场的生活、灌溉和牲畜用水以及节约能源，风力提水机有了很大的发展。现代风力提水机根据用途分为两类：一类是高扬程小流量的风力提水机，它与活塞泵相配，提取深井地下水，主要用于草原、牧区，为人畜提供饮水；另一类是低扬程大流量的风力提水机，它与螺旋泵相配，提取河水、湖水或海水，主要用于农田灌溉、水产养殖或制盐。

4. 风力制热

随着人们生活水平的提高，家庭用热能的需要越来越大，特别是在高纬度的欧洲、北美地区，取暖、烧水是耗能大户。为解决家庭及低品位工业热能的需要，风力制热有了较大的发展。风力制热是将风能转换成热能，目前有三种转换方法。一是风力机发电，再将电能通过电阻丝发热，变成热能。虽然电能转换成热能的效率是 100%，但风能转换成电能的效率却很低，因此从能量利用的角度看，这种方法是不可取的。二是由风力机将风能转换成空气压缩能，再转换成热能，即由风力机带动离心压缩机，对空气进行绝热压缩而放出热能。三是由风力机将风能直接转换成热能。显然，第三种方法制热效率最高。风力机将风能直接转换成热能也有多种方法。最简单的是液体搅拌制热，即风力机带动搅拌器转动，从而使液体(水或油)变热。液体挤压制热是用风力机带动液压泵，使液体加压后再从狭小的阻尼小孔中高速喷出而使工作液体加热。此外，还有固体摩擦制热和涡电流制热等方法。

风力发电的前景非常广阔，我国新能源战略开始把大力发展风力发电设为重点。按照国家规划，2035 年以前全国风力发电装机容量将达到 20～30 GW。以每千瓦装机容量设备投资 7000 元计算，未来风电设备市场将高达 1400～2100 亿元。目前，大规模利用风能、太阳能等可再生能源已成为世界各国的重要选择。风能是可再生能源中发展最快的清洁能源，开发可再生能源与提高能源使用效率相结合，将对全球经济发展、解决贫困人口的能源问题、减少温室气体排放等做出重大贡献。

2.2.4　核能利用与管理

核能也称为原子能或核动力，是利用可控核反应获取能量，然后产生动力、热量和电能。可控核反应包括核裂变、核衰变和核聚变。产生核电的工厂称为核电站，将核能转化为电能的装置包括反应堆和汽轮发电机。核能在反应堆中转化为热能，热能将水变为蒸汽推动汽轮发电机组发电。利用核反应获取能量的原理是：当裂变材料(如铀-235)在人为控制的条件下发生核裂变时，核能以热的形式释放出来，这些热量用来驱动蒸汽机。蒸汽机可以直接提供动力，也可以连接发电机产生电能。世界各国军队中的某些潜艇及航空母舰以核能为动力。

核反应堆是一种启动、控制并维持核裂变或核聚变链式反应的装置。与核武器爆炸瞬间所发生的失控链式反应不同，在反应堆之中，核变的速率可以得到精确的控制，其能量能够以较慢的速度向外释放，供人们利用。核反应堆有许多用途，当前最重要的用途是产生热能，用以代替其他燃料加热水，产生蒸汽发电或驱动航空母舰等设施运转。一些反应堆可用于生产医疗和工业用途的同位素，或用于生产武器级钚。一些反应堆运行仅用于研究。在世界各地的大约 30 个国家中有大约 450 个核反应堆用于发电。与传统的热电站利用化石燃料燃烧释放热能一样，核电站是由受到控制的核裂变释放的能量转换为热能，进而转化为机械和电子的能源形式。当一个原子序数较高的核子(如铀-235 或钚-239)吸收一个中子，会形成一个激发态的核子，然后裂变为两个或更多个轻核，释放出动能、γ 射线和若干个中子，统称为裂变产物。其中有些中子可能被下一个重核吸收，引发下一个裂变反应，释放出更多的中子，依此类推。这个反应就是链式反应。但是动量太高的中子不容易被重核吸收，需要慢化剂将中子减速。而太多中子会使反应过快失去控制，可以使用对中子吸收截面较大的核素来吸收中子抑制链式反应。通过中子慢化剂与吸收剂，可增加和降低反应速率以控制反应堆的输出功率。一般常用的中子慢化剂有轻水(H_2O，世界上 75%的反应堆用轻水作慢化剂)、固体石墨(20%，切尔诺贝利核电站是著名的例子)和重水(D_2O，5%)。在一些实验堆中，甲烷和铍也用作慢化剂。

在反应堆中，反应碎片通过与周围原子的碰撞，把自身的动能传递给周围的原子，热能主要有以下几个来源：①裂变反应产生的 γ 射线被反应堆吸收，转化为热能；②反应堆的一些材料在中子的照射下被活化，产生一些放射性元素。这些元素的衰变能转化为热能。这种衰变能在反应堆关闭后仍然存在一段时间，3.1 kg 铀-235 完全裂变得到的热能等于 3000 t 煤燃烧所释放的能量。在反应堆中，一般用水作冷却剂(轻水或重水)，也有的用气体、熔盐或熔态金属。冷却剂通过泵浦在堆芯中循环流动，同时把通过裂变产生的热传递出来。一般反应堆的冷却系统和热机是分开的，如压水堆。也有的反应堆，蒸汽是由反应堆直接加热得到的，如沸水堆。反应堆的输出功率，或者说反应率，是通过控制堆芯内的中子密度和能量来控制的。控制棒由热、中子强吸收材料制成。如果有很多中子被控制棒吸收，就意味着少一些中子引发链式反应。因此，将控制棒插入堆芯，将会减慢反应速率，降低输出功率。相反，将控制棒抽出，链式反应的速率将会增加，输出功率也会增加。在一些反应堆中，冷却剂同时也起慢化剂的作用。慢化剂通过与快中子的碰撞，吸收中子的能量，使快中子能量降低，成为热中子。而热中子引发核反应的截面更大。因此，慢化剂密度高，将会增加反应堆的功率输出。而温度高，冷却剂的密度会降低，慢化作用降低，反应速率下降。另一些反应堆中，冷却剂会吸收中子，起到控制棒的作用。在这些反应堆中，可以通过加热冷却剂来提高反应堆的功率。反应堆都有自动和手动的系统来防止意外事件的发生，当出现意外事件时，将有大量的中子强吸收材料注入，使反应堆关闭。

按照反应的类型对反应堆进行分类，可分为核裂变反应堆和核聚变反应堆。所有的商业发电反应堆都是基于核裂变。它们一般采用铀及其产物钚作为核燃料。

按照用途对反应堆进行分类，可以分为：发电核反应堆(如核电站等)、动力核反应堆、生产核反应堆(如快中子增殖反应堆 FBR 等)、其他供热用途(如海水淡化等)核反应堆、研究核反应堆(先进实验反应堆)等。

核能发电是利用核反应堆中核裂变释放出的热能进行发电的方式。它与火力发电极其相似，只是以核反应堆及蒸汽发生器代替火力发电的锅炉，以核裂变能代替化石燃料的化学能。除沸水堆外，其他类型的动力堆都是一回路的冷却剂通过堆芯加热，在蒸汽发生器中将热量传给二回路或三回路的水，然后形成蒸汽推动汽轮发电机。沸水堆则是一回路的冷却剂通过堆芯加热变成 70 atm 左右的饱和蒸汽，经汽水分离并干燥后直接推动汽轮发电机。

2.2.5　地热能利用与管理

地热能是由地壳抽取的天然热能，这种能量来自地球内部的熔岩，并以热力形式存在，是导致火山爆发及地震的能量。地球内部的温度高达 7000 ℃，而在 80~100 km 的深度其温度降至 650~1200 ℃。通过地下水的流动和熔岩涌至离地面 1~5 km 的地壳，热力被转送至较接近地面的地方。高温的熔岩将附近的地下水加热，这些加热了的水最终渗出地面。运用地热能最简单和最合乎成本效益的方法就是直接取用这些热源，并抽取其能量。人类很早以前就开始利用地热能，如在旧石器时代就利用温泉沐浴、医疗，在古罗马时代利用地下热水取暖等，近代包括建造农作物温室、水产养殖及烘干谷物等。但真正认识地热资源并进行较大规模的开发利用是始于 20 世纪中叶，而现代则更多利用地热来发电。

地热能的利用可分为地热发电和直接利用两大类。地热能是来自地球深处的可再生能源。地球地壳的地热能源起源于地球行星的形成(20%)和矿物质放射性衰变(80%)。地热能储量比目前人们所利用的总量多很多倍，而且多集中分布在构造板块边缘一带，该区域也是火山和地震多发区。如果热量提取的速度不超过补充的速度，那么地热能便是可再生的。可供开发利用的地热一般发生在地壳破裂处，即板块构造边缘；台湾位于环太平洋地震带上，因此具有发展地热的良好先天条件。目前的技术只能在部分地质适宜的区域，针对集中在地壳浅部的热能予以开发利用。将来若能更进一步开发较深层的地热能，则热能将源源不断，故地热能常称为永不枯竭的资源。

常见的地热能依其储存方式可大概分为以下两种类型：

(1) 水热型(又称热液资源)：指地下水在多孔性或裂隙较多的岩层中吸收地热能，其所储集的热水及蒸汽经适当提引后可为经济型替代能源，即现今最常见的开发方式。

(2) 干热岩型(又称热岩资源)：指浅藏在地壳表层的熔岩或尚未冷却的岩体用人工方法造成裂隙破碎带，再钻孔注入冷水使其加热成蒸汽和热水后将热量引出，其开发方式还在研究中。根据我国地热资源分布的特点及当地的社会特征，可制定相应的地热资源发展规划。例如，西部、西南地区可重点发展地热发电，该区域地热资源品位较高，人口密度较小，发展地热发电对人类的生产生活影响较小，而且电力便于输送，能在一定程度上缓解全国电力需求的压力。在东南沿海地区，夏季温度高、时间长，制冷的能耗相当高，如果利用该区域丰富的地热资源来制冷，可以大幅缓解我国南方地区夏季电力供应不足的矛盾。东北、华北地区冬季供暖的压力非常大，当前的供暖方式以燃煤为主，空气污染十分严重，严重影响了当地人们的生活质量，而作为优质清洁能源之一的地热能资源量大，供应持续稳定，是北方供暖的最佳替代能源。同时，在地热资源品位相对较低的地区，可大力发展地源热泵技术，这也是节能降耗的有效途径。

1. 地热发电

地热发电是地热能利用的最重要方式。高温地热流体应首先应用于发电。地热发电和火力发电的原理一样，都是利用蒸汽的热能在汽轮机中转变为机械能，然后带动发电机发电。不同的是，地热发电不像火力发电那样要装备庞大的锅炉，也不需要消耗燃料，它所用的能源就是地热能。由于地热资源种类繁多，地热发电的方式有多种。温度较高的蒸汽热田采用直接蒸汽发电，美国盖瑟斯地热电站就是采用这种方式。中温热水型地热田可以采用扩容(闪蒸)发电或双工质(中间介质)发电。双工质发电是全球装机台数最多的一种地热发电方式。截至 2014 年年底，全球地热双工质发电总装机容量已达 1790 MW，占全球地热发电总装机容量的 12%，比 2009 年年底的 1178 MW(占当时总量的 11%)增加了 52%。全球共有双工质发电机组 286 台，占地热发电机组的 46.7%。双工质循环技术主要应用 ORC 循环，以色列、美国在该项技术上具有优势。20 世纪 80 年代中期，Kalina循环也被引入地热双工质发电系统中，美国、意大利、德国的地热电站都相继采用了这种循环方式。与 ORC 循环相比，Kalina 循环利用改变混合工质成分浓度的方法，使循环整体上与热源和冷源有较好的匹配关系，提高了循环效率。目前澳大利亚正在计划把 Kalina 循环应用于增强地热系统中。

2. 地热采暖、制冷

将地热能直接用于采暖、供热和供热水是仅次于地热发电的地热利用方式。这种利用方式简单、经济性好，备受各国重视，特别是位于高寒地区的西方国家。我国利用地热供暖和供热水发展也非常迅速，在京津冀地区已成为地热利用中最普遍的方式。

地热能取暖、制冷系统优于气源热泵、燃气炉等传统系统。这是因为传统系统依赖于随气候不同而剧烈变化的外界温度。它们效能的差距在极端温度条件下尤为明显。在冬天极冷、夏天极热的条件下，取暖、制冷设备需高强度运转才能保证室内有舒适的温度，由此而产生高额费用也是显而易见的。地热能系统通过一套深埋入霜线下方土壤中的高密度聚乙烯材料制成的管道吸入外部空气，直接节约取暖费用的作用不言而喻。

对比几种能源供暖的特点和经济性，可以发现利用地热能供暖能够解决其他能源存在的稳定性不强、污染严重、受地域限制等问题；此外地热能运行效率高，运行稳定，适合集中式及分散式供热，也能满足夏季制冷。部分政府也加大对地热能的支持，对改造投资给予补贴。虽然相对来说初投资和运行成本稍高，但是长远来说总投资相对较低，具有非常广阔的开发利用前景。

2.2.6 海洋能利用与管理

海洋能是利用海洋运动过程产生的能源，包括潮汐能、波浪能、海流能、海洋温差能和海水盐差能等形式。人类早在 100 多年前就开始了利用浩瀚海洋的巨大能量为人类服务的探索。海洋受到太阳、月球等星球引力及地球自转、太阳辐射等因素的影响，以热能和机械能的形式储存在海洋中，专家估计，全世界海洋能的蕴藏量为 750 多亿 kW，这些海洋能都是取之不尽、用之不竭的可再生能源。海洋虽然有庞大的能量，但必须以高技术、高成本克服盐水的高腐蚀性，而有些情况下甚至需要设备能承受深海的高压环境。

1. 潮汐能

海洋潮汐是月球和太阳引力的作用而引起的海水周期性涨落现象。人们通常把海水在白天的涨落称为"潮"，把海水在夜间的涨落称为"汐"，合起来称为"潮汐"。潮汐天天发生，永不停息。月球虽然比太阳小得多，但它离地球比太阳近得多，月球对地球上海水的引潮力大约是太阳的 2.17 倍。海洋的潮汐中蕴藏着巨大的能量。在涨潮的过程中，汹涌而来的海水具有很大的动能，而随着海水水位的升高，海水的巨大动能转化为势能。在落潮的过程中，海水奔腾而去，水位逐渐降低，大量的势能大多转化为动能。海水在潮涨潮落运动中所包含的大量动能和势能称为潮汐能。潮汐涨落所形成的水位差，即相邻高潮潮位与低潮潮位的高度差，称为潮位差或潮差。通常，海洋中的潮差较小，通常只有几十厘米至 1 m，而在喇叭状海岸或入海河口的地区潮差较大。海水潮汐能的大小随潮差而变，潮差越大则潮汐能也越大。

潮汐发电的原理与一般的水力发电相似，是在海湾或有潮汐的入海河口上建造一座拦水堤坝，将入海河口或海湾与海洋隔开，形成一个天然水库，并在堤坝中或坝旁安装水轮发电机组，利用潮汐涨落时海水水位的升降推动水轮发电机组进行发电。潮汐能取之不尽、用之不竭，是一种开发潜力极大的天然能源。潮汐发电的主要优点是：①潮汐电站的水库都是利用入海河口或海湾建造的，不占用耕地；②它既不像河川水电站受洪水和枯水季节的影响，也不像火电站污染环境，是一种既不受气候条件影响又非常清洁的发电站；③潮汐电站的堤坝较低，容易建造，其投资也相对较少。我国大陆海岸线长约18 000 km，潮汐能的蕴藏量约为 1.1 亿 kW，约占世界潮汐能总蕴藏量的 4%。

2. 波浪能

海洋波浪是由太阳能转换而成的，因为太阳辐射的不均匀加热与地壳冷却及地球自转造成风，风吹过海面又形成波浪，波浪所产生的能量与风速成一定比例。据测试，波浪对海岸的冲击力可达每平方米 20～30 t，在个别情况下甚至达到 60 t。因此，科学家早在几十年前就开始了对波浪能的研究，以便让海洋更多地造福人类。我国黄海和东海的年平均波高为 1.5 m，南海的年平均波高为 1 m 左右，而它们的年平均波周期大约是 6 s。据估算，我国领海的波浪能总量达 1.7 亿 kW；全世界的波浪能总量高达 25 亿 kW，这个数量与潮汐能相当。

1964 年，日本造出了世界上第一个供航标灯照明用电的波浪发电装置。虽然这台发电机的发电能力只有 60 W，只够一盏航标灯使用，但却开创了人类利用波浪进行发电的新纪元。该装置发电的原理就像一个倒置的打气筒，如图 2.9 所示，放置在海面上的浮标由于波浪的作用而上下浮动，中央管道中水位不变，空气活塞随浮标上下浮动而上下运动，带动活塞中的空气反复经历压缩和膨胀的过程，从而驱动空气涡轮机和发电机运转发电。浮标式波浪发电装置就是利用海浪的上下运动所产生的空气流进行发电的装置。这种发电装置有一根空气管，管内的水面(相当于一个活塞)是相对静止的，而管外的水面可以上下运动。波浪的起伏波动使浮标上下运动，于是浮标体内空气活塞室中的空气就被水面这个"活塞"压缩和扩张，使空气从空气活塞室中冲出来，以推动汽轮发电机组进行发电。

利用波浪进行发电，既不消耗任何燃料和资源，又不生产任何污染，是一种非常清洁的发电技术。并且它无需占用任何土地，只要是有波浪的地方就能发电。对于那些无法架设电线的沿海小岛，波浪发电非常实用。

波浪发电是波浪能利用的主要方式。此外，波浪能还可以用于抽水、供热、海水淡化及制氢等。波浪能利用装置的种类繁多，有关波能装置的发明专利超过千项。但这些装置大部分源于几种基本原理：①利用物体在波浪作用下的振荡和摇摆运动；②利用波浪压力的变化；③利用波浪的沿岸爬升将波浪能转换成水的势能等。经过 20 世纪 70 年代对多种波能装置进行的实验室研究和 20 世纪 80 年代进行的实海况试验及应用示范研究，波浪发电技术已逐步接近实用化水平，研究的重点也集中于三种被认为有商品化价值的装置，即振荡水柱波能装置、摆式波能装置和聚波水库波能装置。波浪发电装置大多可看作一个包括三级能量转换的系统。一般来说，一级能量转换机构直接与波浪相互作用，

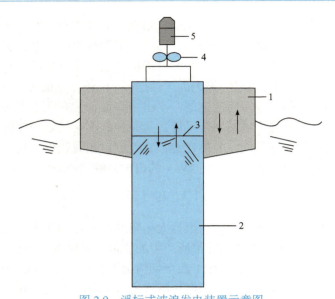

图 2.9　浮标式波浪发电装置示意图

1. 浮标；2. 中央管道；3. 空气活塞；4. 空气涡轮机；5. 发电机

将波浪能转换成装置的动能、水的势能或中间介质(如空气)的动能与压缩能等；二级能量转换机构将一级能量转换所得到的能量转换成旋转机械的动能，如水力透平、空气透平、液压马达等；三级能量转换机构将旋转机械的动能通过发电机转换成电能。下面分别介绍上述三种装置的能量转换原理及过程。

(1) 振荡水柱波能装置可分为漂浮式和固定式两种。目前已建成的振荡水柱波能装置都利用空气作为转换介质。其一级能量转换机构为气室，二级能量转换机构为空气透平。气室的下部开口在水下与海水连通，气室的上部也开口(喷嘴)，与大气连通。在波浪的作用下，气室下部的水柱在气室内做强迫振动，压缩气室的空气往复通过喷嘴将波浪能转换成空气的压缩能和动能。在喷嘴安装一个空气透平并将透平转轴与发电机相连，则可利用压缩气流驱动透平旋转并带动发电机发电。振荡水柱波能装置的优点是转动机构不与海水接触，防腐性能好，安全可靠，维护方便。其缺点是二级能量转换效率较低。

(2) 摆式波能装置也可分为漂浮式和固定式两种。摆体是摆式波能装置的一级能量转换机构。在波浪的作用下，摆体做前后或上下摆动，将波浪能转换成摆轴的动能。与摆轴相连的通常是液压装置，它将摆体的动能转换成液力泵的动能，再带动发电机发电。摆体的运动很适合波浪大推力和低频的特性。因此，摆式波能装置的转换效率较高，但机械和液压机构的维护比较困难。摆式装置的另一优点是可以方便地与相位控制技术相结合。相位控制技术可以使波能装置吸收到装置迎波宽度以外的波浪能，从而大大提高装置的效率。

(3) 聚波水库波能装置利用喇叭形的收缩波道作为一级能量转换机构。波道与海连通的一面开口宽，然后逐渐收缩通至储水库。波浪在逐渐变窄的波道中，波高不断被放大，直至波峰溢过边墙，将波浪能转换成势能储存在储水库中。收缩波道具有聚波器和转能器的双重作用。水库与外海间的水头落差可达 $3\sim8$ m，利用水轮发电机组发电。聚波水库波能装置的优点是一级能量转换机构没有活动部件，可靠性好，维护费用低，系统出力稳定。不足之处是电站建造对地形有要求，不易推广。

波浪能利用的关键技术主要包括：波浪的聚集与相位控制技术；波能装置的波浪载荷及在海洋环境中的生存技术；波能装置建造与施工中的海洋工程技术；不规则波浪中的波能装置的设计与运行优化；往复流动中的透平研究等。

目前利用波浪发电的方法主要有三种：①利用波浪的上下运动产生的空气流或水流使汽(水)轮机转动，带动发电机进行发电，如图 2.10 所示；②利用波能装置的前后摆动或转动产生空气流和水流，使汽(水)轮机转动，带动发电机进行发电；③将低压大波浪变为小体积的高压水，然后把高压水引入某一高位水池积蓄起来，使其产生高压水头，以冲动水轮发电机组进行发电。

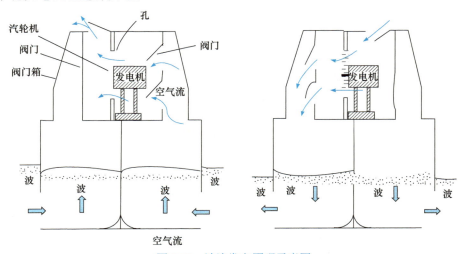

图 2.10　波浪发电原理示意图

波浪能的大小可以用海水起伏势能的变化进行估算，根据波浪理论，波浪能与波高的平方成比例。波浪功率，即能量产生或消耗的速率，既与波浪中的能量有关，也与波浪到达某一给定位置的速度有关。按照 Kinsman(1965) 的公式，一个严格简单正弦波单位波峰宽度的波浪功率 P_w 为

$$P_w = \frac{\rho g^2}{32\pi} H^2 T$$

式中，H 为波高；T 为波周期；ρ 为海水密度；g 为重力加速度。例如，有一周期为 10 s、波高为 2 m 的波浪涌向波浪发电装置，波列的 10 m 波峰的功率为

$$P_w = \frac{1.2 \times 10^3\,\text{kg}\cdot\text{m}^{-3} \times (9.8\,\text{m}\cdot\text{s}^{-2})^2 \times (2\,\text{m})^2 \times 10\,\text{s} \times 10\,\text{m}}{32\pi} = 459\,\text{kW}$$

表明每 10 m 波峰宽度的波浪功率等效为 459 kW。

3. 海流能

在浩瀚的海洋中，除了存在潮水的涨落和波浪的上下起伏外，还有一部分海水经常

朝着一定的方向不停地运动，称为海流。海流和陆地上的河流差不多，也有一定的长度、宽度、深度和流速。在一般情况下，海流可长达几千千米，比长江、黄河还要长；海流的宽度也比一般河流宽得多，相当于长江宽度的几十倍甚至上百倍；海流的速度通常为每小时 1～2 n mile(1n mile=1.852 km)，有的可达每小时 4～5 n mile。通常是在海洋表面上的海流速度较大，随着深度的增加，海流的速度逐渐减小。海风的吹袭和海水密度的不同是产生海流的两个主要原因。由定向风持续地吹袭海面所引起的海流称为"风海流"；由于海水密度的不同所产生的海流称为"密海流"。这两种海流的能量都是来源于太阳的辐射能。

海流也蕴藏着巨大的能量，它在流动中具有很大的冲击力和潜能，可以利用它来发电。据专家估算，世界各大洋中海流能的总量达 50 亿 kW，是海洋能源中蕴藏量最大的一种。利用海流进行发电比利用陆地上的河流进行发电要优越得多。海流不受洪水和枯水季节的影响，它几乎以常年不变的流量不停地运动，完全可以成为一种稳定可靠的能源。海流发电是依靠海流的冲击力使水轮机旋转，然后带动发电机进行发电。目前的海流发电大多是浮在海面上进行的。例如，有一种花环式海流发电站，它是由一串螺旋桨组成的，其两端固定于浮筒上，发电机装在浮筒中。整个电站迎着海流的方向漂浮在海面上，看上去就像是一个花环。这种发电站之所以用一串螺旋桨组成，主要是海流速度小的缘故。这种海流发电站的发电能力通常比较小，一般只能为灯塔和灯船提供电力，最多可以为潜艇上的蓄电池充电。

美国设计了一种驳船式海流发电站，其发电能力比花环式海流发电站大得多。这种发电站实质上就是一艘船，其船舷两侧装着巨大的水轮，水轮在海流的推动下不断地旋转，进而带动发电机进行发电。它所发出的电力可通过海底电缆输送到岸上。这种驳船式海流发电站的发电能力可达 50 000 kW 左右。这种建造在船上的海流发电站一旦遭到狂风巨浪的袭击，便迅速撤离现场，躲进港湾，以确保安全。

20 世纪 70 年代末，人们设计了一种新颖的伞式海流发电站。这种海流发电站也是建造在船上的。它是将 50 把降落伞串在一根长约 150 m 的绳子上，绳子的两头相连，形成环状，用它来聚集海流的能量。然后，将绳子套在锚泊于海流里的船尾的两个轮子上。降落伞的直径约 0.6 m。置于海流之中而串联起来的 50 把降落伞由强大的海流推动，而处于逆流的伞就像大风把伞吹得撑开一样，并且顺着海流的方向运动起来。于是，拴着降落伞的绳子带动船上的两个轮子旋转，而连接轮子的发电机也跟着转动起来，进行发电。它所发出的电力同样是通过海底电缆输送至岸上。

4. 海水温差能

辽阔的海洋是一个硕大的"储热库"，它大量地吸收太阳能；同时它又是一台巨大的"调温机"，随时都在调节着海洋的表面和深层的水温。海水的温度随着深度的增加而降低。这是因为太阳光无法透射到 400 m 以下的深海。表层海水与深 500 m 处海水的温度相差可达 20℃以上。人们通常把深度每增加 100 m 海水温度之差称为温度递减率。通常在 100～200 m 的深度范围内海水的温度递减率最大；深度超过 200 m 以后其温度递减率显著减小；深度达到 1000 m 以上时其温度递减率已经变得相当微小。

海洋中上、下层水温的差异蕴藏着一定的能量，称为海水温差能，也称海洋热能。这种海水温差能可以用来进行发电，人们把这种发电方式称为海水温差发电。除了发电之外，海水温差能利用装置还可以同时获得淡水、深层海水，并且可以与深海采矿系统中的扬矿系统相结合。因此，基于温差能装置可以建立海上独立生存空间并作为海上发电厂、海水淡化厂或海洋采矿、海上城市或海洋牧场的支持系统。总之，温差能的开发应以综合利用为主。

图 2.11 是温差能发电装置原理示意图。按循环方式分为闭式循环、开式循环、混合式循环。闭式循环是以低沸点氨、氟利昂等为工作介质，在装置内循环；开式循环是以海水为工作介质，把海水的热能转移到工作介质上，使其蒸发、做功、冷凝进行循环。因为开式循环的工作介质是海水，蒸发做功被冷凝后可获得淡水。

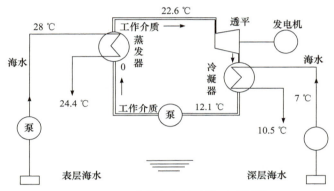

图 2.11　温差能发电装置原理示意图

闭式循环系统不以海水而采用一些低沸点的物质(如丙烷、氟利昂、氨等)作为工作介质，在闭合回路中反复进行蒸发、膨胀、冷凝。因为系统使用低沸点的工作介质，蒸汽的工作压力得到提高。闭式循环与开式循环的系统组件及工作方式均有所不同，开式循环系统中的闪蒸器在闭式循环系统中改为蒸发器。当温水泵将表层海水抽上送往蒸发器时，海水自身并不蒸发，而是通过蒸发器内的盘管把部分热量传递给低沸点的工作介质，如氨水。温水的温度降低，氨水的温度升高并开始沸腾变为氨气。氨气经过透平的叶片通道膨胀做功，推动汽轮机旋转。透平排出的氨气进入冷凝器，在冷凝器内由冷水泵抽上的深层冷海水冷却后重新变为液态氨，再用氨泵(工作介质泵)把冷凝器中的液态氨重新压进蒸发器，以供循环使用。闭式循环系统由于使用低沸点工作介质，可以大大减小装置，特别是透平机组的尺寸。但使用低沸点工作介质会对环境产生污染。

利用海水温差能进行发电可以得到一种副产品——淡水，因此海水温差发电还具有淡化海水的功能。一座发电能力为 100 000 kW 的海水温差发电站每天可分馏出 378 m³ 淡水，可满足工业用水及饮用水所需。另外，由于发电站抽取的深层冷海水中富含营养盐类，因而在海水温差发电站的周围是浮游生物和鱼类栖息的理想场所，这将有利于提高鱼类的近海捕捞量。利用海水温差进行发电通常要选择海水温差在 20 ℃以上的海域。古巴、巴西、安哥拉、印度尼西亚及中国南部沿海等低纬度海域是进行海水温差发电的理想场所。据专家估计，仅北纬 20°至南纬 20°之间的海域，海水温差能就可以发电 26 亿 kW。

温差能利用的最大困难是温差太小，能量密度太低。温差能转换的关键是强化传热传质技术。同时，温差能系统的综合利用还是一个多学科交叉的系统工程。

5. 海水盐差能

在大江大河的入海口，也就是在江河水与海水相交融的地方，江河的淡水与海水相互扩散，直到两者的含盐浓度相等为止。在海水与淡水相混合的过程中，同时释放出许多能量。含盐浓度高的海水以较大的渗透压向淡水扩散，同时淡水以较小的渗透压向海水扩散。这种渗透压差所产生的能量称为海水盐浓度差能，也称海水盐差能。实验表明，在许多江河入海口处的海水渗透压差大致相当于 240 m 高的水位落差。目前世界上水坝高于 240 m 的大水电站很少，但是有的江河入海口处海水的渗透压比这要大得多。例如，在约旦河流入死海的汇合处，海水盐差能大得惊人。由于死海的盐差浓度几乎达到了饱和状态，其渗透压达到 50 500 kPa，相当于 5000 m 高的水位落差，可见其含有巨大的能量。海水盐差能是太阳辐射使海水蒸发而导致海水浓度增大的结果。在水循环过程中，被蒸发出来的大量水蒸气又变成云和雨重新返回海洋中，同时释放出许多能量。据估算，全世界的海洋蒸发量相当于其水位降低 1.3 m，即每秒蒸发 1.2×10^7 m³ 的水量。如果以 2124 Pa 的海水盐差进行计算，则全世界海水盐差能资源高达 30 亿 kW。

为了有效地利用丰富的海水盐差能，科学家想到了利用浓差电池的化学原理，就是通过电化学的方法把盐差能转换成电能。海水浓差电池的工作原理是：在由多孔质隔膜(离子交换膜)隔开的两个容器中分别装入海水和淡水，并分别插入电极，即可在两电极之间产生 0.1 V 左右的电压。只要接通电路，便会产生电流。根据这一原理，只要有大量的淡水与海水相混合，就能够释放出巨大的能量。实验表明，江河入海口是利用海水盐差能最理想的场所。这是因为在江河入海口处，含盐极少的江河水总是源源不断地涌入大海，而海水本身含有较多的盐分，因此海水与江河水之间就形成盐浓度差，只要将两个电极分别插入海水和江河水，并且把两个电极用导线连接起来，就会源源不断地产生电流。

总的来说，海水盐差能的蕴藏量极其巨大，目前世界上许多国家(如美国、瑞典和中国)都在加紧开展对海水盐差能的研究和开发利用。

2.2.7 氢能利用与管理

氢能作为一种清洁能源和良好的能源载体，具有清洁高效、可储能、可运输、应用场景丰富等特点。制氢作为氢能源产业链的上游，能否降低其成本是推动氢能源产业发展的重要一环。目前主要的制氢及开发方法有以下几种。

(1) 化石燃料制氢：这是过去及目前采用最多的方法。它是以煤、石油或天然气等化石燃料作原料制取氢气。用煤作原料、蒸汽作催化剂制取氢气的基本反应过程为：$C + H_2O \longrightarrow CO + H_2$。用天然气作原料、蒸汽作催化剂的制氢化学反应为：$CH_4 + H_2O \longrightarrow 3H_2 + CO$。上述反应均为吸热反应，反应过程中所需的热量可以从煤或天然气的部分燃烧中获得，也可利用外部热源。自从天然气大规模开采后，现在氢的制取有 96%

都是以天然气为原料。天然气和煤都是宝贵的燃料和化工原料，用它们来制氢显然摆脱不了人们对常规能源的依赖。

(2) 电解水制氢：这种方法是基于电解水制得氢气，反应所需要的能量由外加电能提供。为了提高制氢效率，电解通常在高压下进行，采用的压力多为 3.0～5.0 MPa。目前电解效率为 50%～70%。由于电解水的效率不高且需消耗大量的电能，因此利用常规能源生产的电能大规模电解水制氢显然是不划算的。

(3) 热化学制氢：这种方法是通过外加高温高热使水发生化学分解反应获取氢气。到目前为止，虽然有多种热化学制氢方法，但总效率都不高，仅为 20%～50%，而且还有许多工艺问题需要解决。随着新能源的崛起，以水作为原料利用核能和太阳能大规模制氢已成为世界各国共同努力的目标。其中，太阳能制氢最具吸引力，也最有现实意义。

目前正在探索的太阳能制氢技术有以下几种。

(1) 太阳能热分解水制氢：热分解水制氢有两种方法，即直接热分解和热化学分解。前者需要将水或蒸汽加热到 3000 K 以上，才能分解为氢和氧，虽然其分解效率高，不需催化剂，但太阳能聚焦费用昂贵。后者是在水中加入催化剂，使水的分解温度降低到 900～1200 K，催化剂可再生后循环使用，目前这种方法的制氢效率已达 50%。

(2) 太阳能电解水制氢：这种方法是首先将太阳能转换成电能，然后利用电能进行电解水制氢。

(3) 太阳能光化学分解水制氢：将水直接分解成氧和氢是很困难的，但把水先分解为氢离子和氢氧根离子，再生成氢和氧就容易得多。基于这个原理，先进行光化学反应，再进行热化学反应，最后进行电化学反应，即可在较低温度下获得氢和氧。在上述三个步骤中可分别利用太阳能的光化学作用、光热作用和光电作用。这种方法为大规模利用太阳能制氢提供了基础，其关键是寻求光解效率高、性能稳定、价格低廉的光敏催化剂。

(4) 太阳能光电化学分解水制氢：这种方法是利用特殊的化学电池，这种电池的电极在太阳光的照射下能够维持恒定的电流，并将水电解而获取氢气。这种方法的关键是选取合适的电极材料。

(5) 模拟植物光合作用分解水制氢：植物光合作用是在叶绿素上进行的。自从发现叶绿素上光合作用过程的半导体电化学机理后，科学家就试图利用半导体隔片光电化学电池实现可见光直接电解水制氢的目标。不过，由于人们对植物光合作用分解水制氢的机理还不够了解，要实现这一目标还有一系列理论和技术问题需要解决。

(6) 光合微生物制氢：人们早就发现江河湖海中的某些藻类也有利用水制氢的能力，如小球藻、固氮蓝藻等就能以太阳光作动力，用水作原料，源源不断地放出氢气。因此，深入了解这些微生物制氢的机理将为大规模的太阳能生物制氢提供良好的理论基础。除了利用太阳能和核能制氢外，生物质制氢也正在大力研究。目前采用的方法是，利用生物质和有机废料中的碳素材料与溴及水在 250 ℃下作用，形成氢溴酸和二氧化碳溶液，然后将氢溴酸水溶液电解成氢及溴，溴再循环使用。生物质制氢还有以下几种方法：①异养菌发酵制氢；②厌氧菌发酵制氢；③混合微生物发酵制氢；④活性污泥发酵制氢；⑤光和细菌利用有机废水制氢；⑥微型藻是制氢的重要途径；⑦甲醇用来生产氢气。

(7) 核能制氢：日本计划采用核能制氢发电，供 50 万人口的中等城市使用。

在上述制氢方式中，新型技术仍处于概念阶段，还未实现工业化生产；电解水制氢技术虽然较为成熟，但能耗高、成本高；天然气制氢受限于我国天然气资源紧缺及价格问题；化工原料制氢受原料成本影响大，不适合大规模生产。因此，未来短时间内我国的氢气制备将主要来自化石燃料制氢和化工工业副产制氢。表 2.1 为常见制氢方式的规模与成本。

表 2.1 常见制氢方式的规模与成本对照

制氢方式	化石燃料制氢		化工工业副产制氢(以 100 万 t 为例)			水电解制氢
	天然气制氢	煤制氢	焦炉气副产	氯碱工业副产	丙烷脱氢副产	
制氢量 /(Nm³·h⁻¹)	1 000～10 000	10 000～100 000	20 000	12 500	68 000	单台电解槽 <300 Nm³·h⁻¹
制氢成本 /(元·Nm⁻³)	0.8～1.5	0.8～1.1	1.2	1.3～1.5	—	2.5～3.5

现有工业制氢方法可以粗略地分为以下几种，参见表2.2。各类制氢方式的简单流程总结于图 2.12～图 2.17 中。

表 2.2 主要工业制氢方法总结

制氢方法		适应规模	优点	缺点
化石燃料制氢	烃类水蒸气制氢	适用于大规模生产，经济规模为 1000 Nm³·h⁻¹	产量高，成本较低	排放温室气体，工艺流程长，操作难度高，原料利用率低
	渣油氧化制氢	适用于大规模生产，随着油价上涨，基本不具备经济性	产量较高，操作控制简单	排放温室气体，氢气纯度较低，设备复杂
	煤气化制氢	适用于大规模生产	产量高，总体成本较低	排放温室气体
电解水制氢		适用于小规模生产	氢气纯度高，效率高，环保	成本高，能耗高
甲醇转化制氢		适用于中规模生产，小规模生产可做移动模块	过程控制简单，投资低	运行成本受原料成本影响大
氨分解制氢		适用于中、小规模生产	原料成本较低，投资低	对设备腐蚀性较大
化工工业副产制氢	焦炉气制氢 氯碱工业制氢	根据化工工业副产物规模生产	运转成熟，自动化程度高，成本低	只能依靠相关企业就近兴建
光解水制氢		未投产	环保	技术不成熟
微生物制氢		未投产	环保，产量高	技术不成熟

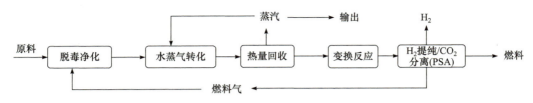

图 2.12　烃类水蒸气制氢工艺流程

PSA：变压吸附

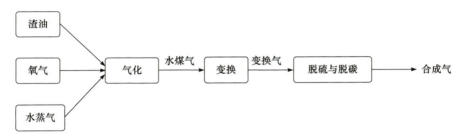

图 2.13　渣油氧化制氢工艺流程

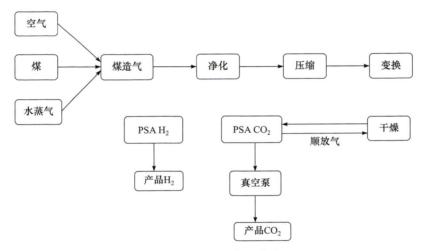

图 2.14　煤气化制氢工艺流程

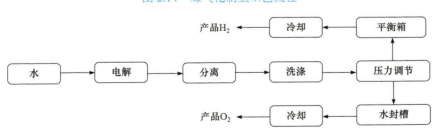

图 2.15　电解水制氢工艺流程

化工工业副产氢有望成为重要的氢气供应来源。我国化工工业副产氢气每年可达数百万吨，若能充分利用这些副产氢，对于降低成本、增加产量都有重要意义。

如图 2.18 所示，我国 2018 年焦炭产量达 4.38 亿 t，同比增长 1.6%，副产氢气约为

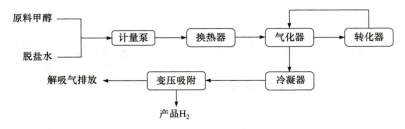

图 2.16 甲醇转化制氢工艺流程

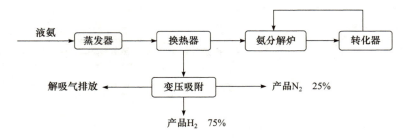

图 2.17 氨分解制氢工艺流程

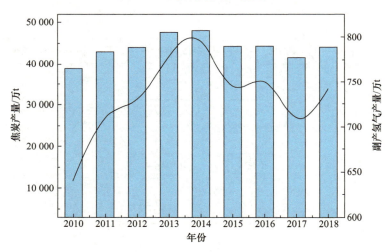

图 2.18 2010～2018 年我国焦炭和副产氢气产量变化趋势

733 万 t。

如图 2.19 所示，氯碱工业烧碱产量 2018 年约为 3420 万 t，同比增长 1.6%，副产氢气约为 82.5 万 t。

丙烷脱氢(PDH)制氢：截至 2019 年 6 月，国内共有 10 个 PDH 项目投产，另有 4 个在建，还有多家企业 PDH 项目处于前期工作，其中有确切投产年份规划的有 4 个。预计到 2023 年年底，国内 18 个 PDH 项目丙烯总产能将达 1035 万 $t \cdot a^{-1}$，副产氢气 39 万 $t \cdot a^{-1}$，理论上可供应 156 万辆燃料电池汽车。

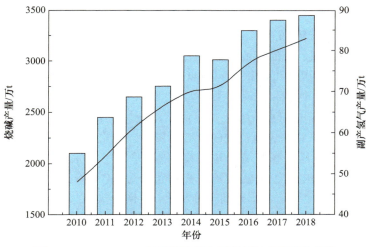

图 2.19　2010～2018 年我国烧碱和副产氢气产量变化趋势

2.3　新能源的分配管理

　　新能源最终主要以电能的方式进行分配和利用。电能的分配过程主要包括以下五个部分：①发电——电能产生的最初环节；②输电——将电能传输向远方的环节；③变电——将电能电压等价调高或降低的环节；④配电——将电能分配给用户的环节；⑤用电——消费电能的环节。图 2.20 是电能分配过程示意图。

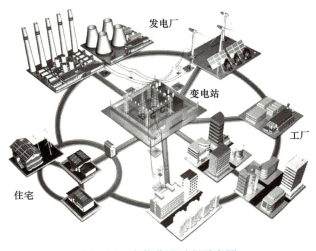

图 2.20　电能分配过程示意图

　　发电是指利用发电动力装置将水能、化石燃料(煤、石油、天然气)的热能、核能及太阳能、风能、地热能、海洋能等转换为电能的生产过程，用以供应国民经济各部门与人们生活所需。发电动力装置按能源的种类分为火电动力装置、水电动力装置、核电动力装置及其他能源发电动力装置，如生物质发电、潮汐能发电、太阳能热发电。

　　输电即电能的传输。它和变电、配电、用电一起构成电力系统的整体功能：通过输电把相距远(可达数千千米)的发电厂和负荷中心联系起来，使电能的开发和利用超越地域的限制。与其他能源(如煤、石油等)的传输相比，输电的损耗小、效益高、灵活方便、易于调控、环境污染少。输电还可以将不同地点的发电厂连接起来，实行峰谷调节。输电是电能利用优越性的重要体现，在现代化社会中，它是重要的能源动脉。按照输送电流的性质，输电分为交流输电和直流输电。目前广泛应用三相交流输电，频率为 50 Hz(或60 Hz)。20 世纪 60 年代以来，直流输电又有新发展，与交流输电相配合，组成交直流混合的电力系统。输电电压的高低是输电技术发展水平的主要标志。一般来说，输送电能容量越大，线路采用的电压等级就越高。采用超高压输电可有效地减少线损，降低线路单位造价，少占耕地，使线路走廊得到充分利用。根据公式 $P=UI$，在功率不变的前提下，增大电压可以减小电流，从而减少输电线路的热损耗。

　　变电是电力系统中通过一定设备将电压由低等级转变为高等级(升压)或由高等级转变为低等级(降压)的过程。电力系统中发电机的额定电压一般为 $15\sim20$ kV。常用的输电电压等级有 765 kV、500 kV、$110\sim220$ kV、$35\sim60$ kV 等；配电电压等级有 $3\sim60$ kV、$3\sim10$ kV 等；用电部门的用电器具有额定电压为 $3\sim15$ kV 的高压用电设备和 110 V、220 V、380 V 等低压用电设备。要把各不同电压连接起来形成一个整体，就需要通过变电。变电站就是电力系统中对电能的电压和电流进行变换、集中和分配的场所，它是联系发电厂和电力用户的中间环节，同时通过变电站将各电压等级的电网联系起来。为了保证电能的质量及设备的安全，在变电站中还需进行电压调整、潮流(电力系统中各节点和支路中的电压、电流和功率的流向及分布)控制及输配电线路和主要电工设备的保护。

　　配电是指在电力网中起电能分配作用的网络。通常是指电力系统中二次降压变压器低压侧直接或降压后给用户供电的网络，它是电力系统中直接与用户相连并向用户分配电能的环节。配电网的主要功能是从输电网接受电能，并逐级分配或就地消费，即将高压电能降低至方便运行又适合用户需要的各种电压，组成多层次的配电网，向各种用户供电。$2\sim10$ kV 及以下配电线路为用户供电，承担输送和分配电能的任务。

　　用电即通过用电器消耗电能的过程，是电力环节的最后节点。日常生活中到处都是用电环节，如日光灯、计算机、空调、洗衣机等。通过用电反馈情况，还可以反向指导电力系统环节中发电、输电、变电、配电四个环节的建设，因此也可以说用电是电能"发、输、变、配"的首个环节。

思　考　题

1. 按照自己的理解，阐述新能源的生产管理的基本原则。
2. 阐述生物质能的利用方式，并思考生物质能潜在的利用方式。
3. 阐述海洋能的利用方式，并分析其原理。
4. 结合能源利用的全过程，解释新能源生产转换后为什么通常转换为电能的形式。

第 3 章　新能源存储及消耗管理

▬▬▬▬ 3.1　新能源存储和消耗管理概述 ▬▬▬▬

在能源管理领域，对新能源的存储及消耗进行管理有利于社会能源管理的建设，有利于将生态环境建设与经济发展结合起来，处理好长远与眼前、全局与局部的关系，促进能源效益、经济效益和社会效益的协调统一，助力实现碳中和目标落地；实现新能源科学化、精细化的用能管控；规范用能管理制度，提高能源利用效率减小能源消耗，从而节省用能成本。

3.1.1　存储管理概述

储能又称蓄能，是指使能量转化为在自然条件下比较稳定的存在形态的过程。它包括自然的和人为的两类：自然的储能，如植物通过光合作用把太阳辐射能转化为化学能储存起来；人为的储能，如旋紧机械钟表的发条，把机械能转化为势能储存起来。传统能源的日益匮乏和环境的日趋恶化，极大地促进了新能源的发展，其发电规模也快速攀升。以传统化石能源为基础的火电等常规能源通常按照用电需求进行发电、输电、配电、用电的调度；而以风能、太阳能为基础的新能源发电取决于自然资源条件，具有波动性和间歇性，其调节控制困难，大规模并网运行将给电网的安全稳定运行带来显著影响。

储能技术的应用可在很大程度上解决新能源发电的随机性和波动性问题，使间歇性的、低密度的可再生清洁能源得以广泛、有效地利用，并且逐步成为经济上有竞争力的能源。传统电网的运行时刻处于发电与负荷之间的动态平衡状态，也就是通常所说的"即发即用"状态。因此，电网的规划、运行和控制等都基于供需平衡的原则进行，即所发出的电力必须即时传输，用电和发电也必须实时平衡。随着经济和社会的发展，这种规划和建设思路越来越显现出缺陷和不足，电网的调度、控制、管理也因此变得日益困难和复杂。由于电网中的高峰负荷不断增加，电网公司必须不断投资输配电设备以满足尖峰负荷容量的需求，导致系统的整体负荷率偏低，结果使电力资产的综合利用率很低。为了解决这些问题，传统电网急需进一步升级甚至变革。

先进高效的大规模储能技术为传统电网的升级改造乃至变革提供了全新的思路和有效的技术手段。在大容量、高性能、规模化储能技术应用之后，电力将成为可以储存的商品，这将给电力系统运行所必须遵循的发电、输电、配电、用电同时完成的概念，以及基于这一概念的运行管理模式带来根本性变化。储能技术把发电与用电从时间和空间上分隔开，发出的电力不再需要即时传输，用电和发电也不再需要实时平衡，这将促进电网的结构形态、规划设计、调度管理、运行控制及使用方式等发生根本性变革。

储能技术的应用将贯穿电力系统发电、输电、配电、用电的各个环节，可以缓解高峰负荷供电需求，提高现有电网设备的利用率和电网的运行效率；可以有效应对电网故障的发生，提高电能质量和用电效率，满足经济社会发展对优质、安全、可靠供电和高效用电的要求。储能系统的规模化应用还将有效延缓和减少电源和电网建设，提高电网的整体资产利用率，彻底改变现有电力系统的建设模式，促进其从外延扩张型向内涵增效型转变。储能是节能技术的重要手段之一，在工业生产和日常生活中日益发挥重要的作用。总之，新能源的利用过程实际上是将新能源转换为能够被人类社会所利用的各种不同的能源形式。在各种转换后的能源形式中，电能具有易于存储、传输和利用等优点，是主要的能源存储形式。储能技术是新能源实现被真正利用的基础，没有储能技术，就无法真正实现对可再生能源的利用。

在能源的开发、转换、运输和利用过程中，能量的供应和需求之间往往存在数量、形态和时间上的差异。为了弥补这些差异，有效地利用能源，常采取储存和释放能量的人为过程或技术手段，称为储能技术。

储能技术有以下广泛的用途：

(1) 防止能量品位的自动恶化。自然界一些不够稳定的能源容易发生能量的变质和耗散，逐渐丧失其可转化性。例如，水自动由高处流向低处，风自动从高压吹向低压，地球接收到的太阳能最终大部分转化为物体的内能。在这些过程中，能量的品位不断恶化。采用储能技术，就可以把它们转换为自然条件下比较稳定的能源，避免能量自动变质造成的浪费。

(2) 改善能源转换过程的性能。自然界的另一些能源具有良好的储存性，在自然条件下不会以可观察到的速度发生能量的变质或耗散，但在转化利用过程中需要储能技术。例如，化石燃料和核燃料本身性质稳定，它们用于发电时，电能却是不易储存的能量。大型火电厂和核电站都要求以额定负荷运行，以维持较高的能源转换效率和良好的供电品质。但是用电量却总随时间变化，白天工作时间用电多，夜间和节假日用电少，出现了电力系统负荷的高峰和低谷，因此需要大容量、高效率的电能储存技术对电力系统进行调峰。

(3) 有时为了方便经济地使用能量，也要用到储能技术。例如，汽车在正常运行时向蓄电池充电，把动能转换为电能，向电动机供电驱动汽车发动机，成功地解决了发动机启动的难题。

(4) 为了降低污染、保护环境，也需要储能技术。例如，氢作为未来能源备受重视，除了具有很高的能量密度和良好的储存性能外，它对环境造成的危害很低也是重要原因。

综上所述，储能技术是合理、高效、清洁利用能源的重要手段，已广泛用于工农业生产、交通运输、航空航天和日常生活中。储能技术中应用最广的是电能储存、太阳能储存和余热的储存。随着社会生产生活水平的提高和科学技术的进步，储能技术也将得到更快的发展。

3.1.2 消耗管理概述

能源消耗是指生产和生活所消耗的能源。能源消耗人均占有量是衡量一个国家经济发展和人民生活水平的重要标志。人均能耗越多，国内生产总值就越大，国家也就越富裕。在发达国家，能源消耗强度变化与工业化进程密切相关。随着经济的增长，工业化阶段初期和中期能源消耗一般呈缓慢上升趋势，当经济发展进入后工业化阶段，经济增长方式发生重大改变，能源消耗强度开始下降。

　　根据国家统计局 2019 年 2 月发布的相关数据,全年能源消耗总量 46.4 亿 t 标准煤,比上年增长 3.3%。煤炭消耗量增长 1.0%,原油消耗量增长 6.5%,天然气消耗量增长 17.7%,电力消耗量增长 8.5%。煤炭消耗量占能源消耗总量的 59.0%,比上年下降 1.4%;天然气、水电、核电、风电等清洁能源消耗量占能源消耗总量的 22.1%,上升 1.3%。重点耗能工业企业单位烧碱综合能耗下降 0.5%,单位合成氨综合能耗下降 0.7%,吨钢综合能耗下降 3.3%,单位铜冶炼综合能耗下降 4.7%,每千瓦时火力发电标准煤耗下降 0.7%。全国万元国内生产总值二氧化碳排放下降 4.0%。

　　多年来,我国对于企业能耗的收集和管理大多还是采用传统方式,即企业定期上报能耗数据报表。我国工厂企业占地面积广、耗能设备多、能源消耗大、生产成本高等已经是普遍现象,工厂能源消耗占全社会总能耗比重超过 70%。因此,降低能源消耗,降低生产成本,建立功能完善的工业能源管理系统是十分必要的。节能降耗工作是一项长期、系统的工作,是建设节约型社会的必然选择,是企业、社会可持续发展的必由之路。只有加强管理、明确责任、措施得当、提高技术水平、持之以恒,企业才能降本增效,又快又好地发展下去。

　　由 21 世纪世界能源结构变化趋势预测图(图 3.1)可知,传统化石能源的消耗占比在短期内仍然呈现上升趋势,新能源占比没有明显增长。21 世纪后半叶,传统能源在能源结构中占比将逐渐减小,新能源尤其是光伏及太阳能发电占比明显增加,且所占比例非常高。

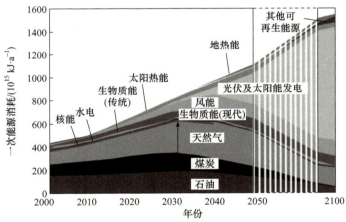

图 3.1　21 世纪世界能源结构变化趋势预测图

3.2　新能源存储管理

　　能源是含高品位能量的物质的总称,如煤、石油及石油类燃料、水力、风力等。能量有各种不同的形式,其做功的能力也不一样。按形态可将能量分为机械(力学)能、热能、化学能、辐射(光)能、电(磁)能、核能等六种主要类型,除辐射能外,其他均可以储存在一些普通种类的能量形式中。例如,机械能可以储存在动能或势能中,电能可以储存在感应场能或静电场能中,热能可以储存在潜热或显热中,而化学能和核能实际上就是纯粹的储能形式。它们的特点可概括如下:①化学能的优点是便于储存和输送;②电能的优点是可适用于各种用途,但储存困难;③热能约占最终能源消耗的 60%,但它是一种质量最差的能的形态,储存和输送也不太适宜。因此，当我们分析判断在能源系统中能源的储存技术应以什么形式存在，应占有什么位置，以及作为系统的性能如何时，首先要考虑以下情况：①能量的输入和输出形态；②储能密度；③储能能量损失；④有效储能期限；⑤能的输出和输入的难易程度；⑥安全性；⑦达到一定的输入、输出值所需的时间，即响应性；⑧耐久性；⑨经济性。

能量储存方法按能量的形态不同分类如表 3.1 所示。基于这些方法的储能系统的种类繁多、应用广泛。按照储存能量的形态可分为以下四类。

表 3.1　能源类型、使用形式和储能的关系

能源类型	转换方式	能源的使用方式	转换方式	储能
传统化石能源 核能 可再生能源 如生物质能、风能、 太阳能和水能	直接产生 →	电力 热能 冷能 动能 交通 压缩气体	← 储存与回收	电池 飞轮 可逆燃料电池 压缩空气 热能 扬水

(1) 机械储能：以动能形式储存能量，如冲压机床所用的飞轮；以势能形式储能，如机械钟表的发条、压缩空气、水电站的蓄水库、气锤等。

(2) 蓄热：以物质内能方式储存能量的属于蓄热，以任何方式储存热量的也属于蓄热。物质内能随温度升高而增大的部分称为显热，相变的热效应称为潜热，化学反应的热效应称为化学反应热，溶液浓度变化的热效应称为溶解热或稀释热。利用固体和液体的显热来蓄热是应用广泛的蓄热方式，已经进入实用阶段。例如，可用于长期蓄热的地下水层、岩床及水岩石系、油岩石系等，将夏季地面的热力存入地下，待冬季供暖使用。利用水蒸气的气液相变潜热的蒸汽蓄热器，利用石蜡、熔盐等固液相变的熔融热、凝固热的蓄热器都是利用相变潜热。由于相变潜热比物质的比热容大，其储能密度也大，又由于相变在恒温下进行，可用此特点保持恒温。利用化学反应热蓄热是化学储能的一部分。利用溶液的浓度差可以蓄热和释放热量，如硫酸的水溶液稀释时放热，为了浓缩必须采用加热再生，把这两个过程结合起来，形成能量逆向转换循环，称为化学热泵。根据储存热量的温度范围，可分为低温蓄热(<100 ℃)、中温蓄热(100～250 ℃)和高温蓄热(250 ℃以上)。低于环境温度时称为蓄冷。

(3) 化学储能：在正向化学反应中吸收能量，把能量储存在化学反应的产品中；在逆向反应中则释放出能量。例如，蓄电池充电时把电能转换为化学能储存起来；放电时把化学能转换为电能。利用热化学反应可在吸热反应中把热转换成化学能储存起来，在其逆反应中则把化学能转换成热释放出来。可用于储能的热化学反应很多，实际应用时还必须考虑热源的温度、反应热量、储能密度、操作难易等。以能量密度很大的物质作化学反应产品储存能量在化学储能中具有特殊重要意义，有时称为物质储能。储能物质包括氢、甲烷、乙烷、丁烷等易燃气体，乙醇、合成汽油等液体，能大量吸附氢气的合金等。

(4) 电磁储能：将能量保存在电场、磁场或交变等电磁场内。随着超导技术的进步，电磁储能有可能逐步成为现实。

在对储能过程进行分析时，为了确定研究对象而划出的部分物体或空间范围称为储能系统，包括能量和物质的输入和输出设备、能量的转换和存储设备。储能系统往往涉及多种能量、多种设备、多种物质、多个过程，是随时间变化的复杂能量系统，需要多项指标描述其性能。常用的评价指标有储能密度、储能功率、储能效率及储能价格、对环境的影响等。单位质量或单位体积的储能系统(或蓄能设备)储存能量的多少称为储能密度。储能系统在储能时的输入功率或释放能量时的输出功率都称为储能功率。在储能设备(或蓄能物质)中存放和释放能量的周期可用来描述储能的时间特征。按储能周期，可分为短期储能(<1 h)、中期储能(1 h～1 周)、长期储能(>1 周)。储能效率是储能系统输出能量与输入能量之比，反映了能量储存的数量关系。但是储能系统的输入能量、储存能量、输出能量往往具有不同的形态，由热力学定律得知，不同形态的能量具有不同的转化能力。储能是为了利用能量，而能量只有在其转换和传递过程中才能被利用，能量的可用性与能量的转化能力紧密相连。能量中具有无限可转化的部分称为可用能，所以储能的实质是蓄可用能。储能系统输出可用能与输入可用能之比称为蓄可用能效率，它从本质上反映了储能系统的热力学性能，是一项很重要的性能指标。另外，储存单位能量所需要的投资成本和运行费用、储能造成的环境污染等也是评价储能系统的重要指标。

3.2.1　大规模电能存储技术

1. 锂电池储能

锂电池是目前市面上最常见的储能技术，广泛应用于生活中的各个场景。锂电池是指以含锂的化合物制成的蓄电池，主要依靠锂离子在正极和负极之间移动来工作。根据锂的存在形式定义锂电池，可以将其分为两种：锂金属电池和锂离子电池。锂金属电池是用金属锂作电极，通过金属锂的腐蚀(或称为氧化)产生电能，不能进行充电，属于一次电池。锂离子电池则是以离子形态存在于电极中，利用锂离子的浓度差进行储能和放电，属于二次电池。目前，应用于手机、数码相机、电动工具、电动汽车、通信基站等设备的电池均为锂离子电池。

储能的主流锂离子电池类型有磷酸铁锂电池和三元锂电池，随着磷酸铁锂电池能量密度问题的解决，磷酸铁锂电池占比逐年提升。磷酸铁锂电池热稳定性强，正极材料结构稳定，其安全性、循环寿命优于三元锂电池，且不含贵金属，具有综合成本优势，更加符合储能系统要求。具体而言：①从安全性看，根据实验数据，三元锂电池热失控时最大升温速率高达 154 ℃·s^{-1}，磷酸铁锂电池为 6.6 ℃·s^{-1}，相同质量下，三元锂电池释放的热量是磷酸铁锂电池的 6 倍多，磷酸铁锂电池的安全性明显优于三元锂电池；②从综合成本看，根据产业反馈，同等条件下三元锂电池的成本比磷酸铁锂电池高 30%以上，磷酸铁锂电池具备成本优势。虽然磷酸铁锂电池的能量密度低于三元锂电池，但对储能系统而言，电池使用寿命和安全性等指标优先于能量密度，而且储能应用场景对电池的尺寸和重量的要求相对灵活，应用场地相对固定，有效弱化了能量密度低的不足。

目前，我国电化学储能主要以锂电池为主，其发展也相对成熟，2000～2019 年累计电化学储能装机中，锂电池占比达 87%，已成为主流技术。从应用场景划分，储能技术的应用范围主要包括电力系统、通信基站、数据中心、UPS、轨道交通、人工/机器智能等。根据高工产业研究院(GGII)数据,2020 年我国储能电池市场出货量为 16.2 GW·h,同比增长71%,其中电力储能 6.6 GW·h,占比 41%,通信储能 7.4 GW·h,占比 46%,其他包括城市轨道交通、工业等领域用储能锂电池。在电力储能领域中,其应用十分广泛,包括电源侧、辅助服务、可再生能源、电网侧、终端用户侧。储能在通信系统的应用首先体现为备用电源,为关键设备提供应急供电,同时也可以利用峰谷电价差进行套利,降低用电成本。2019 年我国电力系统储能锂电池出货量中磷酸铁锂电池占比达 95.5%,预计磷酸铁锂电池的主导地位将进一步延续。通信领域中,5G 基站是 5G 网络的核心基础设备,一般采用宏基站与微基站搭配使用,由于能耗为 4G 时期的数倍,需要能量密度更高的锂电储能系统。其中,宏基站内可采用储能电池,充当基站应急电源并承担削峰填谷作用,因此电源升级、铅换锂是大势所趋。GGII 预计,到 2025 年我国储能电池出货量将达到 68 GW·h,2020～2025 年复合增长率超过 30%。储能系统的核心需求是高安全性、长寿命和低成本,储能电池侧重于电池容量、稳定性和寿命,多考虑电池模块一致性、电池材料膨胀率和能量密度、电极材料性能均匀性等要求以达到较长寿命和较低成本,储能电池循环次数寿命一般要求能够大于 3500 次。储能电池主要用于调峰调频电力辅助服务、可再生能源并网、微电网等领域。锂电池储能技术性能优越,近年来成本大幅下降,初步具备了规模化应用的基本条件,被普遍认为很可能是推动未来五年储能技术广泛应用的先锋力量。

2. 蓄电池蓄能

蓄电池蓄能是使用便利、应用广泛的蓄能技术。蓄电池属于化学电池,由离子导电型的电解液和正极、负极组成。放电时,吉布斯自由能的差值转换为电能,由正、负极引出使用;充电时,电能转换为吉布斯自由能。从理论上讲,蓄电池可达到 100%的可逆反应,可在寿命期内重复放电和充电。蓄电池主要用于电力系统调峰、低污染的电动汽车,并配合太阳能、风能等可再生能源开发。蓄电池具有低污染、少占地、使用方便灵活的优点,但目前大量使用的铅酸电池的储能密度低、储能效率低,因而经济性差,难以大型化。为弥补这些缺陷,各国大量开展新型蓄电池的研究,主要有:①钠硫电池,反应式为 $2Na + S_x \longrightarrow Na_2S_x$,具有储能密度大、反应物利用率高的优点,缺点是工作温度较高,需附设加热器和温度控制器;②氧化还原流动电池,反应式为 $Cr^{2+} + Fe^{3+} \longrightarrow Cr^{3+} + Fe^{2+}$,类似于燃料电池,又称可充电的燃料电池,其储能密度低,开路电压低;③锌氯电池,反应式为 $Zn + Cl_2 \longrightarrow ZnCl_2$,储能密度和反应物利用率都较高,但系统中需要氯气泵,使用不便;④锌溴电池,反应式为 $Zn + Br_2 \longrightarrow ZnBr_2$,原理与锌氯电池相同,但没有氯气泄漏的危险。新型蓄电池的研究在美国能源开发计划和日本月光计划中都占有重要地位。

3. 抽水蓄能电站

抽水蓄能电站利用可以兼具水泵和水轮机两种工作方式的蓄能机组,在电力负荷出现低谷(夜间)时水泵运行,用基荷火电机组发出的多余电能将下水库的水抽到上水库储存起来，在电力负荷出现高峰(下午及晚间)时水轮机运行，将水放下来发电。抽水蓄能机组可以和常规水电机组安装在一座电站内，这样的电站既有电网调节作用又有径流发电作用，称为常蓄结合或混合式电站。有的蓄能电站是专为电网调节修建的，与径流发电无关，则称为纯抽水蓄能电站。抽水蓄能电站可以按照计划发电，在电网中承担峰荷或腰荷，而其更大的作用是在电网中担负不定时的调峰和调频任务。另外，抽水蓄能机组也可以担负调相任务，在事故备用(包括旋转备用)方面更具有优势。

抽水蓄能电站包括以下组成部分：

(1) 上、下水库：混合式蓄能电站的上水库一般为已建成的水库，下水库可能是下一级电站的水库，或者是用堤坝修建起来的新水库。纯抽水蓄能电站大多是利用现有水库为下水库，而在高地或山间筑坝建成上水库。人工修筑的水库，其容量除应满足全天发电所需的水量外，还有一定的备用库容，以抵消蒸发和渗漏。据估计，大型蓄能电站每年损耗水量达 100 万～200 万 m^3，上水库的修筑工作量巨大，所形成的库容十分宝贵，库底及边壁都应有防渗保护，国内外广泛使用沥青混凝土全面铺盖，也有的用混凝土板防护，对上水库原来有水源的也应视情况决定是否采取防护措施。

(2) 引水系统(高压部分)：与常规水电站一样，蓄能电站引水系统的高压部分包括上水库的进水口、引水隧道、压力管道和调压室。上水库的进水口在发电时是进水口，但在抽水时是出水口，故称为进出水口。为满足双向水流的要求，进出水口应按两种工况的最不利条件设计。常规水电站在进出水口都装有拦污栅。在蓄能电站中因水泵工况的出水十分湍急，对拦污栅施加很大的推力和震动力，所以拦污栅是进出水口设计的重要项目。蓄能电站引水隧道上的分岔管在发电工况时流向是分流的，在抽水工况则是合流的，为使两个方向水流的损失都能最小，需要进行专门的试验研究。

(3) 引水系统(低压部分)：地下电站的尾水部分(低压部分)是有压的，通常也做成圆断面的隧洞。设计中要特别注意过渡过程中可能出现的负压，如现在趋向于将厂房向上游移动，也就是尾水隧洞更长，产生负压的可能性也就更大。

(4) 电站厂房中低水头抽水蓄能电站分为坝后式和引水式，都可以使用地面厂房。水轮机工况的排水和水泵工况的吸水都直接连通到尾水渠。由于水泵的空化性能比水轮机差，机组中心必须安放在比常规水轮机更低的高程，高水头蓄能电站一般都采用地下厂房，不少中低水头的蓄能电站也使用地下厂房。现在高水头蓄能电站机组中心已达尾水面以下 70～80 m，厂房内所有管道都要承受很大的压力，厂房本身的防渗漏问题也需特别设计。多数地下电站都将变压器安装在地下，故需要专门开挖一个洞室放置变压器。若电站需要修建尾水调压井，则通常将几台机组的尾水闸门连通，形成第三洞室。

抽水蓄能电站在提高水电效益方面具有以下作用：

(1) 缓减发电与灌溉的用水矛盾。在缺水地区水库的运用一般是以保证灌溉用水为原则，水库上虽建有水电站，却不能按电力系统的要求发电。在灌溉季节水电站需要连续发电，实际成为基荷电站。在非灌溉季节因水量不足而不能发电，根本起不到水电机组应有的调峰作用。在这样的水电站中如果装设抽水蓄能机组，则可以每天把尖峰放下来的水抽回去，往复循环，从而避免了发电与灌溉争水，使水电机组得以发挥其调峰作用。实际上，在这种水电站中装设了抽水蓄能机组后，其他的常规水电机组可以多发电，因而提高了全厂的调峰能力。

(2) 调节长距离输送的电力。将西部丰富的水力资源输送到东部沿海地区(西电东送)是我国电力建设的一个特点，今后将有很大的发展。长距离输电的设备投资很高，因而要连续满容量输送，实际上大部分输送的是基荷电力。然而，受电地区的负荷每日随时间早晚而变化，还需要在适当地点有一个调节环节。装设抽水蓄能电站是缓和电网与长距离输电矛盾的重要手段。

(3) 充分利用水力资源。抽水蓄能电站不仅对火电有节煤效益，对常规水电同样有充分利用水能的功能。在汛期抽水蓄能电站的调峰填谷任务更加繁重，因为具有调峰能力的常规水电站为了避免或减少弃水，一般都发满出力，在系统中实际担任了基荷或腰荷。在此期间电网的调峰能力大为减弱，特别是库容小的常规电站在电网处于低谷时，只能减负荷或完全停机弃水。抽水蓄能电站此时正好可以利用常规水电站的弃水负荷来抽水蓄能，达到充分利用水能的目的。

(4) 对环境没有不良的影响。①抽水蓄能电站不发热，不冒烟，不进煤，不出渣，对环境影响极小，在电站的水库或调节池建成后还有助于净化环境，改善景观；②具有黑启动①功能，如遇到电网严重故障或全网解裂，蓄能电站可以在无厂用电的情况下启动机组发电运行(上水库都应留有一定的紧急备用库容)，而无需装设有污染的备用电源。

4. 超导储能技术

超导技术的进步为电能储存开辟了一条新的途径。超导储能装置具有储能密度高、储能效率高、响应快的优点，也可以小型化、分散储能的形式应用，受到人们越来越多的关注。超导储能技术包括超导磁储能和超导磁悬浮飞轮储能两种，前者将电能以磁场的形式储存，后者将电能以机械能的形式储存。下面分别介绍这两种电能储存技术。

普通线圈都有一定的电阻，当流过线圈的电流很大时，电阻消耗大量电能而发热，因而储能量不能很大。如果上述线圈没有电阻，则电流可以达到很大的数量级，从而大大提高存储电磁能的能力。随着在 10 T 以上的磁场下仍然可以承载很高超导电流密度的超导材料的发展，利用超导线圈储存更多的电磁能成为可能。根据上述原理，如果能建造能量密度 100 kW·m^{-2} 以上的大容量超导线圈储能装置，在动力供能、消除供能地区差异、时序差异、减少能源浪费等方面都将有良好的应用前景。这种方式的电能是由一个超导磁环中的环流储存的，没有能量转换到其他形式(如机械能、化学能)，因为使用了超导体线圈，电流在其中流动几乎无损耗，能耗仅为保持超导冷却和少许辅助机械所用，所以其返回效率高达 90% 以上。超导磁储能还有以下优点：

(1) 储能密度高，可以缩小储能设备的体积，不受安装场地的限制，可以建造在任何地方。

(2) 可以节省送变电设备和减少送变电损耗。

---

① 黑启动是指整个系统因故障停运后，系统全部停电(不排除孤立小电网仍维持运行)，处于全"黑"状态，不依赖其他网络帮助，通过系统中具有自启动能力的发电机组启动，带动无自启动能力的发电机组，逐渐扩大系统恢复范围，最终实现整个系统的恢复。

（3）可以快速启动和停止，即可以瞬时储电和放电，从而缩短停电事故修复时间。

（4）因为在系统输入、输出端使用交直流变换装置，短路容量的稳定度较高。唯一的限制是连接磁环与电网的固态元件的开关时间。超导磁储能可以在约 10 ms(或 6 个周波，周波是指交流电的变化或电磁波的振荡从一点开始完成一个过程再到这一点)内对电网暂态响应并达到全功率。超导磁储能不像抽水蓄能和压缩空气储能容易受到地理条件的约束，也不像蓄电池储能适宜分散建设积少成多，它可以根据实际需要在较大容量范围内设计制作，它的缺点是单元组件的最大储存电能没有抽水蓄能大，不能用于季节的负荷调节。基于上述优点，超导磁储能的应用不仅可以调平日夜负荷峰谷差，而且可以提高输电线的稳定性和电能质量。更重要的是，当遇到电网暂态波动时(如由地震等自然灾害或电网本身重大事故而引起的突然甩负荷等)，它对电网有功与无功的支持来稳定电压和频率，可以避免系统解裂甚至崩溃。超导磁储能技术在电力工业中有广泛的商业应用前景。

3.2.2　移动便携式电能存储技术

随着电子产品、电动汽车等移动式用电设备的发展，移动便携式电能存储技术也得到大规模发展。

1. 铅酸电池

铅酸电池已有 160 多年的发展历史，其正极采用二氧化铅，负极采用金属铅，电解液为稀硫酸水溶液。铅酸电池具有材料价格低廉、无记忆效应、大电流放电性能较好和技术成熟等优点，常用于电动车、电站备用电源、便携设备电源和不间断电源等场合。其缺点是能量密度低、循环寿命短及制造过程中易对环境造成污染等。目前，铅酸电池因其性价比优势，在蓄电池市场仍占有较大的份额。

2. 镍镉电池

镍镉电池是一种碱性电池，其正极采用镍的氧化物，负极采用金属镉，电解液为氢氧化钾溶液。突出优点是寿命长，此外其内阻小，可大电流快速充电且放电时电压变化很小，是一种比较理想的直流供电电源，可作为照明电源和应急电源使用。缺点主要是长期浅充放电时有记忆效应，镉原材料价格较贵且会对环境造成严重污染，因此必须做到安全使用和回收。镍镉电池因存在重金属污染，现已被限制使用。

3. 镍氢电池

镍氢电池也是一种碱性电池，其正极为氧化镍电极，负极采用储氢合金材料，电解液为氢氧化钾溶液。镍氢电池的能量密度是镍镉电池的 1.5～2 倍，二者电压等级相同，可以互换使用。镍氢电池无毒无污染，属于环保电池，可大电流快速充放电，且无记忆效应。其缺点主要是自放电较大，循环寿命较低。镍氢电池目前在电动汽车领域有广泛的应用。

4. 锂离子电池

锂离子电池是一种新型电池，其正、负电极都采用能发生锂离子嵌入和脱出反应的活性材料，电极和电解液有多种类型。锂离子电池具有工作电压高、能量密度大、循环寿命长、自放电率低、无记忆效应和低污染等优点，在笔记本电脑、手机等便携式电子设备中已广泛使用，此外在电动汽车、空间技术等领域也有广阔的应用前景。

5. 钠硫电池

钠硫电池是一种以硫为正极、金属钠为负极、陶瓷管为电解质兼隔膜，在 300 ℃高温环境下工作的新型蓄电池。其优点是能量密度大、充放电效率高、可大电流放电和循环寿命长等，可以应用于电能削峰填谷、稳定电网电压和应急电源等场合。由于钠硫电池在工作过程中需要保持高温，有一定安全隐患，且目前成本较高，因此应用规模还有待进一步扩大。

6. 液流电池

液流电池是一种正、负极活性物质均为液态流体氧化还原电对的电池。其活性物质可溶解分装在两个储液罐中，溶液流经液流电池，在离子交换膜两侧的电极上分别发生氧化还原反应。由于两者可以独立设计，因此系统设计的灵活性较大，且受场地和空间布局的限制较小。目前已有全钒液流电池、锌溴液流电池和多硫化钠/溴液流电池等多个体系。其中，全钒液流电池具有能量密度大、能够 100%深度放电、可快速充放电和循环寿命长等优点，可以应用于大规模光电转换、分布式发电的储能系统及应急电源系统中。

7. 燃料电池

燃料电池是一种在等温状态下将燃料和氧化剂中的化学能直接转化为电能的装置，具有能量转换效率高、功率密度大、污染小和稳定性好等特点。燃料电池部件为模块化、配置灵活，既可以集中供电，也适合分散供电。与其他化学电池不同的是，燃料电池是一个开放式的发电装置，即其内部参与反应的化学物质是由燃料电池外部的单独供气系统提供，只要保证供应的连续性，就可以保证燃料电池能量输出的连续性。燃料电池的种类很多，按使用的电解质可分为碱性燃料电池、磷酸燃料电池、质子交换膜燃料电池、熔融碳酸盐燃料电池和固体氧化物燃料电池等。其中，用于车载动力系统的质子交换膜燃料电池和用于分布式发电的固体氧化物燃料电池、熔融碳酸盐燃料电池是当前的主要研究对象。

8. 超级电容器

超级电容器也称电化学超级电容器，是介于蓄电池与传统电容器之间的新型电能存储装置。其突出优点是循环寿命长、功率密度大、可大电流充放电、工作温度范围宽和环保等。超级电容器的储能机理主要有双电层原理和赝电容原理。按照功率密度和能量密度的等级不同，可以将超级电容器划分为功率型超级电容器和能量型超级电容器。超级电容器在使用寿命和功率密度性能方面具有其他化学电源不可比拟的优势，是一种具有广阔应用前景的储能器件。

3.2.3　其他能源存储技术

1. 压气蓄能

压气蓄能可用于发电，是正在蓬勃发展的大容量蓄能技术。压气蓄能电站主要由电动/发电机、空气压缩机、燃烧室、燃气透平和地下储气洞穴组成。它和抽水蓄能电站相似，在电力系统负荷低谷期间，输入剩余电能驱动空气压缩机，将空气压缩并注入地下储气洞穴，将电能转换为压缩空气势能储存起来。在电力系统负荷高峰时，压缩空气从地下储气洞穴中流出，进入燃烧室与燃料混合燃烧升温，再进入燃气透平膨胀做功，驱动发电机，将势能转换为电能，用于电力系统调峰。1978 年，德国建成世界第一座压缩空气蓄能电站，容量为 29 万 kW。随后，美、日、意、法、俄、以等国都修建了调峰用的压缩空气蓄能电站。适合建造地下储气洞穴的地质构造有硬岩层地下空洞、岩盐层地下空洞和滞水型地下空洞。据美国、日本调查，这种构造分布很广，在很多地区都可以找到适宜开挖空洞的地质构造。另外，压气蓄能发电技术也可用于风力发电，因其容量很小，可用储气罐代替地下储气洞穴。

2. 超导电感蓄能

超导电感蓄能是一种新型高效的蓄能技术。超导蓄能系统主要由电感很大的超导蓄能线圈、使线圈保持在临界温度以下的氦制冷器和交直流变流装置构成。当储存电能时，从电网来的交流电经过交直流变流器变为直流电，激励超导线圈，达到给定电流值以后，在包含超导开关在内的闭合电路中将能量储存起来。发电时，直流电经变流装置变为交流电输往电力系统。由于采用了电子装置，这种转换非常简便、响应极快。容量为 400～4000 MJ 的小型超导蓄能装置已投入使用。供电力系统调峰用的大规模超导蓄能装置在大型线圈产生的电磁力的约束、制冷技术等方面还不成熟，各国正在加紧研究。

3. 氢蓄能

氢是一种储能密度很高的蓄能物质，具有多种优良性质，可以作为未来的优质二次能源。氢可以储存多种类型的一次能源，也就是说氢的制取有多种方法：①可从烃类化石燃料中制取，这是过去和目前实用的制氢法；②可电解水制氢；③可用热化学法使水在高温下分解制氢；④可用生物质从有机物废水中制氢；⑤可用光化学制氢，以及太阳能、核能制氢。但大规模、高效率、低成本的制氢方法还在研究中。氢作为蓄能物质可以再生和再循环。氢在燃烧中放出热量，与氧化合成水蒸气，水蒸气冷凝成为水，由水又可得到氢，进行新的循环。氢不但储能密度高，而且与空气混合时，其可燃范围宽、燃烧速度快。氢的燃点温度高，不易自燃，易保存能量。氢没有毒性，燃烧时产生的污染小，不会产生二氧化碳温室气体，基本上是一种清洁能源。氢作为二次能源有广泛的用途，可以替代烃类作为汽车、飞机、电站的燃料，也可作燃料电池的燃料。氢的储存也很重要，因为储氢就是蓄能。储氢常用高压气态储存、低温液态储存和化学储存等方法。金属氢化物储存是化学储氢中最有发展前途的一种。氢与氢化金属之间发生可逆反应,当外界有热量加给金属氢化物时,就分解为氢和氢化金属,并放出氢;反之,氢和氢化金属构成一种金属氢化物,氢以固态结合的形式储存于其中。近年来对金属储氢进行了大量研究,已发现多种具有储氢能力的金属或合金,可根据应用目的进行选择。

4. 工业余能的储存

工业余能具有分散、多样的特点,往往需要收集、储存起来再加以利用。工业余能以余热为主,余能储存系统也以蓄热为主。

储能技术将在能源系统、可再生能源(单个或集成)技术及输送中发挥作用。它的发展必须与现有的过容电站或应急发电厂相适应。经济性决定储能系统的前途。为了减少温室气体排放,降低一次能源的消耗,促进可再生能源在持续供给电力中的占比,为边远地区提供廉价、可靠的电力,储能至关重要。

储能重点发展领域主要包括:①提高电池的能量密度和寿命,开发新材料和材料改性,改进现有制造工艺和操作条件;②针对便携式应用系统,研究的重点是开发全固态电池和锂聚合物等;③针对电动汽车和混合动力汽车,重点研究镍氢电池、全固态电池、锂聚合物电池、空气电池和燃料电池等,提高能量密度和功率密度;④开发超级电容器,降低成本、改进生产工艺、降低内部电阻是关键;⑤对飞轮的研究应该集中在改进材料和制造工艺,以获取长期稳定性、良好的性能和低成本;⑥冷、热储能技术的研究目标应该综合不同用途,采取更有效的办法,如提高或降低温度水平;⑦重点开发新材料,如相变材料等。

3.2.4　储氢技术

氢气的存储方式主要有高压气态储氢、低温液态储氢和储氢合金。

(1) 高压气态储氢:常压下,氢气的密度仅为 $0.899 \text{ g} \cdot \text{L}^{-1}$,体积能量密度很低,因此必须加高压以提高其体积能量密度。高压气态储氢就是将氢气加压到高达 70 MPa,并储存在耐压气罐中。这种方式需要使用耐超高压复合材料做储氢容器,但储存的氢气质量还不到气罐质量的 1%,在运输和使用过程中也存在易爆炸等安全隐患。

(2) 低温液态储氢:常压下,氢气必须降至沸点−252.7 ℃时才能变成液体,并需要绝热条件极好的储存容器和运输管道进行保护。然而,液氢的气化使氢气不断损失,低温的保持也需要消耗相当于液氢30%的能量。因此,这种方法价格昂贵,工艺也较为复杂。

(3) 储氢合金:储氢合金是在一定的温度和氢气压力下,能可逆地大量吸收、储存和释放氢气的金属化合物。储氢合金能在一定温度和高于平衡分解压的压力下大量"吸收"氢气,如果把金属氢化物加热,它又会发生分解,把储存的氢以高纯氢气的形式在比平衡分解压小的压力下释放出来。经计算,相当于氢气瓶质量30%的某些金属就能"吸收"与氢气瓶储氢容量相等的氢气,而它的体积却不到氢气瓶体积的 1/10。储氢合金是目前研究较为广泛、成熟的新型高性能大规模储氢材料之一,其储氢密度高、安全性好、适合大规模氢气储运,最重要的特性是能够可逆地吸、放大量氢气。

氢是一种很活泼的化学元素,可以与很多金属反应生成金属氢化物,总反应式如下:

$$M + \frac{x}{2} H_2 \Longleftrightarrow MH_x$$

其中，M 为金属，该反应是一个可逆过程。在一定的温度和高压下，发生正向反应，一个金属原子可与两三个甚至更多氢原子结合，形成稳定的金属氢化物，同时放出一定的热量；如果对金属氢化物加热或减压，将发生逆向反应，金属氢化物分解并吸收一定的热量；改变温度与压力条件可使反应按正向、逆向反复进行，从而实现材料吸收和释放氢气的功能。虽然纯金属能够大量吸氢，但为了便于使用，一般要通过合金化改善金属氢化物的吸放氢条件，从而使得金属在容易达到和控制的条件下吸放氢，因此一般的金属储氢材料为合金储氢材料。储氢合金一般为 AB_x 型，A 是能与氢形成稳定氢化物的放热型金属元素，如 Re、Ti、Zr、Ca、Mg、Nb、La、Mn 等，能大量吸氢，并大量放热；而 B 是与氢亲和力小的金属元素，通常不形成氢化物，同时 B 具有催化活性，氢在其中容易移动，如 Fe、Co、Mn、Cr、Ni、Cu、Al 等，为吸热型金属。前者形成的氢化物稳定，不易放氢，为强键氢化物，可以控制储氢量；后者控制放氢的可逆性，起调节生成热与分解压的作用。

储氢合金可以按其化学式分类，如 AB_5 型、AB_2 型、AB_3 型、AB 型、A_2B 型，也可以按合金主要成分的不同分类。目前，储氢合金研究比较深入的主要有以下 5 种。

(1) 稀土系：AB_5 型稀土系储氢合金的典型代表是 $LaNi_5$，早在 1969 年，荷兰飞利浦公司就发现了 $LaNi_5$ 具有吸氢快、易活化、平衡压力适中等优点，从而引发了人们对稀土系储氢合金的研究热潮。当时，$LaNi_5$ 被用于镍氢电池的负极材料，但其容量衰减过快，且价格昂贵，所以很长时间未能发展。近年来，通过元素合金化、化学处理、非化学计量比、不同的制备及热处理工艺等方法，AB_5 型稀土系储氢合金已经成功作为商用镍氢电池的负极材料。目前，稀土-镁-镍基储氢合金已成为国内外稀土系储氢合金研究的热点课题，它是在稀土系储氢合金的基础上加入 Mg 元素的合金体系。该体系合金的储氢量、电化学放电容量、电化学动力学性能比商用的 AB_5 型合金都要高，但是电化学循环稳定性还不够理想。国内外学者在该体系电化学容量衰减机理和如何提高电化学稳定性两方面做了大量的研究工作。对于提高电化学稳定性，主要方法有改善合金制备工艺、退火热处理、磁化处理、制成单型相结构、制成复合相结构合金、重要元素(如 Mg)的成分确定、表面处理、元素合金化等。关于稀土系储氢合金的研究开发，今后应着重于进一步调整和优化合金的化学组成，不仅要对合金吸氢侧(A 侧)，也要对不吸氢侧(B 侧)的化学组成进行优化，并且进一步优化合金的组织结构、合金的表面等，从而使合金的综合性能进一步得到提高。

(2) 镁系：镁系储氢合金具有成本低(资源丰富、价格低廉)、质量轻、储氢量高(储氢合金中，其储氢能力最高，如 MgH_2 储氢量 7.6%)等特点。因此，镁系合金被认为是最具潜力的合金材料，近年来已成为储氢合金领域研究的热点。据不完全统计，到目前为止，国内外研究了 1000 多种相关的镁系储氢合金，几乎包括了元素周期表中所有稳定金属元素和一些放射性元素与镁组成的储氢材料。该合金的缺点为放氢温度高(一般为 250～

300 ℃），放氢动力学性能较差及抗腐蚀性能较差。目前，从研究的镁系储氢合金成分来看，主要有镁基储氢合金、镁基复合储氢材料。镁基储氢合金的典型代表是 Mg_2Ni，该系列合金电化学储氢目前研究得比较多，其面临的主要问题是合金电极的电化学循环稳定性差。国内外学者主要通过合金电极的制备工艺、元素合金化和替代、热处理等方法提高电化学循环稳定性，已经取得了一定的进展。镁基复合储氢材料是近年来镁系储氢合金一个新的发展方向，复合储氢材料可发挥各自材料的优点并相互作用，优化合金的电极性能。与镁系储氢合金复合的材料主要有碳质储氢材料、金属元素、化合物等。纳米晶和非晶 Mg_2Ni 基合金的电极循环衰退较快，与石墨复合后，合金表面的石墨层可有效降低电极衰退率，并能有效提高 Mg_2Ni 型材料的放电容量。近年来出现了一种新的薄膜金属氢化物储氢技术，包括纯 Mg 膜、Mg-Pb 薄膜、Mg-Ni 薄膜、Mg-Nb 薄膜、Mg-V 薄膜、Mg-Al 薄膜、$Mg-LaNi_5$ 薄膜。储氢合金薄膜化后具有吸放氢速度快、抗粉化能力强、热传导率高等特点，并且可以相对容易地对薄膜进行表面处理。此外，在薄膜金属氢化物表面喷涂保护层，可起到活化薄膜金属氢化物和保护氢化物不受杂质组分毒害的作用。但目前制备的镁薄膜一般都需用价格较高的 Pb 作为催化组元以改善 Mg 的吸氢性能，成本太高，且其吸氢性能仍不够理想。因此，迫切需要寻找一种低廉的金属元素取代价格较高的 Pb、V，或者采用与其他类储氢合金复合等方法，获取动力学性能优良的高性能合金材料。对于镁系储氢合金的研究开发，除了进一步调整和优化合金的化学组成，以及进一步优化合金的组织结构、合金的表面外，还可以通过表面包覆合金粉末、机械球磨等手段加以改进，力求使合金的综合性能进一步得到提高。

(3) 钛系：钛系储氢合金的典型代表是 TiFe。钛系储氢合金能在室温条件下大量地吸放氢，具有较好的储氢性能(储氢量为 1.8%～4%)，氢化物的分解压很低(室温下为 0.3 MPa)，而且构成元素在自然界中含量丰富，价格便宜，在工业中已经有一定程度的应用。但是其不易活化、易中毒(特别易受 CO 气体毒化)、室温平衡压太低，致使氢化物不稳定。为此，很多学者采用 Ni 等金属部分取代 Fe，从而形成三元合金以实现常温活化，使其具有更高的实用价值。例如，日本金属材料技术研究所成功研制了具有吸氢量大、氢化速度快、活化容易等优点的钛-铁-氧化物储氢体系。近年来，Ti-V-Mn 系储氢合金的研究开发十分活跃，通过亚稳态分解形成的具有纳米结构的储氢合金吸氢量可达 2%以上。对于钛系储氢合金的研究开发，最常用的手段依然是进一步调整和优化合金的化学组成(采用过渡金属、稀土金属等部分替代 Fe 或 Ti)，以及优化合金的组织结构、合金的表面；其次是改变单一传统的冶炼方式，如采用机械合金化法制取合金。

(4) 锆系：锆系储氢合金的典型代表是 $ZrMn_2$。该合金具有吸放氢量大、循环寿命长、易于活化等特点，因为其在碱性电解液中可形成致密氧化膜，从而有效阻止了电极的进一步氧化；但存在初期活化困难、氢化物生成热较大和放电平台不明显等缺点。人们已经通过元素掺杂的方法提高了 $ZrMn_2$ 的综合性能，如使用 Ti 代替部分 Zr，同时用 Fe、Co、Ni 等代替部分 Mn 等，研制成的多元锆系储氢合金具有较高的吸放氢平台压力和高的吸氢能力。对于锆系合金的研究开发，最常用的手段依然是进一步调整和优化合金的化学组成，以及优化合金的组织结构、合金的表面。

(5) 钒系：钒系储氢合金具有可逆储氢量大、氢在氢化物中的扩散速度快等优点，其缺点是合金充放电的循环稳定性较差、循环容量衰减速度较快。钒系储氢合金已在氢的储存、净化、压缩及氢的同位素分离等领域得到应用。$V_3TiNi_{0.56}M_x$ 是目前研究较多的钒基固溶体储氢合金，其中 $x=0.046\sim0.24$；M 为 Al、Si、Fe、Cu、Zr 等元素，主要应用于镍氢电池领域。对于钒基固溶体储氢合金的研究开发，优化合金成分与结构、采用新的合金制备技术及对合金表面进行改性处理仍是进一步提高合金性能的主要研究方向。

3.3　新能源消耗管理

3.3.1　新能源消耗管理的基本原则

新能源消耗管理的基本原则是：强化约束性指标管理，同步推进产业结构和能源消费结构调整，有效落实节能优先方针，全面提升城乡优质用能水平，从根本上抑制不合理消费，大幅度提高能源利用效率，加快形成能源节约型社会。

(1) 坚决控制能源消费总量。以控制能源消费总量和强度为核心，完善措施、强化手段，建立健全用能权制度，形成全社会共同治理的能源总量管理体系。实施能源消费总量和强度"双控"。把能源消费总量、强度目标作为经济社会发展的重要约束性指标，推动形成经济转型升级的倒逼机制。合理区分控制对象，重点控制煤炭消费总量和石油消费增量，鼓励可再生能源消费。建立控制指标分解落实机制，综合考虑能源安全、生态环境等因素，贯彻区域发展总体战略和主体功能区战略，结合各地资源结构、发展现状、发展潜力，兼顾发展质量和社会公平。实施差别化总量管理，大气污染重点防控地区严格控制煤炭消费总量，实施煤炭消费减量替代，扩大天然气替代规模。东部发达地区化石能源消费率先达到峰值，加强重点行业、领域能源消费总量管理。严格节能评估审查，从源头减少不合理能源消费。构建用能权制度。用能权是经核定允许用能单位在一定时期内消费各类能源量的权利，是控制能源消费总量的有效手段和长效机制。建立健全用能权初始分配制度，确保公平、公开。推进用能预算化管理，保障优质增量用能，淘汰劣质低效用能，坚持节约用能，推动用能管理科学化、自动化、精细化。培育用能权交易市场，开展用能权有偿使用和交易试点，研究制定用能权管理的相关制度，加强能力建设和监督管理。

(2) 打造中高级能源消费结构。大力调整产业结构，推动产业结构调整与能源结构优化互驱共进，使能源消费结构迈入更加绿色、高效的中高级形态。以能源消费结构调整推动传统产业转型升级。提高市场准入标准，限制高能耗、高污染产业发展及煤炭等化石能源消费。推动制造业绿色改造升级，化解过剩产能，依法依规淘汰煤炭、钢铁、建材、石化、有色、化工等行业环保、能耗、安全生产不达标和生产不合格落后产能，促进能源消费清洁化。统筹考虑国内外能源市场和相关产业变化情况，灵活调节进出口关税，推进外贸向优质优价、优进优出转变，减少高载能产品出口。以产业结构调整促进能源消费结构优化。大力发展战略性新兴产业，实施智能制造工程，加快节能与新一代信息技术、新能源汽车、新材料、生物医药、先进轨道交通装备、电力装备、航空、电子及信息产业等先进制造业发展，培育能耗排放低、质量效益好的新增长点。提高服务业比重，推动生产性服务业向专业化和价值链高端延伸、生活性服务业向精细化和高品质转变，促进服务业更多使用清洁能源。通过实施绿色标准、绿色管理、绿色生产，加快传统产业绿色改造，大力发展低碳产业，推动产业体系向集约化、高端化升级，实现能源消费结构清洁化、低碳化。

(3) 深入推进节能减排。坚持节能优先总方略，把节能贯穿于经济社会发展全过程和各领域，健全节能标准和计量体系，完善节能评估制度，全面提高能源利用效率，推动完善污染物和碳排放治理体系。把工业作为推动能源消费革命的重点领域。综合运用法律、经济、技术等手段，调整工业用能结构和方式，促进能源资源向工业高技术、高效率、高附加值领域转移，推动工业部门能耗尽早达峰。对钢铁、建材等耗煤行业实施更加严格的能效和排放标准，新增工业产能主要耗能设备能效达到国际先进水平。大力推进低碳产品认证，促进低碳生产。重构工业生产和组织方式，全面推进工业绿色制造，推动绿色产品、绿色工厂、绿色园区和绿色供应链全面发展。加快工艺流程升级与再造，以绿色设计和系统优化为重点，推广清洁低碳生产，促进增产不增能甚至增产降能。以新材料技术为重点推行材料替代，降低原材料使用强度，提高资源回收利用水平。推行企业循环式生产、产业循环式组合、园区循环式改造，推进生产系统和生活系统循环链接。充分利用工业余热余压余气，鼓励通过"能效电厂"工程提高需求侧节能和用户响应能力。充分释放建筑节能潜力。建立健全建筑节能标准体系，大力发展绿色建筑，推行绿色建筑评价、建材论证与标识制度，提高建筑节能标准，推广超低能耗建筑，提高新建建筑能效水平，增加节能建筑比例。加快既有建筑节能和供热计量改造，实施公共建筑能耗限额制度，对重点城市公共建筑及学校、医院等公益性建筑进行节能改造，推广应用绿色建筑材料，大力发展装配式建筑。严格建筑拆除管理，遏制不合理的"大拆大建"。全面优化建筑终端用能结构，大力推进可再生能源建筑应用，推动农村建筑节能及绿色建筑发展。全面构建绿色低碳交通运输体系。优化交通运输结构，大力发展铁路运输、城市轨道交通运输和水运，减少煤炭等大宗货物公路长途运输，加快零距离换乘、无缝衔接交通枢纽建设。倡导绿色出行，深化发展公共交通和慢行交通，提高出行信息服务能力。统筹油、气、电等多种交通能源供给，积极推动油品质量升级，全面提升车船燃料消耗量限值标准，推进现有码头岸电设施改造，新建码头配套建设岸电设施，鼓励靠港船舶优先使用岸电，实施多元替代。加快发展第三方物流，优化交通需求管理，提高交通运输系统整体效率和综合效益。实施最严格的减排制度。坚决控制污染物排放，主动控制碳排放，建立健全排污权、碳排放权初始分配制度，培育和发展全国碳排放权交易市场。强化主要污染物减排，重点加强钢铁、化工、电力、水泥、氮肥、造纸、印染等行业污染控制，实施工业污染源全面达标排放行动，控制移动源污染物排放。全面推进大气中细颗粒物防治。构建机动车船和燃料油环保达标监管体系。扩大污染物总量控制范围，加快重点行业污染物排放标准修订。提高监测预警水平，建立完善全国统一的实时在线环境监控系统,加强执法监督检查。依法做好开发利用规划环评,严格建设项目环评,强化源头预防作用和刚性约束,加快推行环境污染第三方治理。

(4) 推动城乡电气化发展。结合新型城镇化、农业现代化建设,拓宽电力使用领域,优先使用可再生能源电力,同步推进电气化和信息化建设,开创面向未来的能源消费新时代。大幅提高城镇终端电气化水平。实施终端用能清洁电能替代,大力推进城镇以电代煤、以电代油。加快制造设备电气化改造,提高城镇产业电气化水平。提高铁路电气化率,超前建设汽车充电设施,完善电动汽车及充电设施技术标准,加快全社会普及应用,大幅提高电动汽车市场销量占比。淘汰煤炭在建筑终端的直接燃烧,鼓励利用可再生电力实现建筑供热(冷)、炊事、热水,逐步普及太阳能发电与建筑一体化。全面建设新农村新能源新生活。切实提升农村电力普遍服务水平,完善配电网建设及电力接入设施、农业生产配套供电设施,缩小城乡生活用电差距。加快转变农业发展方式,推进农业生产电气化。实施光伏(热)扶贫工程,探索能源资源开发中的资产收益扶贫模式,助推脱贫致富。结合农村资源条件和用能习惯,大力发展太阳能、浅层地热能、生物质能等,推进用能形态转型,使农村成为新能源发展的"沃土",建设美丽宜居乡村。加速推动电气化与信息化深度融合。保障各类新型合理用电,支持新产业、新业态、新模式发展,提高新消费用电水平。通过信息化手段,全面提升终端能源消费智能化、高效化水平,发展智慧能源城市,推广智能楼宇、智能家居、智能家电,发展智能交通、智能物流。培育基于互联网的能源消费交易市场,推进用能权、碳排放权、可再生能源配额等网络化交易,发展能源分享经济。加强终端用能电气化、信息化安全运行体系建设,保障能源消费安全可靠。

(5) 树立勤俭节约消费观。充分调动人民群众的积极性、主动性和创造性,大力倡导合理用能的生活方式和消费模式,推动形成勤俭节约的社会风尚。增强全民节约意识。牢固树立尊重自然、顺应自然、保护自然的理念,加强环保意识、生态意识,积极培育节约文化,使节约成为社会主流价值观,加快形成人与自然和谐发展的能源消费新格局。把节约高效作为素质教育的重要内容。发挥公共机构典型示范带动作用,大力提倡建设绿色机关、绿色企业、绿色社区、绿色家庭。加强绿色消费宣传,坚决抵制和反对各种形式的奢侈浪费、不合理消费。培育节约生活新方式。开展绿色生活行动,推动全民在衣食住行游等方面加快向文明绿色方式转变。继续完善小排量汽车和新能源汽车推广应用扶持政策体系。适应个性化、多元化消费需求发展,引导消费者购买各类节能环保低碳产品,减少一次性用品使用,限制过度包装。推广绿色照明和节能高效产品。完善公众参与制度。增强公众参与程度,扩大信息公开范围,使全体公民在普遍享有现代能源服务的同时,保障公众知情权。健全举报、听证、舆论和公众监督制度。发挥社会组织和志愿者的作用,引导公众有序参与能源消费各环节。

3.3.2 能源利用过程中的电池和核废料处理

1. 电池管理系统

电池管理系统(BMS)是由电子电路设备构成的实时监测系统,可以智能化管理及维护各个电池单元,有效地监测电池电压、电池电流、电池簇绝缘状态、电池荷电状态(state of charge，SOC)、电池模组及单体状态(电压、电流、温度、SOC 等)，对电池簇充放电过程进行安全管理，对可能出现的故障进行报警和应急保护处理，对电池模块及电池簇的运行进行安全和优化控制，保证电池安全、可靠、稳定地运行。

电化学反应难以控制，材料在这个过程中的性能变化难以捉摸，因此需要电池管理系统时刻监督调整限制电池组的行为，以保障使用安全，其主要功能有：准确估测动力电池组的荷电状态(SOC)，即电池剩余电量，保证 SOC 维持在合理的范围内，防止由于过充电或过放电对电池的损伤；在电池充放电过程中，实时采集动力电池组中每块电池的端电压和温度、充放电电流及电池包总电压，防止电池发生过充电或过放电现象；为单体电池均衡充电，使电池组中各个电池都达到均衡一致的状态。

电池管理系统的硬件部分主要由电池模组管理单元(BMU)、电池簇管理单元(BCMS)、电池堆管理控制器(BMSC)、本地监控单元(HMI)及直流检测单元(DMU)组成。电池管理系统采用树形管理模式，并支持 EMS/SCADA 等上位机主站软件管理和调度。各部分主要功能如下：

(1) 第一级管理单元为 BMU，负责采集管理单体电池的电压、电流、温度信息并上传给 BCMS，管理模组内的单体电池，实现单体电池均衡功能。

(2) 第二级管理单元为 BCMS，负责采集簇内电池模组的电压、电流、温度等信息并上传给 BMSC，管理簇内电池模组，实现簇内均衡功能。

(3) 第三级管理单元为 BMSC，负责采集堆内电池簇所有电池的电压、电流、温度等信息并进行数据分析，提供控制和保护策略以及外部通信，并管理堆内所有电池，保存系统运行历史数据，绘制系统运行的功率、电压、电流、发电量、电池信息等实时或历史数据曲线。

(4) 辅助管理单元 DMU 负责采集每簇直流电压和电流，检测直流母线的绝缘状态，并将数据上传给 BCMS。

(5) 人机界面 HMI 负责本地显示，查询电池堆、簇、模组的运行状态及单体电池信息、报警信息，可以设置保护阈值、通信参数等，也可以执行调试相关功能，如自检及标定。

2. 废旧电池处理

随着我国新能源汽车产业的快速发展，我国成为最大的新能源汽车消费市场和动力蓄电池的生产和消费国。2018 年，新能源汽车的生产和销售分别完成 127 万辆和 125.6 万辆，同比分别增长 59.9%和 61.7%，全国新能源汽车保有量达 261 万辆。2018 年，动力蓄电池配套量达 56.9 GW·h，同比增长 56.3%。随着新能源汽车的大量推广和使用，新能源汽车动力蓄电池开始进入规模退役期，预计退役量达到 11.25 GW·h·a^{-1}(14.09 万 t·a^{-1})的规模，从 2026 年开始进入爆发期，达到 75.43 GW·h·a^{-1}(66.28 万 t·a^{-1})的规模，2026 年之后每年的退役量都有较大幅度增长。

近年来，我国新能源汽车起火等事故频发，很多事故与动力蓄电池相关，废旧动力蓄电池状态更加复杂，存在较大的起火等安全风险。废旧动力蓄电池所含的重金属、稀有金属、电解液、电解质和有机溶剂等物质若不能妥善回收利用，将造成严重的环境污染。随着动力蓄电池消费量的继续增加，钴、锂等有色金属的对外依存度将持续偏高，资源安全形势日趋严峻。因此，构建健康可持续发展的新能源汽车动力蓄电池回收利用体系具有重要意义。

当前，动力蓄电池资源化再生利用的回收工艺主要归纳为物理法、化学法和生物法三大类，我国大多数再生利用企业采用以化学法中湿法冶金工艺为主的技术路线，且已具有成熟的产业化经验。当前研究的重点是如何构建规范高效的回收利用体系，包括基于 EPR(生产者责任延伸)制度并借鉴欧美等发达国家废旧电池回收经验，探索研究 EPR 制度下动力蓄电池回收模式和制度体系的建设；从加强对产排污关键节点精准管理及制定污染防治标准等角度提出环境管理建议。

我国已初步搭建了以生产者责任延伸制度为基本原则的新能源汽车动力蓄电池回收利用政策体系框架，并持续完善。我国动力蓄电池回收利用政策发展历程分为三个阶段。第一阶段是 2016 年以前，这一阶段特点是动力蓄电池回收利用的规定在新能源汽车政策中以个别条款的形式出现。2012 年，国务院印发《节能与新能源汽车产业发展规划(2012—2020 年)》，明确提出加强动力蓄电池梯级利用和回收管理，之后国家在多项新能源汽车推广政策中均对动力蓄电池回收利用作出了规定。第二阶段是 2016～2018 年，主要特点是政府开始出台动力蓄电池回收利用专项政策。2016 年，五部委联合发布了《电动汽车动力蓄电池回收利用技术政策(2015 年版)》，明确了生产企业是动力蓄电池回收的责任主体。随后，工业和信息化部会同相关部门相继出台了多项动力蓄电池回收利用专项政策，均坚持落实生产者责任延伸制度。第三阶段是政策持续完善和全面试点阶段。2018 年以后，工业和信息化部等印发了《新能源汽车动力蓄电池回收利用管理暂行办法》《关于组织开展新能源汽车动力蓄电池回收利用试点工作的通知》《新能源汽车动力蓄电池回收利用溯源管理暂行规定》等多个文件，在不断完善管理政策的同时，积极推动地方政府和企业开展废旧动力蓄电池回收利用试点示范工作。

当前，我国新能源汽车动力蓄电池回收利用产业可分为回收体系、梯级利用和再生利用三个环节。

1) 回收体系

回收体系是指将各相关主体产生的废旧动力蓄电池回收、收集、运输等的统称。规范高效的动力蓄电池回收体系是保障废旧动力蓄电池安全、环保、有序回收利用的基础，我国废旧动力蓄电池回收体系虽已开始构建，但很不完善，构建责任主体是汽车生产企业，当前主要采用"企业自建+合作共建"的方式，其他相关主体也在积极探索建立废旧动力蓄电池回收网络，已构建的回收服务网点主要集中在京津冀、长三角、珠三角及中部等新能源汽车保有量较高的地区。

(1) 企业自建。大多数汽车生产企业采用该方式，即汽车生产企业利用自身签约的 4S 店等销售和售后维修商网络拆卸和暂存废旧动力蓄电池，回收的动力蓄电池交售给综合利用企业处理或自身开展相关探索研究(如开展梯级利用)等。当前，工业和信息化部网站公布的新能源汽车动力蓄电池回收服务网点信息中，98%以上的回收服务网点均是采用依托销售和售后服务网点的方式。汽车生产企业通常会对 4S 店等在人员安全、场地要求、危险材料存储和处理等方面提出相应的要求、提供防爆箱和给予技术培训等。

(2) 合作共建。汽车生产企业与第三方(动力蓄电池综合利用企业、其他类型的资源回收利用企业等)合作,利用第三方已经建好的回收服务网点(含回收拆解和再生利用基地),或者与第三方共建回收服务网点,集中回收新能源汽车退役动力蓄电池。

(3) 其他模式。例如,利用废旧家电、报废汽车和环保及再生资源等领域已有的回收体系改扩建后作为废旧动力蓄电池回收体系,并同步开展线上和线下相结合的方式,增加废旧动力蓄电池回收业务,建立移动回收服务站等。

2) 梯级利用

梯级利用是指将新能源汽车退役的废旧动力蓄电池(蓄电池包/蓄电池模块/单体蓄电池)应用到其他领域的过程,能够延长动力蓄电池的生命周期,降低成本。图 3.2 是退役动力蓄电池梯级利用流程。开展梯级利用工作的主体包括动力蓄电池生产企业、汽车生产企业、第三方梯级利用企业和梯级利用用户企业等在内的产业链上下游各相关方。当前,受限于退役动力蓄电池规模,梯级利用处于产业化前期,相关企业主要在通信基站备用电源、电力系统储能、低速电动车及其他小型储能领域积极开展相关技术研究、示范工程建设和商业模式探索等。通信基站备用电源领域,目前主要是中国铁塔股份有限公司开展了相关的研究探索和试点示范,该公司从 2015 年 10 月开始组织行业内多家企业开展研究,陆续在 12 个省市 3000 多个基站开展梯级的动力蓄电池替换现有的铅酸电池的试验,试点运行超过 2 年,状态良好,动力蓄电池可良好地应用于通信基站备用电源的各种工况。电力系统储能领域,各相关企业在电网备电、调频、削峰填谷等多种应用形式上均有探索和研究示范,在技术研发方面已经积累了可支撑项目稳定运行的实践经验。低速电动车领域的显著特点是社会保有量大。按照当前相关主管部门对四轮低速电动车的管理思路来看,四轮低速电动车动力蓄电池的技术条件要求与新能源汽车用动力蓄电池相关标准来设置,且新能源车用动力蓄电池相关技术要求和试验方法基本覆盖电动自行车锂离子电池相关标准。因此,车用退役动力蓄电池在该领域的适用性较强,但

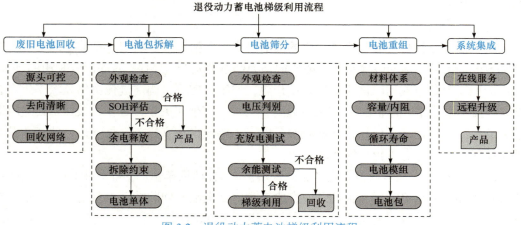

图 3.2　退役动力蓄电池梯级利用流程

SOH:健康状态

需要注意的是，退役动力蓄电池实际应用时，应注意满足低速电动车对系统能量密度的要求，并在标称电压、外形尺寸等方面进行调整。行业内目前也有相关企业在开展相关的应用探索，格林美(无锡)能源材料有限公司与顺丰速运(集团)有限公司探索将梯级利用电池用于城市物流车辆，中天鸿锂清源股份有限公司等通过"以租代售"模式推动梯级利用电池应用于环卫、观光等车辆。此外，在小型分布式家庭储能、风光互补路灯等其他小型储能领域也有相关企业在开展动力蓄电池梯级利用研究和应用。

3) 再生利用

再生利用是指对废旧动力蓄电池进行拆解、破碎、冶炼等处理，以回收其中有价元素为目的的资源化利用过程。目前，我国在动力蓄电池再生利用领域已有一定的产业基础，以工业和信息化部公布的《新能源汽车废旧动力蓄电池综合利用行业规范条件》第一批 5 家企业(衢州华友钴新材料有限公司、赣州市豪鹏科技有限公司、荆门市格林美新材料有限公司、湖南邦普循环科技有限公司、广州光华科技股份有限公司)为代表，普遍采用湿法回收工艺为主，技术成熟、元素回收率高，且能满足有关安全环保要求。从不同的电池类型看，磷酸铁锂电池中所含有价金属主要为锂，在当前退役动力蓄电池规模较小的情况下，回收其中的材料较难实现盈利。三元电池中含有钴、镍等贵金属，可与回收的电子产品消费类锂电池一同处理，与处理磷酸铁锂电池相比有较高的产品丰富性和盈利空间。

3. 核废料处理

核废料可按其辐射量分为高、中、低三种放射性废料。所有的核废料都必须严格遵照程序小心处理，以避免对人类和环境造成影响。

中低放射性废料是指反应堆的设备零件或组件，以及其他在核电站使用后受辐射污染的物料，如员工的防护衣物等，占核废料总体积的 97%，但放射性只占整体核废料的 4%。中低放射性废料密封于储存罐内，而且通常被埋在地层作浅层隔离。

高放射性核废料是指乏燃料或乏燃料经后处理程序循环使用后所产生的剩余废料，只占核废料总体积的 3%，但放射性占整体核废料的 96%。有些国家如美国计划把经密封包装处理的乏燃料储存于地底深层隔离。其他国家如法国和日本选择进行乏燃料后处理程序，把燃料循环再用于发电。

乏燃料温度非常高且带有放射性，必须经冷却才能安全处理及储存。用水冷却乏燃料及屏蔽辐射十分方便，因此常见的做法是把反应堆内的乏燃料在水中移送至由坚固的钢筋及混凝土结构组成的乏燃料储存水池进行储存。8～10 年后，乏燃料可转为干式储存方法存放，也可继续储存在水池中。一些核电站则会将乏燃料运送到后处理厂。约 96% 的乏燃料(包含铀和钚)经提取后可再用于发电。以法国为例，经后处理的乏燃料为该国提供约 17% 的核能产电量。乏燃料经再提取后，剩下约有 4% 不可循环再用。这些高放射性废料经进一步处理(如玻璃固化)后，储存于地下的储存库。

思 考 题

1. 简述电能的存储方式，并分析大规模储能和便携式储能技术各自的特点。
2. 便携式电能存储技术目前面临高比能瓶颈问题，试从自身理解的角度提出可能的解决方案。

第4章　人工智能在新能源管理中的应用

4.1.1　人工智能的定义

人工智能也称机器智能，是指由人类制造出来的机器所表现出来的智能。通常人工智能是指通过普通计算机程序的手段来实现的人类智能技术。它是研究、开发用于模拟、延伸和扩展人的智能的理论、方法、技术及应用系统的一门新的技术科学。人工智能是计算机科学的一个分支，它试图了解智能的实质，并生产出一种新的能以人类智能相似的方式做出反应的智能机器，该领域的研究包括机器人、语言识别、图像识别、自然语言处理和专家系统等。人工智能涉及的内容十分广泛，它由众多不同的领域组成，如机器学习、计算机视觉等。总的来说，人工智能研究的一个主要目标是使机器能够胜任一些通常需要人类智能才能完成的复杂工作。但不同的时代、不同的人对这种"复杂工作"的理解是不同的。例如，繁重的科学和工程计算本来是要人脑来承担的，现在计算机不但能完成这种计算，而且能够比人脑做得更快、更准确，因此当代人已不再把这种计算看作是"需要人类智能才能完成的复杂任务"。可见，复杂工作的定义是随着时代的发展和技术的进步而变化的，人工智能这门科学的具体目标也自然随着时代的变化而发展。它一方面不断获得新的进展，另一方面又转向更有意义、更加困难的目标。目前能够用来研究人工智能的主要物质手段及能够实现人工智能技术的机器就是计算机，人工智能的发展历史和计算机科学与技术的发展史联系在一起。除计算机科学外，人工智能还涉及信息论、控制论、自动化、仿生学、生物学、心理学、数理逻辑、语言学、医学和哲学等多门学科。人工智能是一门边缘学科，属于自然科学和社会科学的交叉。研究范畴主要包括自然语言处理、知识表现、智能搜索、推理、规划、机器学习、知识获取、组合调度问题、感知问题、模式识别、逻辑程序设计、软计算、不精确和不确定的管理、人工生命、神经网络、复杂系统和遗传算法等。人工智能目前在计算机领域得到了更加广泛的重视，并在机器人、经济政治决策、控制系统、仿真系统中得到应用。实际应用主要包括指纹识别、人脸识别、视网膜识别、虹膜识别、掌纹识别、专家系统、智能搜索、定理证明、博弈、自动程序设计等。

人工智能就其本质而言，是对人的思维的信息过程的模拟。对于人的思维模拟可以从两条道路进行，一是结构模拟，仿照人脑的结构机制，制造出"类人脑"的机器；二是功能模拟，暂时撇开人脑的内部结构，而从其功能过程进行模拟。现代电子计算机的产生便是对人脑思维功能的模拟。人工智能不是人的智能，更不会超过人的智能。"机器思维"同人类思维的本质区别是：①人工智能是纯粹无意识的机械的物理的过程，而人类智能主要是生理和心理的过程；②人工智能没有社会性；③人工智能没有人类的意识所特有的能动的创造能力；④两者总是人脑的思维在前，电脑的功能在后。

目前对人工智能的定义大多可划分为四类，即机器"像人一样思考"、"像人一样行动"、"理性地思考"和"理性地行动"。强人工智能观点认为有可能制造出真正能推理和解决问题的智能机器，并且所制造出来的机器是有知觉的、有自我意识的。强人工智能可以分为两类：①类人的人工智能，即机器的思考和推理就像人的思维一样；②非类人的人工智能，即机器产生了和人完全不一样的知觉和意识，使用与人完全不同的推理方式。弱人工智能观点认为不可能制造出真正具备推理和解决问题能力的智能机器，这些机器只不过看起来像是智能的，但是并不真正拥有智能，也不会有自主意识。主流科研集中在弱人工智能上，并且一般认为这一研究领域已经取得可观的成就。强人工智能的研究则处于停滞不前的状态。

人工智能的核心在于机器学习。机器学习的主要目的是让机器从用户和输入数据等处获得知识，从而自动地判断和输出相应的结果。这一方法可以帮助解决更多问题、减少错误，提高解决问题的效率。机器学习的方法各种各样，主要分为监督学习和非监督学习两大类。监督学习是事先给定机器一些训练样本并且告诉样本的类别，然后根据这些样本的类别进行训练，提取出这些样本的共同属性或者训练一个分类器，等新来一个样本，则通过训练得到的共同属性或分类器判断该样本的类别。监督学习根据输出结果的离散性和连续性，分为分类和回归两类。非监督学习是不给定训练样本，直接给定一些样本和一些规则，让机器自动根据一些规则进行分类。无论哪种学习方法都会进行误差分析，从而知道所提的方法在理论上是否有误差上限。

4.1.2　人工智能简史

人工智能(artificial intelligence，AI)一词最初是在 1956 年达特茅斯会议上提出的，从那以后，研究者发展了众多理论和原理，人工智能的概念也随之扩展。在它还不长的历史中，人工智能的发展比预想的要慢，但一直在前进，已经出现了许多人工智能程序，并且它们也影响了其他技术的发展。

1941 年电子计算机的发明使信息存储和处理的各个方面都发生了革命。第一台计算机要占用几间装空调的大房间，仅仅为运行一个程序就要设置成千的线路。1949 年改进后的能存储程序的计算机使输入程序变得比较简单，而且计算机理论的发展产生了计算机科学，并最终促使了人工智能的出现。计算机这个用电子方式处理数据的发明为人工智能的可能实现提供了一种媒介。虽然计算机为人工智能提供了必要的技术基础，但直到 20 世纪 50 年代早期人们才注意到人类智能与机器之间的联系。维纳是最早研究反馈理论的美国人之一。最熟悉的反馈控制的例子是自动调温器。它将收集到的房间温度与期望的温度比较，并做出反应将加热器开大或关小，从而控制环境温度。这项对反馈回路的研究的重要性在于：维纳从理论上指出，所有的智能活动都是反馈机制的结果，而反馈机制是有可能用机器模拟的。这个发现对早期人工智能的发展影响很大。1955 年年底，纽维尔和西蒙做了一个名为"逻辑专家"的程序，这个程序被许多人认为是第一个人工智能化程序，它将每个问题都表示成一个树形模型，然后选择最可能得到正确结论的那一枝来求解问题。"逻辑专家"对公众和人工智能研究领域产生的影响使它成为人工智能发展中一个重要的里程碑。1956 年，麦卡锡组织了一次研讨会(达特茅斯会议)，将许多对机器智能感兴趣的专家学者聚集在一起进行了一个月的讨论。从那时起，这个领域被命名为"人工智能"。达特茅斯会议为以后的人工智能研究奠定了基础。达特茅斯会议后，人工智能研究开始快速发展。美国卡内基梅隆大学和麻省理工学院开始组建人工智能研究中心。研究面临新的挑战：下一步需要建立能够更有效解决问题的系统，如在"逻辑专家"中减少搜索，以及建立可以自我学习的系统。1957 年，一个新程序"通用解题机"(GPS)的第一个版本进行了测试。这个程序是由制作"逻辑专家"的同一小组开发的。GPS 扩展了维纳的反馈理论，可以解决很多常识问题。1958 年，麦卡锡宣布了他的新成果——LISP 语言。LISP 的意思是"表处理"(list processing)，它很快就被大多数人工智能开发者采纳，到今天还在用。1959 年，美国 IBM 公司成立了一个人工智能研究组。1963 年，麻省理工学院从美国政府得到一笔 220 万美元的资助，用于研究机器辅助识别。这个计划吸引了全世界很多计算机科学家，加快了人工智能研究的发展步伐。以后几年出现了大量程序，其中一个著名的程序称为"SHRDLU"，它是"微型世界"项目的一部分，包括在微型世界(如只有有限数量的几何形体)中的研究与编程。麻省理工学院由明斯基领导的研究人员发现，面对小规模的对象，计算机程序可以解决空间和逻辑问题。其他如在 20 世纪 60 年代末出现的"STUDENT"可以解决代数问题，"SIR"可以理解简单的英语句子。这些程序的结果对处理语言理解和逻辑有所帮助。20 世纪 70 年代另一个进展是专家系统，专家系统可以预测在一定条件下某种解的概率。由于当时计算机已有巨大容量，专家系统有可能从数据中得出规律。专家系统的市场应用很广，如股市预测、帮助医生诊断疾病，以及指示矿工确定矿藏位置等。70 年代许多新方法被用于人工智能开发，如明斯基的构造理论。另外，马尔提出了机器视觉方面的新理论。例如，如何通过一幅图像的阴影、形状、颜色、边界和纹理等基本信息辨别图像。通过分析这些信息，可以推断出图像可能是什么。同时期另一项成果是 1972 年提出的 PROLOGE 语言。20 世纪 80 年代，人工智能发展更为迅速，并更多地进入商业领域。1986 年，美国人工智能相关软硬件销售额高达 4.25 亿美元。专家系统因其效用尤其受到青睐。数字电气公司等用 XCON 专家系统为 VAX 大型机编程，美国杜邦公司、通用汽车公司和波音公司也大量依赖专家系统。为满足计算机专家的需要，成立了一些生产专家系统辅助制作软件的公司，如 Teknowledge 和 Intellicorp。为了查找和改正现有专家系统中的错误，又设计出另一些专家系统。其他一些人工智能领域也在 80 年代进入市场。其中一项就是机器视觉。明斯基和马尔的成果用于相机和计算机生产中进行质量控制，尽管还很简陋，但这些系统已能够通过黑白区别分辨出物件形状的不同。1985 年，美国有 100 多家公司生产机器视觉系统，销售额共达 8000 万美元。但 80 年代后期开始对人工智能系统的需求下降，业界损失了近 5 亿美元。Teknowledge 和 Intellicorp 两家公司共损失超过 600 万美元，大约占利润的 1/3，巨大的损失迫使许多研究领导者削减经费。尽管经历了一些令人受挫的事件，人工智能仍在慢慢恢复发展。例如，在美国首创的模糊逻辑可以根据不确定的条件作出决策。还有神经网络，被视为实现人工智能的可能途径。总之，80 年代人工智能被引入市场，并显示出其实用价值。人工智能技术也进入了家庭，智能计算机的增加吸引了公众兴趣。使用模糊逻辑，人工智能技术简化了摄像设备。对人工智能相关技术更大的需求促使其不断进步，人工智能已经并且将继续不可避免地改变人们的生活。

4.2　人工智能发展现状和面临的挑战

一门新技术的产生与成熟将经历类似加特纳(Gartner)曲线(图 4.1)的过山车式发展轨迹。而人工智能的发展趋势曲折得多，不过这也预示着人工智能的发展潜力。

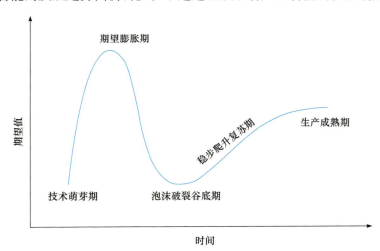

图 4.1　加特纳技术成熟度曲线

如同蒸汽时代的蒸汽机、电气时代的发电机、信息时代的计算机和互联网，人工智能正成为推动人类进入智能时代的决定性力量。全球产业界充分认识到人工智能技术引领新一轮产业变革的重大意义，纷纷转型发展，抢滩布局人工智能创新生态。图 4.2 和图 4.3 分别是 2019 年全球人工智能企业在国家和城市层面的分布数量。世界主要发达国家均把发展人工智能作为提升国家竞争力、维护国家安全的重大战略，力图在国际科技竞争中掌握主导权。2018 年，习近平总书记在中共中央政治局第九次集体学习时深刻指出，加快发展新一代人工智能是事关我国能否抓住新一轮科技革命和产业变革机遇的战略问题。错失一个机遇，就有可能错过整整一个时代。在这场关乎前途命运的大赛场上，我们必须抢抓机遇、奋起直追、力争超越。

人工智能是研究开发能够模拟、延伸和扩展人类智能的理论、方法、技术及应用系统的一门技术科学，研究目的是促使智能机器会听(语音识别、机器翻译等)、会看(图像识别、文字识别等)、会说(语音合成、人机对话等)、会思考(人机对弈、定理证明等)、会学习(机器学习、知识表示等)、会行动(机器人、自动驾驶汽车等)。图 4.4 是国内外在计算机视觉、自然语言处理、基础硬件、语言、智能机器人、智能驾驶、无人机、大数据、增强现实(AR)及虚拟现实(VR)领域的研究比重对照。

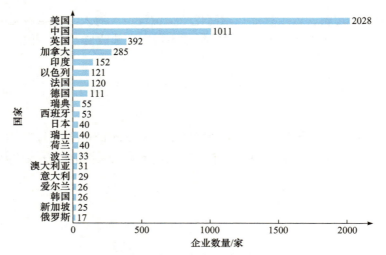

图 4.2　2019 年全球人工智能企业数量前 20 位国家

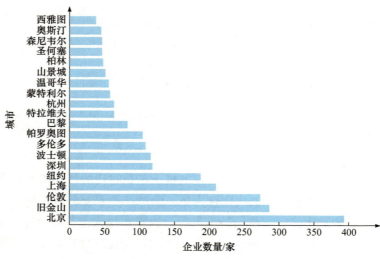

图 4.3　2019 年全球人工智能企业数量前 20 位城市

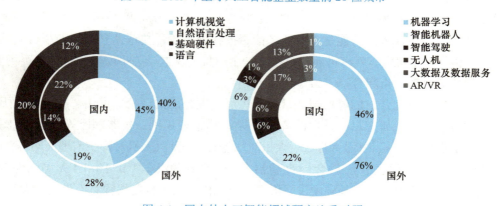

图 4.4　国内外人工智能领域研究比重对照

4.2.1　人工智能的发展阶段

人工智能的发展可划分为以下 6 个阶段：

一是起步发展期：1956 年~20 世纪 60 年代初。人工智能概念提出后，相继取得了一批令人瞩目的研究成果，如机器定理证明、跳棋程序等，掀起人工智能发展的第一个高潮。

二是反思发展期：20 世纪 60 年代~70 年代初。人工智能发展初期的突破性进展大大提升了人们对人工智能的期望，人们开始尝试更具挑战性的任务，并提出了一些不切实际的研发目标。然而，接二连三的失败和预期目标的落空(如无法用机器证明两个连续函数之和还是连续函数等)，使人工智能的发展走入低谷。

三是应用发展期：20 世纪 70 年代初~80 年代中期。20 世纪 70 年代出现的专家系统模拟人类专家的知识和经验解决特定领域的问题，实现了人工智能从理论研究走向实际应用、从一般推理策略探讨转向运用专门知识的重大突破。专家系统在医疗、化学、地质等领域取得成功，推动人工智能进入应用发展的新高潮。

四是低迷发展期：20 世纪 80 年代中期~90 年代中期。随着人工智能的应用规模不断扩大，专家系统存在的应用领域狭窄、缺乏常识性知识、知识获取困难、推理方法单一、缺乏分布式功能、难以与现有数据库兼容等问题逐渐暴露出来。

五是稳步发展期：20 世纪 90 年代中期~2010 年。网络技术特别是互联网技术的发展加速了人工智能的创新研究，促使人工智能技术进一步走向实用化。1997 年美国 IBM 公司深蓝超级计算机战胜了国际象棋世界冠军卡斯帕罗夫，2008 年 IBM 公司提出"智慧地球"的概念，都是这一时期的标志性事件。

六是蓬勃发展期：2011 年至今。图 4.5 是我国人工智能领域的市场规模和变化趋势。随着大数据、云计算、互联网、物联网等信息技术的发展，泛在感知数据和图形处理器等计算平台推动以深度神经网络为代表的人工智能技术飞速发展，大幅跨越了科学与应用之间的技术鸿沟，如图像分类、语音识别、知识问答、人机对弈、无人驾驶等人工智能技术实现了从"不能用、不好用"到"可以用"的技术突破，迎来爆发式增长的新高潮。

图 4.5　我国人工智能领域的市场规模与变化趋势

4.2.2　人工智能的发展现状与影响

1. 专用人工智能取得重要突破

从可应用性看，人工智能大致可分为专用人工智能和通用人工智能。面向特定任务(如下围棋)的专用人工智能系统由于任务单一、需求明确、应用边界清晰、领域知识丰富、建模相对简单，形成了人工智能领域的单点突破，在局部智能水平的单项测试中可以超越人类智能。人工智能的近期进展主要集中在专用智能领域。例如，阿尔法狗(AlphaGo)在围棋比赛中战胜人类冠军，人工智能程序在大规模图像识别和人脸识别中达到了超越人类的水平，人工智能系统诊断皮肤癌达到专业医生水平。

2. 通用人工智能还处于起步阶段

人的大脑是一个通用的智能系统，能举一反三、融会贯通，可处理视觉、听觉、判断、推理、学习、思考、规划、设计等各类问题。真正意义上完备的人工智能系统应该是一个通用的智能系统。目前，虽然专用人工智能领域已取得突破性进展，但是通用人工智能领域的研究与应用仍然任重而道远，人工智能总体发展水平仍处于起步阶段。当前的人工智能系统在信息感知、机器学习等"浅层智能"方面进步显著，但是在概念抽象和推理决策等"深层智能"方面的能力还很薄弱。因此，人工智能仍然存在明显的局限性，还有很多"不能"，与人类智慧还相差甚远。

3. 人工智能创新创业如火如荼

全球产业界充分认识到人工智能技术引领新一轮产业变革的重大意义，纷纷调整发展战略。例如，谷歌公司在其 2017 年年度开发者大会上明确提出发展战略从"移动优先"转向"人工智能优先"，微软公司 2017 财年年报首次将人工智能作为公司发展愿景。人工智能领域处于创新创业的前沿。麦肯锡咨询公司报告指出，2016 年全球人工智能研发投入超 300 亿美元并处于高速增长阶段；全球知名风投调研机构 CB Insights 报告显示，2017 年全球新成立人工智能创业公司 1100 家，人工智能领域共获得投资 152 亿美元，同比增长 141%。

4. 创新生态布局成为人工智能产业发展的战略高地

信息技术和产业的发展史就是新老信息产业巨头抢滩布局信息产业创新生态的更替史。例如，传统信息产业代表企业有微软、英特尔、IBM、甲骨文等，互联网和移动互联网时代信息产业代表企业有谷歌、苹果、脸书、亚马逊、阿里巴巴、腾讯、百度等。人工智能创新生态包括纵向的数据平台、开源算法、计算芯片、基础软件、图形处理器等技术生态系统和横向的智能制造、智能医疗、智能安防、智能零售、智能家居等商业和应用生态系统。目前智能科技时代的信息产业格局还没有形成垄断，因此全球科技产业巨头都在积极推动人工智能技术生态的研发布局，全力抢占人工智能相关产业的制高点。

5. 人工智能的社会影响日益凸显

一方面，人工智能作为新一轮科技革命和产业变革的核心力量，正在推动传统产业升级换代，驱动"无人经济"快速发展，在智能交通、智能家居、智能医疗等民生领域产生积极正面影响。另一方面，个人信息和隐私保护、人工智能创作内容的知识产权、人工智能系统可能存在的歧视和偏见、无人驾驶系统的交通法规、脑机接口和人机共生的科技伦理等问题已经显现出来，需要抓紧提供解决方案。

4.2.3　人工智能的发展趋势与展望

经过 60 多年的发展，人工智能在算法、算力(计算能力)和算料(数据)等"三算"方面取得了重要突破，正处于从"不能用"到"可以用"的技术拐点，但是距离"很好用"还有诸多瓶颈。未来，人工智能发展将出现以下趋势与特征。

1. 从专用智能向通用智能发展

如何实现从专用人工智能向通用人工智能的跨越式发展，既是下一代人工智能发展的必然趋势，也是研究与应用领域的重大挑战。2016 年 10 月，美国国家科学技术委员会发布美国《国家人工智能研究和发展战略计划》，提出在美国的人工智能中长期发展策略中要着重研究通用人工智能。阿尔法狗系统开发团队创始人哈萨比斯提出朝着"创造解决世界上一切问题的通用人工智能"这一目标前进。微软公司于 2017 年成立了通用人工智能实验室，众多感知、学习、推理、自然语言理解等方面的科学家参与其中。

2. 从人工智能向人机混合智能发展

借鉴脑科学和认知科学的研究成果是人工智能的一个重要研究方向。人机混合智能旨在将人的作用或认知模型引入人工智能系统中，提升人工智能系统的性能，使人工智能成为人类智能的自然延伸和拓展，通过人机协同更加高效地解决复杂问题。在中国新一代人工智能规划和美国脑计划中，人机混合智能都是重要的研发方向。

3. 从"人工+智能"向自主智能系统发展

当前人工智能领域的大量研究集中在深度学习，但是深度学习的局限是需要大量人工干预，如人工设计深度神经网络模型、人工设定应用场景、人工采集和标注大量训练数据、用户需要人工适配智能系统等，非常费时费力。因此，科研人员开始关注减少人工干预的自主智能方法，提高机器智能对环境的自主学习能力。例如，阿尔法狗系统的后续版本阿尔法元从零开始，通过自我对弈强化学习实现围棋、国际象棋、将棋的通用棋类人工智能。在人工智能系统的自动化设计方面，2017 年谷歌公司提出的自动化学习系统(AutoML)试图通过自动创建机器学习系统降低人工成本。

4. 人工智能将加速与其他学科领域交叉渗透

人工智能本身是一门综合性的前沿学科和高度交叉的复合型学科，研究范畴广且非常复杂，其发展需要与计算机科学、数学、认知科学、脑科学和心理学等学科深度融合。随着超分辨率光学成像、光遗传学调控、透明脑、体细胞克隆等技术的突破，脑与认知科学的发展开启了新时代，能够大规模、更精细解析智力的神经环路基础和机制。人工智能将进入生物启发的智能阶段，依赖于生物学、脑科学、生命科学和心理学等学科的发现，将机理变为可计算的模型，同时人工智能也会促进脑科学、认知科学、生命科学甚至化学、物理学、天文学等传统学科的发展。

5. 人工智能产业将蓬勃发展

随着人工智能技术的进一步成熟，以及政府和产业界投入的日益增长，人工智能应用的云端化将不断加速，全球人工智能产业规模在未来 10 年将进入高速增长期。例如，2016 年 9 月，埃森哲咨询公司发布报告指出，人工智能技术的应用将为经济发展注入新动力，可在现有基础上将劳动生产率提高 40%；到 2035 年，美、日、英、德、法等 12 个发达国家的年均经济增长率可以翻一番。2018 年麦肯锡公司的研究报告预测，到 2030 年，约 70%的公司将采用至少一种形式的人工智能，人工智能新增经济规模将达到 13 万亿美元。

6. 人工智能将推动人类进入普惠型智能社会

"人工智能+X"的创新模式将随着技术和产业的发展日趋成熟，对生产力和产业结构产生革命性影响，并推动人类进入普惠型智能社会。2017 年，国际数据公司(IDC)在《人工智能白皮书：信息流引领人工智能新时代》中指出，未来 5 年人工智能将提升各行业运转效率。我国经济社会转型升级对人工智能有重大需求，在消费场景和行业应用的需求牵引下，需要打破人工智能的感知瓶颈、交互瓶颈和决策瓶颈，促进人工智能技术与社会各行各业的融合提升，建设若干标杆性的应用场景创新，实现低成本、高效益、广范围的普惠型智能社会。

7. 人工智能领域的国际竞争将日益激烈

当前，人工智能领域的国际竞赛已经拉开帷幕，并且将日趋白热化。2018 年 4 月，欧盟委员会计划 2018～2020 年在人工智能领域投资 240 亿美元；法国总统在 2018 年 5 月宣布《法国人工智能战略》，目的是迎接人工智能发展的新时代，使法国成为人工智能强国；2018 年 6 月，日本《未来投资战略 2018》重点推动物联网建设和人工智能的应用。

8. 人工智能的社会学将提上议程

为了确保人工智能的健康可持续发展，使其发展成果造福于民，需要从社会学的角度系统全面地研究人工智能对人类社会的影响，制定完善人工智能法律法规，规避可能的风险。2017 年 9 月，联合国区域间犯罪和司法研究所(UNICRI)决定在海牙成立第一个联合国人工智能与机器人中心，规范人工智能的发展。美国白宫多次组织人工智能领域法律法规问题的研讨会、咨询会。美国特斯拉公司等产业巨头牵头成立 OpenAI 等组织，旨在"以有利于整个人类的方式促进和发展友好的人工智能"。

4.2.4 中国人工智能的发展态势

当前，中国人工智能发展的总体态势良好。但是也要清醒地看到，中国人工智能发展存在过热和泡沫化风险，特别是在基础研究、技术体系、应用生态、创新人才、法律规范等方面仍然存在不少值得重视的问题。总体而言，中国人工智能发展现状可以用"高度重视，态势喜人，差距不小，前景看好"来概括。

(1) 高度重视。党中央、国务院高度重视并大力支持发展人工智能。习近平总书记在党的十九大、中国科学院第十九次院士大会、全国网络安全和信息化工作会议、第十九届中共中央政治局第九次集体学习等场合多次强调要加快推进新一代人工智能的发展。2017 年 7 月，国务院发布《新一代人工智能发展规划》，将新一代人工智能放在国家战略层面进行部署，描绘了面向 2030 年的中国人工智能发展路线图，旨在构筑人工智能先发优势，把握新一轮科技革命战略主动。国家发展和改革委员会、工业和信息化部、科技部、教育部等国家部委和北京、上海、广东、江苏、浙江等地方政府都推出了发展人工智能的鼓励政策。

(2) 态势喜人。据清华大学发布的《中国人工智能发展报告(2018)》统计，中国已成为全球人工智能投融资规模最大的国家，中国人工智能企业在人脸识别、语音识别、安防监控、智能音箱、智能家居等人工智能应用领域处于国际前列。根据 2017 年爱思唯尔文献数据库统计结果，中国在人工智能领域发表的论文数量已居世界第一。近两年，中国科学院大学、清华大学、北京大学等高校纷纷成立人工智能学院，2015 年开始的中国人工智能大会已连续成功召开四届并且规模不断扩大。总体来说，中国人工智能领域的创新创业、教育科研活动非常活跃。

(3) 差距不小。目前中国在人工智能前沿理论创新方面总体上还处于"跟跑"地位，大部分创新偏重于技术应用，在基础研究、原创成果、顶尖人才、技术生态、基础平台、标准规范等方面距离世界领先水平还存在明显差距。在全球人工智能人才 700 强中，中国虽然入选人数名列第二，但远远低于约占总量一半的美国。2018 年市场研究顾问公司 Compass Intelligence 对全球 100 多家人工智能计算芯片企业进行了排名，中国没有一家企业进入前十。另外，中国人工智能开源社区和技术生态布局相对滞后，技术平台建设力度有待加强，国际影响力有待提高。中国参与制定人工智能国际标准的积极性和力度不够，国内标准制定和实施也较为滞后。中国对人工智能可能产生的社会影响还缺少深度分析，制定完善人工智能相关法律法规的进程需要加快。

(4) 前景看好。中国发展人工智能具有市场规模、应用场景、数据资源、人力资源、智能手机普及、资金投入、国家政策支持等多方面的综合优势，人工智能发展前景看好。全球顶尖管理咨询公司埃森哲于 2017 年发布的《人工智能：助力中国经济增长》报告显示，到 2035 年人工智能有望推动中国劳动生产率提高 27%。国务院发布的《新一代人工智能发展规划》提出，到 2030 年人工智能核心产业规模将超过 1 万亿元，带动相关产业规模超过 10 万亿元。在中国未来的发展征程中，智能红利将有望弥补人口红利的不足。

当前是中国加强人工智能布局、收获人工智能红利、引领智能时代的重大历史机遇期，需要深入思考如何在人工智能蓬勃发展的浪潮中选择好中国路径、抢抓中国机遇、展现中国智慧等，并树立理性务实的发展理念。任何事物的发展不可能一直处于高位，有高潮必有低谷，这是客观规律。实现机器在任意现实环境的自主智能和通用智能，仍然需要中长期理论和技术积累，并且人工智能对工业、交通、医疗等传统领域的渗透和融合是个长期过程，很难一蹴而就。因此，发展人工智能要充分考虑到人工智能技术的局限性，充分认识到人工智能重塑传统产业的长期性和艰巨性，理性分析人工智能发展需求，理性设定人工智能发展目标，理性选择人工智能发展路径，务实推进人工智能发展举措，只有这样才能确保人工智能健康可持续发展。

重视固本强基的原创研究。人工智能前沿基础理论是人工智能技术突破、行业革新、产业化推进的基石。面临发展的临界点，要想取得最终的话语权，必须在人工智能基础理论和前沿技术方面取得重大突破。要按照习近平总书记提出的支持科学家勇闯人工智能科技前沿"无人区"的要求，努力在人工智能发展方向和理论、方法、工具、系统等方面取得变革性、颠覆性突破，形成具有国际影响力的人工智能原创理论体系，为构建中国自主可控的人工智能技术创新生态提供领先跨越的理论支撑。

构建自主可控的创新生态。中国人工智能开源社区和技术创新生态布局相对滞后，技术平台建设力度有待加强。要以问题为导向，主攻关键核心技术，加快建立新一代人工智能关键共性技术体系，全面增强人工智能科技创新能力，确保人工智能关键核心技术牢牢掌握在自己手里。要着力防范人工智能时代"空心化"风险，系统布局并重点发展人工智能领域的"新核高基"："新"指新型开放创新生态，如产学研融合等；"核"指核心关键技术与器件，如先进机器学习技术、鲁棒模式识别技术、低功耗智能计算芯片等；"高"指高端综合应用系统与平台，如机器学习软硬件平台、大型数据平台等；"基"指具有重大原创意义和技术带动性的基础理论与方法，如脑机接口、类脑智能等。同时，要重视人工智能技术标准的建设、产品性能与系统安全的测试。特别是中国在人工智能技术应用方面走在世界前列，在人工智能国际标准制定方面应当掌握话语权，并通过实施标准加速人工智能驱动经济社会转型升级的进程。

推动共担共享的全球治理。目前，发达国家通过人工智能技术创新掌控了产业链上游资源，难以逾越的技术鸿沟和产业壁垒有可能进一步拉大发达国家和发展中国家的生产力发展水平差距。在发展中国家中，中国有望成为全球人工智能竞争中的领跑者，应布局构建开放共享、质优价廉、普惠全球的人工智能技术和应用平台，配合"一带一路"建设，让智能红利助推共建人类命运共同体。

人工智能产业是智能产业发展的核心，是其他智能科技产品发展的基础，国内外的高科技公司及风险投资机构纷纷布局人工智能产业链。2017年，国务院印发《新一代人工智能发展规划》，提出三步走战略目标：第一步，到2020年人工智能总体技术和应用与世界先进水平同步，人工智能核心产业规模超过1500亿元；第二步，到2025年人工智能基础理论实现重大突破，人工智能核心产业规模超过4000亿元；第三步，到2030年人工智能理论、技术与应用总体达到世界领先水平，人工智能核心产业规模超过1万亿元。前瞻产业研究院《2022-2027年中国人工智能行业市场前瞻与投资战略规划分析报告》认为从产业投资回报率分析，智能安防、智能驾驶等领域的快速发展都将刺激计算机视觉分析类产品的需求，使得计算机视觉领域具备投资价值；而随着中国软件集成水平和人们生活水平的提高，提供教育、医疗、娱乐等专业化服务的服务机器人和智能无人设备具备投资价值。

当前，人工智能受到的关注度持续提升，大量的社会资本和智力、数据资源的汇集驱动人工智能技术研究不断向前推进。从发展层次来看，人工智能技术可分为计算智能、感知智能和认知智能。计算智能和感知智能的关键技术已经取得较大突破，弱人工智能应用条件基本成熟。但是，认知智能的算法尚未突破，前景仍不明朗。随着智力资源的不断汇集，人工智能核心技术的研究重点将从深度学习转为认知计算，即推动弱人工智能向强人工智能不断迈进。在人工智能核心技术方面，在百度等大型科技公司和北京大学、清华大学等重点院校的共同推动下，以实现强人工智能为目标的类脑智能有望率先突破。在人工智能支撑技术方面，量子计算、类脑芯片等核心技术正处在从科学实验向产业化应用的转变期，以数据资源汇集为主要方向的物联网技术将更加成熟，这些技术的突破都将有力推动人工智能核心技术的不断演进。

工业大数据是提升制造智能化水平，推动中国制造业转型升级的关键动力，具体包括企业信息化数据、工业物联网数据，以及外部跨界数据。其中，企业信息化和工业物联网中机器产生的海量时序数据是工业大数据的主要来源。工业大数据不仅可以优化现有业务，实现提质增效，还有望推动企业业务定位和盈利模式发生重大改变，向个性化定制、智能化生产、网络化协同、服务化延伸等智能化场景转型。2022 年中国工业大数据市场规模有望突破 1200 亿元，年复合增速 42%。

过去几十年，信息技术的进步相当程度上归功于芯片上晶体管数目的指数级增加，以及由此带来的计算力的极大提升，这就是摩尔定律。在互联网时代，互联网终端数也是超线性地增长，而网络的效力大致与互联网终端数的平方成正比。今天，大数据时代产生的数据正在呈指数级增加。在指数级增长的时代，人们可能会高估技术的短期效应，而低估技术的长期效应。历史的经验告诉我们，技术的影响力可能会远远地超过我们的想象。

人工智能需要强大的计算能力。计算机的性能过去 30 年提高了 100 万倍。随着摩尔定律逐渐趋于物理极限，未来几年，人们期待一些新的技术突破。在类脑计算中，传统计算机系统擅长逻辑运算，不擅长模式识别与形象思维。构建模仿人脑的类脑计算机芯片，可以以极低的功耗模拟 100 万个神经元，2 亿 5 千万个神经突触。未来几年，将看到类脑计算机的进一步发展与应用。随着互联网的普及、传感器的泛在、大数据的涌现、电子商务的发展、信息社区的兴起，数据和知识在人类社会、物理空间和信息空间之间交叉融合、相互作用，人工智能发展所处信息环境和数据基础发展了巨大的变化。伴随着科学基础和实现载体取得新的突破，类脑计算、深度学习、强化学习等一系列技术萌芽预示着内在动力的成长，人工智能的发展已进入一个新的阶段。

4.3　人工智能在太阳能利用中的应用

4.3.1　智能化太阳能利用的研究背景

煤炭、石油、天然气等化石能源的日益枯竭给全球带来了严重的能源危机，开发新型可再生能源如太阳能、风能、生物质能等是解决目前世界能源危机的主要途径。太阳能是一种典型的可再生清洁能源，具有环境友好、易于获取、可再生等诸多优点，因此太阳能利用受到了科研界和产业界的广泛关注，有关太阳能的前沿创新技术不断涌现。太阳能的有效利用是解决当前能源危机和环境问题的有效途径之一。目前太阳能的主要利用方式有光电利用和光热利用两个方向。在多种能源转化形式中，电能具有易于存储、输送便捷和使用清洁等优点，因此光电转换成为一种主要的太阳能利用方式。在太阳能光热利用方面，如太阳能采暖、太阳能供热水、太阳能空调和淡化海水等应用也日益广泛。

随着清洁能源产业的不断发展和大数据、云计算等新科技的日益成熟，众多互联网公司纷纷进入新能源领域，利用自身优势进行战略合作，为新能源的利用和相关产业的发展提供了新机遇。安全高效地利用新型清洁能源离不开大数据的运维支持。能源互联网将推动现行能源结构由化石能源为主向清洁可再生能源为主转变。世界各国积极行动，推动能源结构转变和可再生能源发展。然而，清洁能源的随机性、不可控性及波动性严重地制约了其有效应用。实现清洁能源的有效配置、高效利用和智能管理，信息通信技术是不可或缺的支撑。利用大数据、云计算等通信技术，通过数据监测、采集整理与分析，用信息流控制能源流，可保障电网安全运行，也有助于实现不同区域不同能源的时空互补。近年来，人工智能被各国视为未来影响国家实力的重要因素，其重要性不言而喻。借助人工智能技术实现各产业的自动化、优化资源配置，将极大地提高生产效率，减少能耗，节省劳动和运维成本。未来人工智能将在许多产业中发挥重要作用，在太阳能领域也不例外。

4.3.2　人工智能在太阳能转换中的应用

1. 人工智能助力太阳能电池筛选高效率光电转换材料

在太阳能技术中，太阳能电池扮演着非常重要的角色。但目前太阳能电池的能量转换效率，也就是将太阳光转换为电力的能力，仍然远远无法满足全面商业化的要求。能量转换效率取决于各层电池活性材料。化学家通常通过对不同的材料进行组合、反复实验以获得高光电转化效率，但是这样必将耗费大量的时间与精力。如图 4.6 所示，人工智能在太阳能的高效利用方面具有广阔的前景。日本大阪大学的研究团队利用计算机的强大能力，在机器学习算法的帮助下，自动化搜索匹配的太阳能材料。这项研究将有助于大幅提升太阳能电池的效率。美国斯坦福大学的科研人员在寻找固体电解质材料的过程中采用了人工智能和机器学习，通过实验数据构造预测模型，远优于通过随机测试个别化合物的方法。通过信息学的助力，可以发现人类专家无法搞清楚的统计趋势和逻辑，从而更好地理解复杂的大量数据集。在 500 多项研究中，共采集了 1200 多个光伏电池数据。研究人员采用"随机森林"机器学习算法，结合之前这些光伏电池的带隙、化学结构、分子质量，以及它们的能量转换效率，构建出一个模型用以预测潜在的新型设备的能量转换效率。"随机森林"可以揭示出材料特性与它们在光伏电池中实际性能之间的相关性。利用这种相关性，模型可根据它们的理论光电转换效率，自动"筛选"出一系列有前景的聚合物，然后基于对可以实际人工合成的材料的化学直觉，筛选出最佳的材料(图 4.7)。上述模型为结构与性能之间的关系提供了有价值的指导。如果建立的模型能够包含更多的数据，如物质的主链的规则性或者在水中的溶解性等，将改善对所筛选出的结构的光电转换预期效果。

图 4.6　人工智能在太阳能领域中的应用

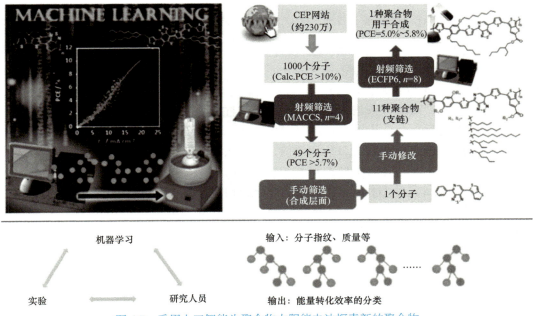

图 4.7　采用人工智能为聚合物太阳能电池探索新的聚合物

2. 人工智能用于太阳能电池缺陷检测

利用人工智能深度学习功能可以实现对复杂多变的光伏产品或内外部缺陷进行识别或判断。依据深度学习能力，建立多层神经网络、复杂的算法和特殊的图像处理方式，可以使内外部缺陷的漏判率降低至"零"，这避免了多年来人工判别的错检和漏检现象。人工智能极快的判断速度和极高的准确性极大地满足了生产线检测的需求，为光伏行业的"工业 4.0"提供了强有力的技术支持。人工智能检测深度学习通过算法，使机器能摄入大量历史和实时数据，从中学习规律，进而对新的样本做智能识别。目前，使用人工智能深度学习能实现光伏电池、组件产品的电致发光进行无误差缺陷检测，能快速、准确地找出和标注缺陷的位置，与传统的使用图片灰度扫描方法进行判断相比，人工智能技术优势明显。使用神经网络技术，通过定义单组件的缺陷类型，系统可以进行缺陷特征的深度学习，构建多层网络，从而找出缺陷部分。人工智能检测依据生产过程工艺和质量管理的要求，可提供在线和离线两种测试方式。在线式测试机可与生产线实现无缝对接；离线式测试机由上料、分选机械手和测试模块构成，实现特定目的的分选要求。通过加配自动光学检测测试模块，可以进行电池外观和颜色的测试分选，实现快速准确的缺陷自动判别功能。太阳能电池人工智能检测已经可以实现生产线在线自动判别和分选、高可靠性的自动化设计和对生产品质的数据统计。对于技术智能化升级改造的需求，使用"人工智能超级图像处理器"实时获取数据图片后进行自动判别和分类，判断的结果可存储在本地的数据库中，并通过系统上传识别结果和图片，可实现在节约成本投入的情况下完成智能化判别改造。升级改造只需要停机1～2 h 就可完成，极大地缩短了设备的停机时间。在改造完成后，返修工位可以通过扫码从数据库中调取带有标识的缺陷组件图片，可方便、直观地进行返修。

3. 人工智能助力能源项目设计

目前太阳能发电厂的工程设计和规划仍然依赖人类工程师手工完成，同时需要各种专业领域的工程师，通常需要很长时间才能完成大型商业项目的开发设计和规划。借助人工智能，完成同样的设计规划项目的时间成本将大大降低(图 4.8)。成立于 2013 年的美国初创公司 HST Solar 是该领域的典型代表，专注于太阳能电厂的设计、开发和工程服务。利用该公司的平台，用户输入相关信息，如要安装的设备的详细信息和站点位置，人工智能算法将对相应数据进行分析和评估，给出太阳能电厂每个部分的建设方案，甚至可细化到每个太阳能电池板的倾斜角度和特定方向，以实现最大化的能量转换，并最大限度地减少强风等其他不利因素的影响。据该公司称，与人类工程师设计的系统相比，人工智能设计的太阳能发电场可以将太阳能发电厂的生产成本降低 10%～20%。在可再生能源系统的设计、分析和生产预测中，人工智能发挥了越来越重要的作用。2018 年成立于美国西雅图的初创公司 Energsoft 推出了基于人工智能驱动的 SaaS 平台，为制造和

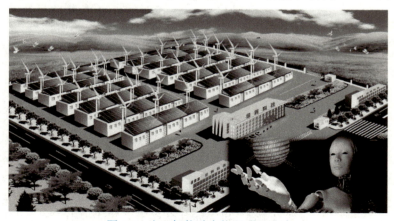

图 4.8　人工智能助力能源项目设计

需要使用能源存储设备的企业提供先进的可视化分析工具。该人工智能平台可分析并追踪数千个储能系统、电池和超级电容器，可全面覆盖从早期研发到现场管理等流程，帮助用户找出工业项目的设计的问题，如材料选择、制造过程与工艺、检测设备运行，从而降低开发成本和能耗。

4. 智能系统对太阳能家庭供电进行检测

随着分布式太阳能发电的日益普及，很多家庭越来越接纳并采用这种节能环保的用电方式。虽然目前设备安装仍在逐渐完善，但相应的发电检测系统并不完善，业主只能通过查询电表才可以获得发电量数据，对于电量的具体使用情况也并不清楚。预计到 2030 年，智能检测太阳能发电的普及能很好地解决上述问题。利用人工智能系统收集数据，可以使家庭电器用电量智能化。人工智能系统可以将屋顶发电量实时发送到业主的智能手机中，并将家庭中各种用电器的消耗电量做成数据报表，业主可以直观地看到太阳能发电的发电量，同时也能更清晰地掌握家中每件电器的每天用电量、每月用电量等数据，从而进行智能调控，达到节能和环保的目的，实现利益的最大化。

5. 人工智能整合天气与太阳能系统

太阳能等可再生能源对天气状况的依赖度非常高。因此，有效的天气预报是太阳能能源生产中的重要组成部分。2013 年成立的西班牙初创公司 Nnergix 已经实现了利用天气数据和机器学习技术进行能源预测。该公司开发的 Sentinel Weather 平台可以访问全球的天气历史数据和实时天气预报数据，通过机器学习技术预测天气变化对太阳能能源产能的影响，可以对每小时的发电量进行预测，从而使太阳能电厂的发电效率得到提升，同时降低运营成本。美国 IBM 公司的深雷系统及 Hybrid 风光高精度预测已实现将风能和太阳能资源进行有效预测，误差小于 5%。随着越来越多的可再生能源进入电力系统，太阳能预测的准确性变得越来越重要。改进太阳能预报将有助于太阳能电力系统更有效地运行，还将使更多可利用的太阳能容量得以连接和利用，帮助人们实现运行零碳电力系统的目标。

6. 人工智能优化太阳能电厂运营

人工智能带来的革新从很多方面都将改善电厂的运营方式，上至大层面的技术框架，下至操作步骤和用电体验。人工智能算法在优化电厂运营如能流调配和经济调度方面发挥了重要的作用。以传感器采集的数据为驱动，人工智能可以分析数据区域的系统、斜率、辐照度、湿度，识别异常或者人不易发现的问题。例如，变压器故障定位，在复杂的大电网架构和海量数据中，人工智能算法能够准确、有效地识别故障位置，或者给予故障预测及估算预计要进行的作业量。IBM 公司对美国电网给予的技术支撑可以成功地告知停电后电工的出车频次及故障类型产生的工作量。埃森哲咨询公司在多国公用电力公司中基于人工智能实现了对全生产周期从规划、采购、运行到设备退出的管理。除此之外，机器人运维也将给电厂运营带来极大的便利。智能机器人和无人机在输电线路及变电站的巡检将极大地提升员工工作效率，调度机器人可在某种程度上完善及处理调度集控中心的相关工作，财务机器人在资金运转庞大的太阳能电厂企业中可以毫无差错地进行报表分析及审计工作。成立于 2015 年的以色列初创公司 Raycatch 用人工智能技术进行太阳能发电厂的管理与运营。该公司推出了基于人工智能的诊断和优化解决方案，可获取并分析太阳能发电厂所有的生产数据，并对日常管理进行指导和优化。基于人工智能技术，该公司目前在全球范围内管理了约 1 GW 的光伏项目，覆盖 35 000 多个逆变器和 400 多万块控制面板。

4.3.3 人工智能在光伏产业中的应用

能源行业会产生大量的数据，为了将这些数据转化为提高生产率和削减成本的驱动力，可再生能源公司都将注意力转向了人工智能。自 2012 年以来，人工智能给光伏产业带来了重要的变化，推动了光伏产业整体制造能力、应用实践水平、质量保障能力及行业标准能力等多方面的进步。

1. 人工智能助力电池和组件生产

人工智能的一个重要应用场景是机器视觉，基于机器视觉的分类和识别技术在各行业的自动化生产中应用广泛。对光伏产业来说，基于光致发光和电致发光的检测设备可以提供人类肉眼难以发现的光伏组件硅片中存在的潜在问题，可以实现在完成电池的生产前对所用到的单晶硅材料进行筛选和分类，其中各种隐裂或缺陷等会对成品电池性能造成影响的问题都将在光致发光和电致发光的检测结果图片中显示出来。人工智能识别技术提供的筛选和分类方案可以满足电池生产厂家对在线检测设备或大批量数据处理的需求，大大高于技术人员通过图像识别的效率。将人工智能技术集成在光电检测设备中，还可以将线下智能做人工检测的设备变为可以在流水线上使用的在线检测设备。除了电池的生产之外，随着光伏产品的精细化发展，光伏组件也将走向智能化，数据采集的功能甚至能越过逆变器延伸至组件优化器的层面，大量的数据结合人工智能的算法将极大地有助于光伏电站的管理。

2. 智能自适应跟踪控制系统优化光伏系统

除了电池和组件的制造过程之外，光伏系统的平衡系统中也存在很多人工智能已经在发挥作用或者有潜力的场景。最大功率点追踪算法是逆变器提供的保持系统发电效率的功能之一，目前逆变器的最大功率点追踪算法主要是扰动法，但科学工作者一直在研究使用人工智能算法优化最大功率点追踪的效果，从而降低因寻找最大功率点带来的发电波动。跟踪支架公司 NEXTracker 已经推出了智能自适应跟踪控制系统 TrueCapture，该追踪控制系统是行业内的首次应用。与传统的根据设定值和时间进行调整的跟踪支架相比，这一智能自适应跟踪控制系统可以通过机器深度学习算法，根据实时光照情况自动调整支架到最佳工作角度，从而提高太阳能的利用率，增加跟踪支架在多云天气和复杂地貌时的发电量，同时减少安装和部署时间，降低运维成本。

3. 人工智能助力光伏销售

除了制造和生产之外，人工智能在光伏产业链的其他部分也具有重要的应用场景。

美国的一家创业公司 PowerScout 开始试图用人工智能技术帮助光伏销售和安装商提高销售水平。人工智能技术有助于实现依托大数据的精准营销。一方面可以通过分析用户的屋顶和日照数据，针对屋顶与光照资源匹配好的潜在住户进行营销，提高转化率；另一方面也可以对感兴趣的客户，使用算法给出即时的预评估报告，减少技术人员外勤次数，降低人力成本。类似的另一家公司 Faraday 同样采用机器深度学习的方法识别潜在的光伏客户。这将极大地促进光伏产业的发展。

4. 人工智能助力光伏项目融资

除了光伏销售之外，有的公司还试图用人工智能技术从融资的角度降低光伏系统的投入和运维成本。通过对 70 000 多个光伏系统的发电数据进行监控和分析。美国 kWh Analytics 公司推出了 HelioStats 和 Kudos 两款产品用于服务光伏项目投资商。其中，HelioStats 的主要功能是作为投资商的风险管理平台，通过数据整合和分析，它可以向投资商智能推荐电站建设和投资的机会，降低投资风险，目前的客户包括谷歌(全球最大的可再生能源投资商之一)和 PNC 银行。Kudos 则是与保险公司合作推出光伏发电量担保。通过这样的担保，光伏系统的投资风险将得到极大的降低，因而作为风险指标的项目融资利率也会相应大幅降低，最终达到降低整个系统的发电成本的目的。

5. 人工智能服务电站建设和运维

以人工智能技术为核心的发电量计算方式在电站项目的评估、建设、并网、运行维护和出售的全生命周期中具有重要的作用。在电站项目建设最初阶段，可以使用人工智能技术对历史和实时日照数据进行统计分析，并对将来日照资源进行预估。在项目设计和建设阶段，研究人员开发了基于人工智能的系统设计和选型方法，包括离网系统储能容量和光伏装机的匹配(图 4.9)。在项目建成之后，人工智能方法还可以帮助电站运营和维护。例如，澳大利亚 Renewable Energy Laboratory 公司开发的 PVMaster 平台就实现了通过人工智能方法，根据气象数据计算光伏系统的理论发电量，通过与监控的发电数据对比评估电站的安装和运行质量，以及在运营中及时发现电站运行问题，并给出相应的故障诊断。

图 4.9　人工智能服务电站建设和运维

此外，光伏发电站的发电量预测也是人工智能技术在光伏行业的传统应用场景。对于传统的化石能源发电和水电站来说，电网对电力的供给和需求进行匹配并不困难。但是对于充满变量的光伏发电和风力发电等可再生能源来说，电力的供给和调度则变得非常困难，因此发电量的预测就显得十分重要。当人工智能系统对发电量进行预测以后，就可以对其他的发电方式进行调节，进而实现对供给和需求的协调，这种对不同系统之间发电量的综合调节仍然具有相当大的难度。由于系统对于光伏发电预测的不准确性，实际情况下为了应对可能突发的发电量的波动，还需要传统发电机保障电站的正常运行，这也增加了传统化石能源发电机的占比。如果使用人工智能技术，进一步提高光伏发电预测的准确性，不仅可以提高电网的稳定性和安全性，也可以在一定程度上减少冗余装机，进一步提高可再生能源的应用占比。

除了以上的介绍，在光伏行业使用人工智能技术还可以帮助解决许多其他问题，如智能家居和智能电网能源管理等。随着科学技术的发展、算法的进步和硬件水平的提高，人工智能将帮助进一步降低光伏发电的成本，提高光伏发电在所有发电方式中的占比，促进世界能源结构的变革。

4.3.4　总结与展望

高效利用太阳能的一种方式就是太阳能发电，电能是最便利的能量传输和利用方式，具有很强的普适性。人类要高效地利用太阳能，最佳的方式就是将太阳能转换成电能。一个广泛互联的能源网络将使这些利用光伏发电所产生的电能传输到千家万户成为可能，然而这样的能源网络需要有效的监控和调节。因此，人们必须用最先进的科学技术(如传感技术、通信技术)感知能源网络内部的各种设备运行信息和参数，并将感知到的信息传送到中央处理器，对能量进行智能、有效的调度。人工智能技术可以对外界条件进行快速计算，得到最优的能量传送和配置方案。未来是能源网络广泛互联的时代，人工智能技术将极大地促进智能能源网络的建设。人工智能在太阳能领域中还具有以下方面的应用：

(1) 人工智能的数据涉入和深入学习能力将极大地促进高效太阳能电池体系的研发。

(2) 具有实时人工智能支持分析的自主无人机将成为对太阳能电池板进行有效和高效检测的主要工具。

(3) 机器人在远程检查中的应用越来越普遍，在维护和故障排除方面带来新的好处，极大地减少了人类劳动。

(4) 人工智能应用程序可以加快数据获取和调查的速度，减少大量人力、物力和分析时间的投入。

(5) 人工智能算法在优化电厂运营方面将发挥重要的作用，能够提升电厂效能、降低能耗及规避生产过程中的风险因素。

目前，纵观世界整个太阳能行业，设备制造呈现出快速更新化、智能化、柔性化和定制化的趋势。然而，要进一步满足日益增长的用户需求和装备的定制化、规模化生产，亟待升级现有模式转型智能化。中国太阳能光伏设备组件自动化生产线起步稍晚，在制造精良程度上与国外产品还存在一定差距，但经过多年的技术积累和沉淀，已经形成自己独特的优势：效率高、价格低和出货快等。从全球范围来看，在光伏组件自动化生产领域，国外多采用集成机器人技术路线，在自动化程度、可靠性指标和技术指标等方面优势较大。伴随着中国经济的高质量发展，太阳能产业在追求降低生产运维成本、扩大产能的同时，更需考虑如何推进产业升级，而制造智能化将是必经之路。人工智能将在未来若干年内助力太阳能行业实现日益自动化、精准化、高效率的运营，助力可再生能源产业智能化，从而极大地提高新能源产业的效率，降低大量人力、物力的投入，以应对太阳能行业产业化的需求。能源系统全面数字化也是太阳能产业未来的一大趋势。数据表明，2019 年新的物联网太阳能光伏逆变器以每天约 3 万台的速度投入使用，由此估计一年内将达到大约 1100 万台。因此，太阳能产业在当下的首要问题就是从所提供的数据中提取关键信息，服务于整个行业的发展。管理和运营将是要开发的首要应用领域。除此之外，也可能出现更加分散的电网和住宅太阳能发电场的计量、运营和监测方面的发展。电网运营商或公用事业管理机构将结合客户的计量数据、天气信息和太阳能逆变器输出数据，更好地管理电网并计算和覆盖能源需求。在不久的将来，分布式的太阳能发电将得到大力的发展，电力将得到更加智能、安全、高效的使用，将逐渐构建起完整的能源网络。人工智能将助力智能电网和能源互联更快变为现实。从而促进世界能源结构由不可再生的化石能源为主向可再生能源为主的变革，为人类的可持续发展提供保障。人工智能为太阳能产业的发展注入了新的活力，将使正在探索与开发的太阳能产业走上快车道，也为中国太阳能产业引领全球提供了巨大机遇。

4.4　人工智能在电网领域中的应用

4.4.1　智能电网的基本概念

美国能源部将智能电网定义为一个完全自动化的电力传输网络，能够监视和控制每个用户和电网节点，保证从电厂到终端用户整个输配电过程中所有节点之间的信息和电能的双向流动。中国电力科学研究院将智能电网定义为以物理电网为基础(中国的智能电网是以特高压电网为骨干网架、各电压等级电网协调发展的坚强电网为基础)，将现代先进的传感测量技术、通信技术、信息技术、计算机技术和控制技术与物理电网高度集成而形成的新型电网。它以充分满足用户对电力的需求和优化资源配置、确保电力供应的安全性、可靠性和经济性、满足环保约束、保证电能质量、适应电力市场化发展等为目的，实现对用户可靠、经济、清洁、互动的电力供应和增值服务。

全球正在发生一场前所未有的能源革命和数字革命，绿色、智能、互联网成为主旋律。人工智能是新一代电网和能源互联网的必然选择，电力人工智能必将与未来新一代数据驱动的能源互联网和谐共生。2016 年，围棋人工智能机器人阿尔法狗与李世石每一局比赛，其所需电费约为 3000 美元；同时，阿尔法狗的算法应用于数据中心节能，能够降低 15%的能耗，为谷歌公司节省数亿美元电费。对于电网而言，人工智能也会"反哺"电力系统。电力系统是目前人类建立的最复杂的系统和网路，而电网中人工智能的应用一直贯穿整个行业发展。据日本《日经亚洲评论》报道，2016～2018 年中国国家电网有限公司申请人工智能相关专利 1173 件，在日经人工智能(AI)专利申请 50 强排行榜中居第六位。清华大学发布的《中国人工智能发展报告(2018)》表示，近五年的人工智能专利和论文统计中，国家电网有限公司是唯一上榜的中国企业。国家电网有限公司在十余年前已开始人工智能领域的相关研究，2002 年以来，已开展 40 多项与人工智能相关的科研项目，主要集中在：机器人——输电线路巡检、变电站巡检；专家系统——输电线路转台辅助决策、输变电设备状态监测、配电网辅助决策、需求侧管理；模式识别——变电站视频智能分析、输变电设备故障模式识别、配电网设备故障诊断、用采系统和设备诊断评估；数据挖掘——电能质量数据分析、电网资源数据挖掘。从 20 世纪 80 年代开始，中国电力科学研究院对神经网络、模糊集、遗传算法等传统人工智能技术应用进行了深入研究，近年来开展了人工智能在电网中应用的可行性研究、深度强化学习应用于电网安全紧急控制策略选择的研究，以及基于深度学习的运检影像图像识别、基于深度神经网络的输电线路灾害特征预警、基于多智能体的配电网自愈控制技术等研究。

电网正在发生着变化，向能源互联网演进。电网连接多种能源要素，并满足互连、互通、平等、共享，新能源和新兴负荷(用能随需所用、电动汽车时空不定)蓬勃而生，与调度、交易等新兴因素形成互动。能源的变形体——储能的介入，与电价机制驱动的商业模式进行互动。供需平衡下多元素互联的电网，需要能源的综合利用、用能的实时优化、在交易与使用需求驱动下的互动。电网呈现出互联网的属性，向高电压大电网广域互联发展。电网的不断发展也带来了很多问题。电网作为能源载体是一个网络复杂、设备繁多、技术庞杂的综合系统，为保障电网设备设施的可靠运行和有效管理，传统的运维检修已无法满足要求。电网多元素互联，与能源互联网耦合形成随机、不确定的网络，实时平衡和多目标优化也需要人工智能技术实现。并且随着智能电网的发展，特高压交直流混联、新能源高渗透、电力电子装备大量应用，电网变成复杂网络，基于物理模型的分析方法难以精确地刻画电力系统特征。电网的变化形成因素多样、条件随机，必须用人工智能解决建模问题。

4.4.2 人工智能在电力系统中的应用

电力人工智能是人工智能的相关理论、技术和方法与电力系统的物理规律、技术和知识融合创新形成的专用人工智能。在智慧能源领域，重点应用的人工智能的关键技术有机器感知、机器学习、机器思维和智能行为等，如图 4.10 所示。人工智能与电网应用技术条件融合,将逐步实现智能传感与物理状态相结合、数据驱动与仿真模型相结合、辅助决策与运行控制相结合,从而有效提升驾驭复杂电网的能力,提高电网运营的安全性和经营服务模式改革,人工智能将支撑电网的智能发展。

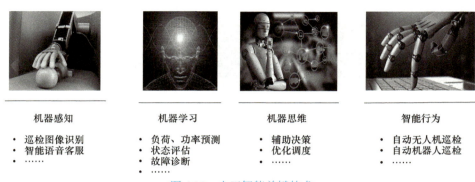

机器感知	机器学习	机器思维	智能行为
• 巡检图像识别 • 智能语音客服 • ……	• 负荷、功率预测 • 状态评估 • 故障诊断 • ……	• 辅助决策 • 优化调度 • ……	• 自动无人机巡检 • 自动机器人巡检 • ……

图 4.10　人工智能关键技术

人工智能技术应用于人工神经网络、专家系统、模拟理论进行简单预测、规则判断和控制。随着计算机算力的进步,运算智能技术大规模应用于各类电力系统的优化和计算问题中(图 4.11)。

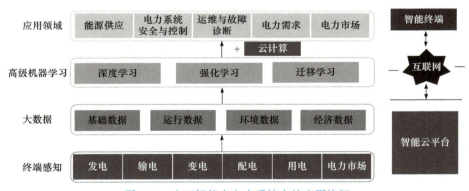

图 4.11　人工智能在电力系统中的应用构架

4.4.3　人工智能大数据在电网中的应用

1. 大数据简介

数据以一种非结构化数据的超大规模增长,如视频、图片、地理位置信息及网络日志等。大数据是在全球数据量高速增长的背景下应运而生的。大数据又称巨量资料,指的是需要新处理模式才能具有更强的决策力、洞察力和流程优化能力的海量、高增长率和多样化的信息资产。大数据具有以下特点:volume(海量)、velocity(高速)、variety(多样)、value(价值)、veracity(真实性)。大数据处理速度快,实时分析而非批量式分析。大数据与传统数据对比,数据量方面由 TB 向 PB 发展;速度方面持续实时生产数据,年增长量在

60%以上；多样性方面相较于传统数据的结构化数据，大数据还包括半结构化数据及非结构化数据。除此之外，与传统数据只能统计和提供报表相比，大数据还可以对数据进行挖掘和预测分析(表 4.1)。大数据已经渗透到金融、互联网、物联网、传感器、科学数据等多个领域。

表 4.1　传统数据与大数据的区别与联系

项目	传统数据	大数据
数据量	GB → TB	TB → PB
速度	数据量稳定，增长不快	持续实时生产数据，年增长量在 60%以上
多样性	结构化数据	结构化数据，半结构化数据，非结构化数据
价值	统计和报表	数据挖掘和预测分析

2. 人工智能大数据在电网的应用实践

1) 大电网分析与决策

目前电网面临的挑战主要有以下几方面：电力系统规模加大，复杂性和运行状态的不确定性加剧，电力系统安全稳定性面临巨大调整；交直流混联、强直弱交，结构复杂化；组成成分复杂化，包括新能源、储能、电力电子设备；不确定性增大，如新能源出力、负荷；稳定形态复杂化，如大送出、大负荷、振荡等；模型复杂化，物理建模困难。人工智能的解决方案是基于全景全域数据和离线仿真数据，形成数据驱动的电力系统快速判断，断面、故障辨别；实现电网运行过程的薄弱环节识别、影响因素溯源；将人工智能中的深度神经网络(deep neural network，DNN)融入人工智能的 Q 学习算法框架中，利用训练后的 DNN 替换 Q 学习算法中的动作选择机制，提升算法对系统的认知能力，从而提出了一种全新结构的基于深度 Q 网络的地区电网无功电压优化控制方法。

在负荷预测与负荷分类方面，人工智能大数据也起着至关重要的作用。随着电动汽车、智能用电等新兴负荷的快速发展，负荷的时空不确定性显著增大，并呈现出部分可观测性；电动汽车爆发式增长，对电网设施需求大幅度增加，其快速充电对电网短时冲击大；再电气化进程的不断推进，使得负荷侧对电网的依赖性增加，电网承载能力需要发生本质性变化以适应新兴负荷。人工智能的解决方案是有效融合分布式新能源、电网和各类负荷数据，实现对新兴负荷的感知和预测，以及能源的有效调配和用能的辨识。

电力行业是资产密集型产业，资产总量庞大、分布广泛，传统方法无法有效管理，将难以支撑电网的运行与发展，电网网络庞杂、设备点多面广、运行特性各异，传统的管理方式难以进行针对性的投资、改造和运维。目前资产管理仍以离线管理为主，资产状态难以实时监控和掌握。资产运维按照传统的非智能化方法，难以有效评价资产健康状态；以事前处理为主，事前处理不足的情况下以人工运维为主，效率不高。人工智能的解决方案是对电力设备状态环境、环境数据、历史数据进行深度挖掘，实现电力设备的健康状态评价与诊断；给出针对性的投资建议，实现方案的辅助决策，如电力资产的全面监视、实时在线、科学管理和智能运维。

2) 物联网+大数据使配电网络更加智能

如图 4.12 所示，物联网+大数据实现多能源电力系统互补是利用数据挖掘技术，充分利用可再生能源和线路输送功率极限，并考虑各类因素对功率极限的影响，从而合理设置多能源电力系统互补输出，"电量+功率+爬坡率"，有效平衡系统的安全性和经济性。也可对配电网络快速监控，用户可以对变压器的各项电表电度量、大用户用电情况信息进行监视。对于故障区段可以快速定位，通过分析配电终端控制器上传的信息判断故障区域。也可以借助人工智能大数据隔离故障与非故障区段，及时发现存在故障的设备点，并基于配电控制终端实施远程控制操作，进行故障区段与非故障区段配电网的隔离。人工智能大数据还具有快速恢复供电的功能，对于检测到的跳闸等异常状态，可以快速实施远程合闸动作。

图 4.12　物联网+大数据监控下的输电线路

3) 对分布式电源与负荷进行预测和对不良数据加以识别

随着有源配电网中可再生能源比例越来越高，发电预测的准确性更加重要。配电网信息化的快速发展和电力需求影响因素的逐渐增多，用电预测的大数据特征日益凸显。随着智能配电网规模的不断扩大、分布式电源的接入，对于配电网中大数据级别扰动不良数据的检测与辨别，传统方法很难处理。借助人工智能大数据，在数据侧对电表计量统计系统采集的数据进行分析，实现用户窃电行为检测，用户窃电仍然存在一些未知技术，用户窃电行为和正常用户行为之间存在无法直接识别的客观潜在分类规律，可以通过数据侧检测窃电行为，用样品数据学习数据中蕴藏的分类规律，实现对窃电行为模式的认知。

3. 人工智能大数据应用具体实例

图 4.13 展示了人工智能大数据在电网中的应用实践。

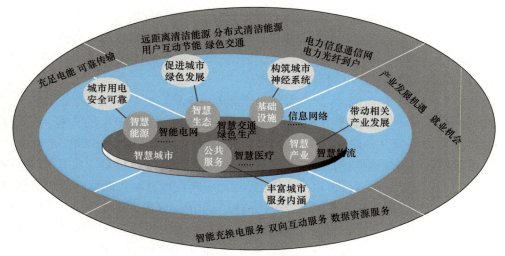

图 4.13　人工智能大数据在电网中的应用实践

(1) 运维监测系统及时反应：美国 Enphase 能源股份有限公司(Enphase Energy)每天从来自 80 个不同国家 25 万个系统收集大约 2.5 TB 的数据。这些数据可以用来检测发电和促进远程维护、维修以确保系统无缝运行。另外，该公司还利用从发电系统收集到的数据监测、控制或调整网络中的发电和负载状态，在电网出错或需要升级时做出相应的反应。

(2) 设备检修运维专题分析：电力企业可以基于一站式大数据分析平台开展各业务领域的深度分析。例如，在电网检修运维领域，对电力设备资产管理、设备运检管理、设备技术管理、技改大修管理等从安全、效益、成本三个方面进行关键指标选取，分析检修管理中安全、效益、成本三者之间的相互影响，协调三个因素综合最优，同时实现对电网企业检修指标的实时在线监控，为公司制订检修策略提供指导和服务。

(3) 预防基础设备故障导致的停电：在美国电力公司(AEP)的资产健康中心，数据分析师将设备派生的运行信息和智能信息应用程序结合在一起。通过采用大数据算法和分析软件，他们可以密切监测传输基础设施的运行情况。如今，AEP 使用智能电表、通信网络和数据管理系统得到稳健的常规信息。智能电网技术使客户更有效地用电和合理管理用电成本，收集到的数据也有助于该公司为客户定制电力管理程序和提供个性化定制服务。

(4) 提升运营效率、改善客户体验：大数据分析能帮助电力企业提升运营效率和改善客户体验。运营效益包括收益保证、网络和产品管理、需求预测、资产管理和支撑功能优化。类似的分析有助于通过客户关系优化、主动营销及定制优惠和服务改善客户体验。美国海湾电力公司使用大数据分析后确认，当停电时，如果恢复供电的时间能比用户预期时间早 10 min，客户满意度是最高的。有趣的是，该公司发现如果在预期恢复供电时间两个多小时前恢复供电，会对客户满意度产生负面影响。了解类似这样的指标能够帮助电力企业解决他们最大的客户体验挑战。英国电网(EDF Energy)已经通过大数据分析来减少客户流失，并且每年节省了高达 3000 万美元的成本。负荷研究是一种用来分析各种客户群体(住家、商业和工业)的客户消费模式的过程,它有助于评估电力公司为每个特定的群体服务的成本。研究人员认为,利用高级计量架构(AMI)和数据捕获能力,每一个计量点和智能电网启用的设备可能有助于这项研究。美国雷克兰工业公司最近利用这些新技术完成了对电力服务的成本检查。除了解决对额外收入的需求外,他们还能够设计供客户选择的替代费率,一方面降低电力高峰需求,另一方面客户也在此过程中节省资金。这不仅有效减少了高峰期的电力故障,也提升了用户体验,提高了用户留存率。

(5) 通过数据分析有效提升电力行业营销服务水平:用户可以基于一站式大数据分析平台,将更多的明细数据提供给业务部门,由业务部门自服务完成数据应用。通过对客户服务与客户关系、电费管理、电能计量及信息采集、市场与有序用电、新型业务、综合管理等方面的分析,掌握营销业务重点工作的开展情况,实现对客户服务、电费管理、智能电表、有序用电实施和能效管理成效、新型业务及营销稽查工作质量指标进行有效监测。

(6) 减少电力盗窃降低损失:智能电网技术可以帮助电力企业打击电力盗窃。意大利国家电力公司(Enel)整合处理了来自 11 个遗留系统超过 500 亿行的数据,同时已经识别出 93%的盗窃案或其他非技术性损失的可能因素,这是世界上最大的智能电网分析系统。仅仅在意大利,它每年的收入保护和预测性资产维护分析的经济效益估计超过 3.5 亿欧元。

(7) 利用分析降低变压器更换成本:美国公共服务电力和燃气公司(PSE & G)实施了一个计算机化维护管理系统(computerized maintenance management system,CMMS)来辅助维修、更换及对变压器和其他设备等资产的维护决策。根据湿度、介电强度、可燃气体变化率和冷却性能等多种因素对变压器进行分析,生成设备状况分数。根据资产更换(预测)算法,对设备状况分数和其他因素(年代、备件可用性)进行分析,从而决定更换变压器的适当时间。PSE&G 公司还对实时传感器采用了先进的分析来跟踪各种操作指标。分析的应用帮助该公司在故障发生前发现和补救问题,在避免设备故障方面节约了数百万美元。

4.4.4　人工智能在继电保护方面的应用

1. 继电保护简介

电力系统是发电、输电、配电、用电组成的实时、复杂的联合系统。电力生产的特点是电能无法大容量存储,电能的生产与消耗几乎是时刻保持平衡。因此,电力生产过程不能中断,对可靠性要求极高。电力系统的一次设备主要是由发电机、变压器、母线、输电线路、电动机、电抗器、电容器等组成的电能传输设备(属于高压设备)。电力系统的二次设备主要是对一次设备的运行状态进行监视、测量、控制与保护的设备。根据不同的运行条件,可以将电力系统运行状态分为正常状态、不正常状态和故障状态。正常状态是等约束和不等约束条件都满足,电力系统在规定的限度内可以长期安全稳定运行。不正常状态是正常运行条件受到破坏,但还未发生故障,即等约束条件满足,部分不等约束条件不满足,如负荷潮流越限,发电机突然甩负荷引起频率升高,系统无功缺损导致频率降低,非接地相电压升高,电力系统发生振荡等。故障状态则是指当一次设备运行中由于外力、绝缘老化、过电压、误操作及自然灾害等而发生短路、断路。

电力系统发生短路故障是不可避免的,如雷击、台风、地震、绝缘老化、人为因素等都可能引起短路。伴随短路，可能出现电流增大、电压降低，从而导致设备损坏，绝缘、断电和稳定破坏，甚至使整个电力系统瘫痪等。短路的危害有：①短路电流大，易使元件损伤；②电压降低，电力用户正常的生产、生活受到影响；③破坏电力系统并列运行的稳定性，引起系统振荡，甚至系统崩溃，导致大停电。当某一设备发生故障时，切除故障的时间通常要求几十到几百毫秒，这就必须依靠自动装置完成切除故障的任务，实现这种功能的自动装置就是继电保护装置。由于继电保护具有特殊性，故对其进行专门的研究与分析。

继电保护是对电力系统中发生的故障或异常情况进行检测，从而发出报警信号，或者直接将故障部分隔离、切除的一种重要措施。因在其发展过程中曾主要用有触点的继电器保护电力系统及其元件(发电机、变压器、输电线路等)，使其免遭损害，所以称为继电保护。继电保护的作用(或称为任务)是：①自动、迅速、有选择性地向断路器发出跳闸命令，将故障元件从电力系统中切除，保证其他无故障部分迅速恢复正常运行；②反应元件的不正常运行状态，发出信号，或者进行自动调整，甚至跳闸。

2. 电网发展过程中继电保护面临的挑战

风能、太阳能等新能源发电的迅猛发展及电子技术的进步(图 4.14)，给源、网、荷三个方面带来了全新的改变，也给继电保护带来了新的挑战。源、网、荷的发展和变化使系统随机特性、非线性特性增强，故障特性耦合因素增多，极大地增加了保护整定、判别和故障诊断的难度。

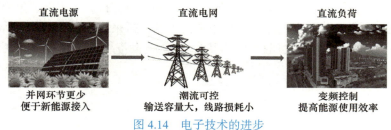

直流电源   直流电网   直流负荷

并网环节更少 潮流可控 变频控制
便于新能源接入 输送容量大，线路损耗小 提高能源使用效率

图 4.14 电子技术的进步

电网中源、网、荷的发展和变化(图 4.15)给继电保护应用的不同阶段(保护前、保护中、保护后)都带来了新的问题。

(1) 保护前：工况复杂多变，整合计算困难。分布式能源的接入、闭环运行直流电网的出现、混合直流网络的耦合等因素，导致拓扑易变、潮流反向、特征叠加耦合等现象，使得保护整定计算困难。

(2) 保护中：故障机理复杂，特征提取困难。故障特征非线性特性增强，保护原理由稳态向暂态转变。传统的故障分析手段面临挑战，给保护的特征提取、故障判别等带来困难。

(3) 保护后：数据信息庞大，故障诊断困难。数据类型丰富、体量巨大，虽然为保护和故障判别提供了更加全面的依据，但也对有效信息挖掘和故障元件判别提出了更高的要求。

图 4.15　电网的发展和变化

3. 人工智能在继电保护中的应用实践

智能化是科技与生产力发展的必然趋势。人工智能具有诸多优点，有望在信息数据多、故障特征乱、性能要求高的现代电力系统继电保护中做出卓越的贡献。人工智能技术在保护前进行在线整定、定值校核，可实现在线监测；在保护中对扰动识别，对区内外进行故障判别；在保护后也可进行故障诊断、区段定位、故障测距等。

保护前的定值在线校核需考虑拓扑结构、运行状态等因素，数据量大、分析困难，快速准确地识别网络拓扑、优化整定结果是保证保护定值更好满足"四性"的关键环节。主要技术难点是电网结构复杂多变，非线性随机特性、多源大数据特性、多时间尺度动态特性，以及离线整定模式固定，传统的整定需离线计算、调试，不能在线实现定值的优化修改，并且优化算法计算耗时，网络节点数多。借助人工智能技术，可以在线优化定值，结合电网状态，在线优化及校核定值；也可快速优化算法，提升校核速度。

快速准确地识别扰动和故障是保证保护选择性和可靠性的重要手段。传统方法需依据特征的表达能力，选取合适的特征；采用阈值等方法区分扰动和故障，可靠性低。其技术难点如下：

(1) 特征提取困难。例如，雷击架空线可能导致线路故障和雷击扰动，在几毫秒的短时间窗内，雷击故障和累计扰动的波形非常相似，仅仅依靠幅值、增量、频谱分布等特征难以区分。

(2) 识别误差高。

传统暂态特征易随工况、参数变化。当特征值或分布受到工况影响时，基于固定阈值、规则等线性分类方法容易产生误判。而人工智能技术具有自学习能力及非线性分类能力，为暂态扰动识别提供可靠的故障特征提取和识别方案。与传统特征相比，人工智能技术的特征自学习不受工况影响，区分度稳定。利用人工智能具备的自学习能力，通过无监督学习的方式客观可靠地实现故障特征的提取。

线性分类无法完全区分故障和扰动(如阈值)，不能区分特征相近的故障和扰动，易产生误判。而人工智能技术所具有的非线性分类没有明确的整定值，可以极大限度地避免误判，通过数据训练，拟合分类边界，能区分相似特征的暂态信号，减少误判。利用非线性分类，最大限度实现准确暂态扰动识别。利用自编码器、置信网络等具有自学习能力的机器学习模型，自学习暂态扰动波形特征，保证了特征表示的稳定性。在仅利用 2 ms 单端电流暂态量的基础上，将识别率由传统基于神经网络的 80%左右提升到 99%。

对于保护后的线路故障定位，行波是线路测距中常用的信息。波头识别和波速测定位是故障定位是否准确的关键，也是目前的主要难点，准确简便的故障定位有利于快速恢复系统供电。电力系统的技术难点就是波头识别困难，传播距离较长，波头衰减明显，多次折反射造成波头衰减、变形及重叠，而传统方式的信号处理方法提取波头误差较大。第二个技术难点是波速计算不准确，仿真模型与实际线路参数有误差，参数、波速随频率变化、波速计算与实际波速有偏差。人工智能技术深度分析行波波形与距离的非线性关系，建立波形-距离回归模型，避开波头识别和速度计算，利用单端数据、高鲁棒性，从而提高准确性。可由测试数据归一化到网络模型信号输入再到数据降维特征自学习，从而得到回归定位结果输出。人工智能技术利用自编码器、去噪自编码器等模型，分析单极接地故障在不同位置、不同路线上的行波波头衰减和叠加特性，建立行波特征和故障距离的回归模型。在避开线路参数识别、波速计算和高采样率需求的同时，将定位误差控制在行业要求的范围以内(国家能源局：测距行业标准，300 km 以下线路，测距误差不超过 500 m)。

对于保护后的配电弱特征故障诊断，传统方法难以实现弱特征故障的精确诊断，而结合微型同步相量量测单位(μPMU)的同步量测，并利用人工智能的特征挖掘与分类功能，有望为该问题的解决提供新思路。现阶段配电网中弱特征故障尚未有可靠的诊断方法，且分布式电源(DG)带来了更复杂的故障特征。现有的研究难点是：数据处理方面，量测数值坏值容易导致错误诊断，且现有诊断方法对噪声鲁棒性差；特征提取方面，噪声和谐波重，特征提取困难，缺乏可靠的全局故障特征；精确诊断方面，故障差异小，扰动易导致误判，而且传统诊断不适用于 DG 接入场景。人工智能技术利用卷积神经网络实现高阻故障快速识别，提取 μPMU 的同步暂态特征，通过优化卷积神经网络进行故障诊断，综合诊断准确率可达 97%以上。

4.4.5　智能巡检机器人

1. 电力行业智能巡检背景及现状

近年来，我国投入大量资金推动智能电网的升级改造，智能电网市场规模持续扩大，2020 年达 796.3 亿元，同比增长 6.78%，2022 年市场规模将超 900 亿元。

智能电网发展规模的不断扩大，使保障电网安全问题凸显，传统的人力巡检早已不适应行业的发展需求，需要融合电力设备状态检测技术，整合变电站、输电线路、电缆管廊、开闭所等各类在线监测数据，以大数据平台为基础，以物联网为纽带，关联设备管理系统(PMS)及其他异构数据，进而形成电力设备状态检修辅助决策系统。在这样的情况下，智能巡检机器人巡检成为最理想的巡检方式，未来将逐步替代分散不成系统的仪器局部自检和人工巡检。智能机器人巡检作为电力系统高效、稳定、重要的巡检方式，已经越来越受到电力行业及相关行业，尤其是涉及巡检工作各行业的高度关注。

电力设备的巡检现状主要分为以下几种：

越受到电力行业及相关行业，尤其是涉及巡检工作各行业的高度关注。

电力设备的巡检现状主要分为以下几种：

(1) 电缆隧道巡检，目前传统的电力电缆隧道巡检方法主要依靠人工及少量环境监控器实现。但是由于电力电缆隧道路程长，封闭性强，构造物多，通信不便，有有害气体产生，一旦出现突发事故，将对巡检人员的人身安全造成极大威胁。

(2) 变电站等电力设备巡检(图 4.16)，传统设备巡检普遍采用的是人工巡视、手工纸介质记录的工作方式，该方式存在人为因素多、管理成本高、无法准确考核巡检人员工作状态等明显缺陷。随着无人值守变电站的普及，改革传统落后的巡检方式势在必行。

图 4.16　变电站等电力设备巡检

(3) 输电线路巡检，传统的巡检方式存在效率低、质量差、危险度高、劳动强度大等缺陷，环境条件恶劣的区域更是如此，因此巡检方式的改变和提高迫在眉睫。

(4) 配电所/开闭所巡检，与变电站巡检类似，尽管现在有手持式智能巡检仪器，但对于无人值守的站所仍存在实时性不强、精确度不高、操作烦琐、人力资源浪费等缺陷。

2. 智能巡检机器人简介及应用

智能巡检机器人系统构架组成主要有四个部分：软件平台、轨道总成、通信总成与供电总成(图 4.17)。智能巡检机器人子系统主要有车载智能控制子系统、视频成像子系统、远程手动遥控子系统、环境量检测子系统、避障及自保护系统、红外热成像子系统及交互式对讲广播子系统。

智能巡检机器人软件系统可以实时呈现被检测设备的状态，以及巡检机器人在巡检环境中的状态。智能机器人巡检系统包括实时监控、信息查询、自主巡检、特殊巡检、遥控巡检等功能子系统。大数据分析与决策支持系统可以对红外测温影像、紫外影像、红外测气体泄漏影像、超声局放信号、特高频局放信号、油中溶解气体图谱、介损电容量、暂态地电压、可见光影像与音频图频等进行分析；根据检测系统实时传

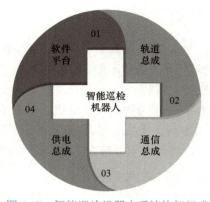

图 4.17 智能巡检机器人系统构架组成

送的输变电检测数据,利用红外测温、气体泄漏、可见光影像识别技术进行识别,对于异常信息进行报警;实现变电站设备在线检测、机器人带电检测数据的后台自动在线模式识别,自动判别缺陷及其风险程度,推送预警信息。智能巡检机器人识别系统则是利用红外测温子系统分析目标图像,当目标范围内有超温的设备时,判断报警级别,按照电力行业标准,自动形成红外测温报告。表针识别子系统对可见光模块检测的图像进行实时处理,应用边缘检测、圆与椭圆拟合、指针检测角度化算法,实现精度高、处理速度快的智能识别过程。

智能巡检机器人在电力行业的应用主要有以下几种:

(1) 变电站激光导航智能巡检机器人和变电站磁导航智能巡检机器人(图 4.18 和图 4.19)。这类巡检机器人需要具备红外热成像精确测温系统、可见光智能识别(表计、油位、断路器及隔离开关合分状态)系统、音频采集系统、应急实时对讲系统、精确的激光导航系统或磁导航系统、无缝漫游的 MESH(无线网格网络)无线通信系统、先进的快速无线充电系统、大数据分析系统、多种巡检模式(定时巡检、周期巡检、不间断巡检、特殊巡检)、多站集中控制系统等。

图 4.18 变电站激光导航智能
巡检机器人

图 4.19 变电站磁导航智能巡检机器人

变电站智能巡检系统以实用化变电站智能巡检机器人为基础,具有可见光、红外热成像、紫外、SF_6(六氟化硫)泄漏状态检测等多种功能,适合室外全天候工作,是特种应用机器人在电网中应用的代表产品。智能巡检机器人将监测数据通过无线通信实时传输到变电站大数据系统,同时与其他在线检测的数据进行融合、分析和处理。连同其他变电站的大数据信息传往上层的大数据处理中心,该中心再与 PMS 系统及其他异构数据进一步实时关联分析。这种多层的分布式网络构架支撑了状态检修辅助决策系统的实时数据源，构成了数据采集、分析、预警及辅助决策的闭环系统。如图 4.20 所示，乌鲁木齐市 220 kV 三宫变电站的智能巡检机器人具有红外测温、表计识别、高清拍摄、噪声分析、语音对讲等功能，能够代替巡视人员定时开展巡检工作，抄录设备压力、动作次数等，同时对各设备开展红外线测温，自动进行计算和对比，及时发现设备异常和隐患，并发送报警信息至后台，为变电站的安全稳定运行提供有效帮助。

(2) 电力隧道智能巡检机器人(图 4.21)。具备红外热成像精确测温系统、可见光智能识别系统、声音采集系统、应急实时对讲系统、快速追踪识别系统、强大的告警联动系统、隧道环境监测系统(测温度、有害气体含量、空气含氧量、隧道内烟雾、火焰探测)、无缝漫游的 MESH 无线通信系统、先进的快速无线充电系统、多种巡检模式(定时巡检、周期巡检、不间断巡检、特殊巡检)、自动穿越防火门功能。电力隧道智能巡检机器人进行巡检，可实现不间断的反复巡检，并对隧道状态的连续动态进行采集，弥补了原有隧道内在线检测系统的不足，确保第一时间发现隧道内的突发情况。一旦发生火灾、恐怖袭击等恶性事故，智能巡检机器人可第一时间进入事故现场，将现场的视频、图像、空气中有害气体的含量、温度/湿度报警等数据发送回指挥中心。

图 4.20　乌鲁木齐变电站内智能巡检机器人　　　图 4.21　电力隧道智能巡检机器人

(3) 输电线路智能巡检机器人(图 4.22)。具有红外热成像精确测温系统、可见光智能识别系统、无缝漫游的 MESH 无线通信系统、多种巡检模式(定时巡检、周期巡检、不间断巡检、特殊巡检)。采用无人机对输电线路的导线、线夹、引流线等红外发热垫进行检测，对杆塔倒塌、倾斜、线路断路、绝缘子脱落等现象进行快速分析识别。国网浙江省电力有限公司金华供电公司(简称金华公司)的输电运检人员对 1000 kV 江莲 I 线仙桥通道开展无人机巡检工作，成功实现 5G 技术在无人机智能巡检中的试点应用。巡检人员利用"移动机场"将无人机准确投放至巡检作业点，借助无人机上搭载的 5G 终端，通过 5G 基站将巡检画面实时、高清地传送至无人机机巡分中心的监控大厅，实现对无人机远程操控。利用 5G 高速度、泛在网、低功耗、低延时的技术优势，实现无人机与智能管控平台间的稳定高效连接，管控人员可在后台远程实时操控无人机，获取现场的高清影像，支撑故障巡检的远程专家决策，极大地提升了线路巡检工作的时效性。

(4) 配电所/开闭所智能巡检机器人(图 4.23)。具有红外热成像精确测温系统、可见光智能识别系统、声音采集系统、应急实时对讲系统、无缝漫游的 MESH 无线通信系统、先进的快速无线自主充电系统、多种巡检模式(定时巡检、周期巡检、不间断巡检、特殊巡检)等功能。结合室内实际情况，智能巡检机器人可完成可见光视频巡视、红外热像仪视频巡视、自动定点设备照片存档、自动定点设备红外热图存档、自动定点设备温度检测存档(自动温度越限报警)、设备历史温度分析等工作。

图 4.22　输电线路智能巡检机器人

图 4.23　配电所/开闭所智能
巡检机器人

随着环保要求的提高，火力发电厂露天煤场加装护棚越来越普及。在棚内安装吊柜机器人可以实现自动盘煤、煤温检测、可视化监控等功能。厂内升压变电站也可用智能巡检机器人代替人工巡检。

国家电网的建设持续推进，智能巡检机器人也在智能电网的拓展中不断扩大应用范围。虽然目前仍有一些细节问题亟待优化，但总体远超人力巡检的巨大优势使智能巡检机器人的市场更加明朗，潜力巨大。而在这一波的发展中，中国企业与国外企业已经拉开了相当大的差距，在智能巡检机器人领域，中国企业带领世界企业的发展已经毋庸置疑。智能巡检机器人的"上岗"是对传统巡检模式的一次重大革新，智能巡检机器人通过巡视、各项标记抄录和智能分析，能有效降低人工巡检劳动强度，降低电力行业运维成本，提高巡检作业和管理的自动化和智能化水平，为智能电网提供创新型的技术检测手段和安全保障，克服和弥补人工巡检存在的一些缺陷和不足。

4.4.6　人工智能在电力其他相关领域的应用

(1) 新能源消纳：随着新能源出力占比提高，系统转动惯量、一次调频容量和动态无功储备均呈下降趋势，电网频率和电压调节能力降低，新能源的间歇性和波动性对电网稳定性的影响显著增大。利用智能传感和机器学习等技术对新能源发电波动、电网运行状态、用户负荷特性和储能资源等海量、高维、多源数据进行深度辨识和高效处理，利用多时间尺度全面感知和预测，进一步提高新能源消纳水平，形成源、网、荷、储实时交互协同的、具有柔性自适应能力的互联电网(图 4.24)。

图 4.24 电力新能源

(2) 大电网安全与稳定：随着我国大型交直流混联电网的形成，新能源的持续高比例运行、电力电子装置的大量应用、电力市场化水平的不断提高，电力系统的动态非线性、多时间尺度下的不确定性和难预测性表现得更加突出，传统电网控制方式的失配、失效风险增大。利用智能传感、深度学习、增强学习等技术，基于多源实时测量信息、离线仿真数据和动态模拟实验数据精确建立交直流混联电网故障形态辨识和故障推理模型，构建大电网故障智能识别和控制框架，为大电网安全预警和控制提供快速精确的故障感知触角。

(3) 新兴负荷的感知和预测：随着电动汽车、分布式新能源、微电网等新兴负荷的快速发展与再电气化过程的不断推进，配电网由辐射状单向潮流的传统配电网逐渐向双向潮流的主动配电网演进，负荷的时空不确定性显著增大，对电网承载能力提出更高的要求。利用机器学习等技术，通过对多关联因素影响下的新兴负荷集群进行全面感知、分类和预测，实现负荷需求对电网调控运行要求的充分响应和互动，进一步提升电网的负荷承载能力和损耗控制水平，提升供电可靠性。

(4) 电力资产数字化感知与智能管理运维：电力行业是资产密集新产业，资产总量庞大、分布广泛，电力设备点多面广、运行特性各异、传统的运维检修办法难以实现科学管理和对设备状态进行精准评价。利用电子标签、智能传感、图像识别等技术，实现对电力设备状态数据、环境数据的数字化感知；利用机器学习技术，结合历史数据进行深度挖掘，对设备状态进行综合性的评价和判断，并提出针对性的检修和规划改造方案；利用智能机器人，实现电力资产运维的智能化检修和运维。

(5) 信息通信与网络安全：智能化发展导致信息通信系统和能源电力系统物理设施的深度融合，网络和信息安全受到高度关注。重点开展网络规划、网络功能虚拟化(NFV)、网络承载的数据、资源和流量的优化配置，网络攻击监测等研究(图 4.25)。

图 4.25 人工智能在信息通信与网络安全方面的应用

4.4.7   总结与展望

　　智能电网是建立在集成的、高速双向通信网络的基础上，通过先进的传感和测量技术、先进的设备技术、先进的控制方法及先进的决策支持系统技术的应用，实现电网的可靠、安全、经济、高效、环境友好和使用安全的目标，其主要特征包括自愈、激励和保护用户，抵御攻击，提供满足 21 世纪用户需求的电能质量，容许各种不同发电形式的接入，启动电力市场及资产的优化高效运行。在电网发生大扰动和故障时，仍能保持对用户的供电能力，而不发生大面积停电事故；在自然灾害、极端气候条件或外力破坏下仍能保证电网的安全运行；具有确保电力信息安全的能力。具有实时、在线和连续的安全评估和分析能力，强大的预警和预防控制能力，以及自动故障诊断、故障隔离和系统自我恢复的能力。具有兼容性，支持可再生能源的有序、合理接入，适应分布式电源和微电网的接入，能够实现与用户的交互和高效互动，满足用户多样化的电力需求，并提供对用户的增值服务。支持电力市场运营和电力交易的有效开展，实现资源的优化配置，降低电网损耗，提高能源利用效率。实现电网信息的高度集成和共享，采用统一的平台和模型，实现标准化、规范化和精益化管理。优化资产的利用，降低投资成本和运行维护成本。

　　我国电力发展方式正面临着一场深刻变革，人工智能电网的发展已经成为不可或缺的重要一极，将对我国经济社会可持续健康发展起到关键支撑作用。智能电网将先进的传感量测、信息通信、自动控制、新型材料、先进储能等技术融于一体，与发、输、配、变、用、调度各环节基础设施高度集成，具备全方位、全过程、全要素的智能监测、诊断、通信、控制、决策与自愈能力，在技术上具有信息化、自动化、互动化三大基本特征。智能电网能够在发电侧承载大规模风力发电、光伏发电等新能源发电间歇式并网需求和分布式能源发电上网；在输、配、变、调度环节降低输电线路损耗，实现多指标自趋优运行；在用电侧以互动方式为用户提供最优的电能消费解决方案和最佳的用电体验，并支撑电动汽车的广泛应用。对新型现代化电力系统来说，发展智能电网不仅能够有效解决新能源发电接入问题，提高能源使用效率，还将显著提高供电可靠性和用电质量。以智能电网为核心，以信息流和能量流为纽带，以大数据和人工智能为支撑，打造电网智能控制机器人，实现能源电力系统的"无人驾驶"。人工智能技术是电网发展的必然选择，也是能源电力转型发展的重要战略支撑。

4.5   人工智能在新能源汽车中的应用

4.5.1   新能源汽车简介

　　新能源汽车是指采用非常规的车用燃料作为动力来源(或使用常规的车用燃料，采用新型车载动力装置)，综合车辆的动力控制和驱动方面的先进技术形成的技术原理先进、具有新技术和新结构的汽车。

1. 新能源汽车分类

新能源汽车包括电动汽车、气体燃料汽车、生物燃料汽车、氢燃料汽车等，其中电动汽车包括混合动力电动汽车(HEV)、纯电动汽车(BEV，包括太阳能汽车)、燃料电池电动汽车(FCEV)、其他类型电动(如超级电容器)汽车等。目前主流的新能源汽车是电动汽车。

混合动力电动汽车也称复合动力电动汽车，是指采用传统燃料，同时配以电动机或发电机改善低速动力输出和燃油消耗的车型(图4.26)。一般装有两个以上的动力源，动力源一般有蓄电池、燃料电池、太阳能电池、内燃机发电机组。混合动力电动汽车按照燃料种类的不同可分为汽油混合动力电动汽车和柴油混合动力电动汽车两种。目前在国内，混合动力电动汽车以汽油混合动力电动汽车为主，国际上以柴油混合动力电动汽车为主。其中，插电式混合动力电动汽车(PHEV)是一种新型的混合动力电动汽车，该车区别于传统汽油动力与电驱动结合的混合动力电动汽车。普通混合动力电动汽车的电池容量很小，仅在起/停、加/减速时供应/回收能量，不能外部充电，不能用纯电模式较长距离行驶；插电式混合动力电动汽车的电池相对较大，可以外部充电，可以用纯电模式行驶，电池电量耗尽后再以混合动力模式(以内燃机为主)行驶，并适时向电池充电。

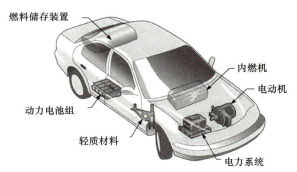

图 4.26　混合动力电动汽车

纯电动汽车主要采用电力驱动。目前，大部分车型直接采用电动机驱动，一部分车型把电动机装在发动机舱内，也有一部分车型直接以车轮作为四台电动机的转子，而其难点在于电能的存储技术。

燃料电池电动汽车是一种用车载燃料电池装置产生的电力作为动力的汽车(图4.27)。车载燃料电池装置使用的燃料为高纯度氢气或含氢燃料经重整得到的高含氢重整气。与通常的电动汽车相比，其动力方面的不同在于燃料电池电动汽车所用的电力来自车载燃料电池装置，而其他电动汽车所用的电力来自电网充电的蓄电池。因此，燃料电池电动汽车的关键是燃料电池。

2. 电动汽车的三大核心构件

电动汽车具有三大核心构件，分别是电池、电机、电控系统。

电动汽车电池分为两大类，蓄电池和燃料电池。蓄电池适用于纯电动汽车，包括铅

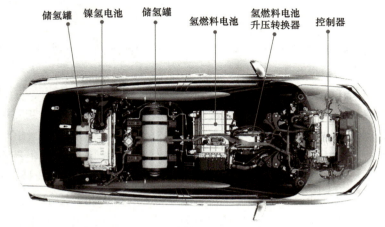

储氢罐　镍氢电池　　储氢罐　　氢燃料电池　氢燃料电池升压转换器　控制器

图 4.27　燃料电池电动汽车

酸电池、镍氢电池、钠硫电池、二次锂电池、空气电池、三元锂电池。燃料电池专用于燃料电池电动汽车，包括碱性燃料电池(AFC)、磷酸燃料电池(PAFC)、熔融碳酸盐燃料电池(MCFC)、固体氧化物燃料电池(SOFC)、质子交换膜燃料电池(PEMFC)、直接甲醇燃料电池(DMFC)。电动汽车的种类不同，电动汽车所采用电池的种类也有差异。在仅装备蓄电池的纯电动汽车中，蓄电池的作用是汽车驱动系统的唯一动力源。而在装备传统发动机(或燃料电池)与蓄电池的混合动力电动汽车中，蓄电池既可作为汽车驱动系统的主要动力源，也可作为辅助动力源。在低速行驶和汽车启动时，蓄电池是汽车驱动系统的主要动力源；在全负荷加速时，蓄电池是辅助动力源；在正常行驶或减速、制动时，蓄电池储存能量。

电动机分为直流电动机、异步电动机、永磁同步电动机、开关磁阻电动机四大类，目前纯电动汽车中使用最多的是永磁同步电动机。与其他几种类型的电动机相比，永磁同步电动机具有效率高、比功率大的特点，但是永磁同步电动机的控制系统相对复杂、成本较高，一些小型的电动汽车企业目前还没有掌握永磁同步电动机的技术。用于电动汽车的驱动电机与常规的工业电机不同。电动汽车的驱动电机通常要求更加频繁的启动/停车、加速/减速，低速或爬坡时要求高转矩，高速行驶时要求低转矩，并要求变速范围大。而工业电机通常优化在额定的工作点。

电动汽车电控系统是电动汽车的"大脑"，由各个子系统构成，每个子系统一般由传感器、信号处理电路、电控单元、控制策略、执行机构、自诊断电路和指示灯组成。不同类型的电动汽车，其电控系统存在一些区别，但一般都包括能量管理系统、再生制动控制系统、电机驱动控制系统、电动助力转向控制系统及动力总成控制系统等。各个子系统功能不是简单的叠加，而是综合各子系统功能来控制电动汽车。

3. 电动汽车的充电方式

随着能源问题的日益突出和环境形势的日渐严峻，电动汽车的发展迎来了新的契机。对于一辆电动汽车，蓄电池充电设备是其必不可少的装备之一。它的功能就是将电网中的电能转化为蓄电池中的电能。电动汽车的充电装置有很多，但是大体上可以分为两大类，即车载充电装置和非车载充电装置。因此，可以将电动汽车的充电方式分为以下五种。

第一种是常规的充电方式(图 4.28)。这种充电方式是采用恒压、恒流的传统充电方式对电动汽车进行充电。这种方式的充电电流十分有限，只有 15 A 左右。通常情况下充电时间比较久。相应的充电器的工作和安装成本比较低，简单易操作。这种充电方式普遍用于电动汽车家用充电设备和小型充电站。由于在充电时只需要将车载充电头插到停车场或家用的电源插座上，因此充电过程一般由客户自己独立完成。

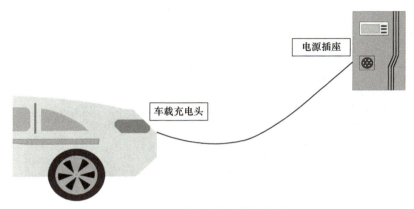

图 4.28　常规充电方式示意图

第二种方式是快速充电。这种充电方式是以 150～400 A 的高充电电流在短时间内为蓄电池完成充电。与常规的充电方式相比，这种充电方式成本高，因此快速充电又称为迅速充电或应急充电。其目的是保证电动汽车在短时间快速充满电。这个时间通常与燃油汽车加油的时间是近似的。该充电方式多用于大型充电站。

第三种方式是无线充电(图 4.29)。这种充电方式的原理就像在车里使用移动电话，将电能转化成一种特殊的激光或微波束，在车顶安装一个专用的天线接收即可。

图 4.29　无线充电方式示意图

第四种方式是更换电池充电技术。这种技术主要是在蓄电池电量耗尽时，用充满电的电池替换已经耗尽电量的电池，蓄电池回归服务站。电动汽车只需要租借电池即可。

第五种方式是移动充电(图 4.30)，是最理想的充电方式。其主要的充电方式是在汽车巡航的时候就能充电，不用寻找充电桩并花费时间充电。这种充电方式需要移动式充电(MAC)系统，并预先将其埋在一段路下面，即充电区。接触式和感应式的 MAC 都可以实行。这种充电方式成本巨大，目前仍处在理论研究阶段，但是前景十分广阔。

图 4.30　移动充电方式示意图

4. 我国新能源汽车的发展现状

新能源汽车的普及有赖于车载电池的稳定供给，而车载电池的电池容量、充电速度、耐久性和安全性的提升及回收等都需要提前布局。如图 4.31 所示，我国新能源汽车产业链可以分为上游的动力电池制造企业、中游的整车厂和下游的充电桩产业及汽车后市场。2018 年我国新能源汽车产销量突破 100 万辆，产销规模连续三年位居全球第一，已形成完整的新能源乘用车产业集群。

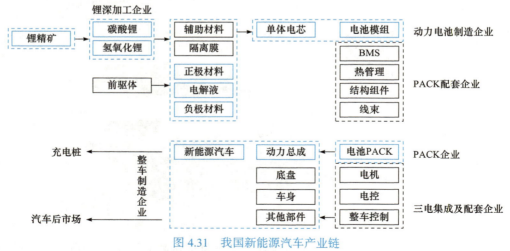

图 4.31　我国新能源汽车产业链

BMS：电池管理系统；PACK：电芯组装成组

　　与传统燃油汽车一样，新能源汽车的广泛使用需要完善的能源供给配套体系的建设，快捷、高效、覆盖面广的能源供给系统是新能源汽车规模化发展的前提。目前，国内外对于电动汽车的能源供给体系已经搭建起来，主要包括两种模式，一种是自充电模式，另一种是换电模式。自充电模式是很多国家研究的重点，从技术路线来说主要包括常规充电和快速充电两种形式，前者可充分利用夜间用电低谷时段进行充电，满足车辆运行的需求，多集中于居民小区及办公区域停车场；快速充电则是在特殊需求下对电能的补充，主要建在机场、火车站、医院、购物中心、加油站等公共场所。换电模式是一种将车辆及电池分开考虑的形式，用户可以像加油一样及时得到能源供给。充电模式和换电模式各自的优缺点如表 4.2 所示。

表 4.2　充电模式和换电模式的优缺点

项目	优点	缺点
充电模式	能利用夜间闲暇时间补充能源；对电池的标准和互换性要求低；能够节约能源	对充电网络建设提出了要求，需要充电桩间的互联互通，保证便捷性；如果按照正常的充电耗时较长，快速充电影响电池寿命
换电模式	能够快速补充能源，满足用户对于里程的及时需求；不需要大规模建设充电设施；在充电中心集中充电，对换电池门店要求很低	电池需要实现标准化、序列化，其中涉及国家层面的强力推动

　　如表 4.3 所示，在发展新能源汽车的市场策略方面，传统车企倾向于在自有内燃机技术基础上先推过渡型新能源汽车，如插电式混合动力电动汽车；而新兴车企则更专注于纯电动汽车的生产、研发。

表 4.3　部分传统和新兴车企发展新能源汽车的市场策略

传统车企				新兴车企	
奥迪	A6L 插电混动(2017.4)	比亚迪	唐 插电混动(2017.2)	特斯拉	Model S 纯电动(2016)
	A3 插电混动(2017.9)		宋 纯电/插电混动(2017.6)		Model 3 纯电动(2017)
	Q7 插电混动(2017.10)		元 插电混动(2017.9)	蔚来	ES 8 纯电动(2017.12)
宝马	X1 插电混动(2017.3)	一汽	奔腾 B30 纯电动(2017.6)	小鹏	G3 纯电动(2018.12)
	改款 i3 纯电动(2017.12)		骏派 A70 纯电动(2017.5)		A101 纯电动(2017.4)
雪佛兰	Bolt 纯电动(2017.12)	吉利	纯电动(2017.5)	云度	A301 纯电动(2017.11)
沃尔沃	S90 插电混动(2017.4)		插电混动(2017.10)		C101 纯电动(2018.9)
丰田	RAV4 插电混动(2017.12)	北汽	EC180 纯电动(2017.1)	威马	EX5 纯电动(2018.4)

　　注：数据统计截至 2018 年 12 月 31 日，仅统计部分与新能源汽车产业相关的企业，不包括所有汽车企业。

　　随着国家推出相关政策大力扶持充电桩产业的发展，充电桩的发展渐入佳境，形成了完整的产业链，其中包括三个环节，即上游设备生产商、中游充电运营商和下游问题解决商。国内参与充电设施运营的包括专业的充电运营商、电动汽车企业、网络运营服务公司等，主要通过搭建运营平台为用户提供"充电服务+增值服务"，但因前期投资巨大且电动汽车尚未大规模应用，充电运营行业普遍没有实现盈利。另外，在现实状况下，充电桩的互联互通正在制约着行业的发展，一直是电动汽车行业的发展难点(表4.4)。

表 4.4   我国充电桩产业存在的问题

问题	产生原因
车与桩不协调	各大运营商反馈，目前充电设施的利用率在 5% 左右，对应到需求端，人们依然认为充电桩难找
充电设施运维成本高	充电设施的建设需要消耗成本支出，且后期运维成本居高不下，充电设施属于专业的电气设备，需要定期维护，保障安全运行。需要专业的人才
可持续盈利能力弱	有些企业通过过低的服务价格进入市场，通过降低设备及服务质量获取权益。但其持续盈利能力较差
兼容性问题	充电桩行业竞争激烈，行业标准未能及时建立，导致存在电池间的兼容性问题

5. 新能源汽车产业未来发展趋势展望

(1) 政策利好，充电桩行业迎来投资热潮。由于利好政策的推动，分布式民营充电站在全国迅速建立。面对这个充电潜力巨大的市场，民营资本已经纷纷加入。

(2) 动力电池冷却技术升级。未来，随着电池能量密度的提高，动力电池 PACK 热管理技术将日渐突出，冷却技术也将进一步升级。

(3) 新能源汽车将在电动基础上，借力互联网创新思维，向智能化方向发展。新能源汽车将进入一个新的发展阶段，即与自动化驾驶和共享出行相叠加，并将引领未来的出行格局，对绿色环境和绿色交通产生深远的影响。

(4) 在硬件供应链方面，具备独特堡垒的整车企业将在竞争中获利。在整车厂投资标的方面，在汽车零部件供应商不够开放化的现阶段，在传感器、动力电池及其他零部件等硬件具备独特堡垒的整车企业将在竞争中获利。

4.5.2   人工智能在自动驾驶及能量管理中的应用

目前，全球范围内都在研发新能源汽车与人工智能。我国的汽车行业起步较晚，传统的燃油汽车技术受到发展限制，很难超越外资企业。而作为国家战略新兴产业，新能源汽车产业是我国实现弯道超车的最佳途径。人工智能是另一项重要的国家战略，与人类生活密切相关的智能汽车是人工智能发展的重要方向。

1. 自动驾驶技术

自动驾驶汽车依靠人工智能、视觉计算、雷达、监控装置和全球定位系统协同合作，是一个集环境感知、规划决策、多等级辅助驾驶等功能于一体的综合系统，集中运用了计算机、现代传感、信息融合、通信、人工智能及自动控制等技术，是典型的高新技术综合体。自动驾驶技术是传统技术与人工智能、车联网等技术的逐步融合，涉及的内容众多。自动驾驶汽车以探测器为"眼"，以不断深入学习上传的大数据为"脑"，实现自我快速移动。当汽车支配者完全由人变为人工智能时，就形成了自动驾驶。因此，人工智能已成为实现自动驾驶的重要因素，也是引领自动驾驶时代来临的重要步骤。电动汽车和未来的智能电网是最好的对接，电动车和未来的智慧城市是最好的对接。电动汽车将再次启动汽车时代的分享经济，通过无人驾驶，汽车的分享状态将得到进一步完善和发展。基于自动驾驶技术的发展，电动汽车能够更加适应未来社会的发展趋势。

　　自动驾驶功能的实现依赖于自适应定速巡航系统。装有自适应定速巡航系统的车辆在车头装有高精度的测距雷达，计算机可以通过雷达获得与前车的精确距离。在高速巡航时，一旦前车突然减速，或有车并线使得车间距迅速减小，计算机将做出判断，通过主动制动保持与前车的距离。计算机根据雷达波的回馈判断出前方是否有车辆，以及车辆的速度及相对位置，协助汽车保持与前车的固定距离，在 $0 \sim 250 \ km \cdot h^{-1}$ 的区间内保持与前车的速度一致，并有自动制动刹停功能，当车辆以 $30 \ km \cdot h^{-1}$ 以下速度行驶时，系统将在发生突发情况时采取全力自动刹车直至车辆停止，最大限度减小突发情况带来的危险。

　　车辆实现自动驾驶，必须经过三大环节：第一，感知。不同的系统需要不同类型的车用感测器，包括毫米波雷达、超声波雷达、红外雷达、镭射雷达、电荷耦合器件-互补金属氧化物半导体(CCD-CMOS)影像感测器及轮速感测器等，收集整车的工作状态及其参数变化情况。第二，处理。将感测器收集到的信息进行分析处理，然后向控制装置输出控制信号。第三，执行。依据能量管理单元输出的信号，让汽车完成动作执行。其中每一个环节都离不开人工智能技术。

　　定位技术是自动驾驶车辆行驶的基础。目前常用的技术包括线导航、磁导航、无线导航、视觉导航、激光导航等。其中，磁导航是目前最成熟可靠的方案，现有大多数应用均采用这种导航技术。磁导航技术通过在车道上埋设磁性标志为车辆提供车道的边界信息，磁性材料具有好的环境适应性，对雨天、冰雪覆盖、光照不足甚至无光照的情况都可适应，不足之处是需要对现行的道路设施做出较大的改动，成本较高。同时，磁导航技术无法预知车道前方的障碍，因而不可能单独使用。视觉导航对基础设施的要求较低，被认为是最有前景的导航方法。在高速路和城市环境中视觉导航技术受到了较大的关注。

　　自动驾驶汽车感知依靠传感器。目前传感器性能越来越高、体积越来越小、功耗越来越低，其飞速发展是自动驾驶热潮的重要基础。反之，自动驾驶又对车载传感器提出了更高的要求，促进了其发展。目前用于自动驾驶的传感器可以分为四类：雷达传感器、视觉传感器、定位及位姿传感器和车身传感器。雷达传感器主要用于探测一定范围内障碍物(如车辆、行人、路肩等)的方位、距离及移动速度，常用车载雷达种类有激光雷达、毫米波雷达和超声波雷达。激光雷达精度高、探测范围广，但成本高，如谷歌自动驾驶车顶上的 64 线激光雷达成本高达 70 多万元人民币；毫米波雷达成本相对较低，探测距离较远，被汽车企业广泛使用，但与激光雷达相比精度稍低、可视角度偏小；超声波雷达成本最低，但探测距离近、精度低，可用于低速下碰撞预警。视觉传感器主要用于识别车道线、停止线、交通信号灯、交通标志牌、行人、车辆等。常用的有单目摄像头、双目摄像头、红外摄像头。视觉传感器成本低，相关研究与产品非常多，但视觉算法易受光照、阴影、污损、遮挡影响，准确性、鲁棒性有待提高。因此，图像识别作为人工智能技术广泛应用的领域之一，也是自动驾驶汽车领域的一个研究热点。定位及位姿传感器主要用于实时高精度定位及位姿感知，如获取经纬度坐标、速度、加速度、航向角等，一般包括全球导航卫星系统(GNSS)、惯性设备、轮速计、里程计等。现在国内常用的高精度定位方法是使用差分定位设备，如 RTK-GPS，但需要额外架设固定差分基站，应用距离受限，而且易受建筑物、树木遮挡影响。近年来很多省(市)的测绘部门都架设了相当于固定差分基站的连续运行参考站系统(CORS)，如辽宁、湖北、上海等，实现了定位信号的大范围覆盖，这种基础设施建设为智能驾驶提供了有力的技术支撑。定位技术是自动驾驶的核心技术，有了位置信息就可以利用丰富的地理、地图等先验知识，使用基于位置的服务。车身传感器来自车辆本身，通过整车网络接口获取车速、轮速、挡位等车辆本身的信息。

1) 人工智能在自动驾驶深度学习中的应用

人工智能在自动驾驶深度学习的应用中，自动驾驶汽车内的计算机与常用的台式计算机、笔记本电脑略有不同，因为车辆在行驶时会遇到颠簸、震动、粉尘甚至高温的情况，一般计算机在这些环境中无法长时间运行。因此，自动驾驶汽车一般选用工业环境下的计算机——工控机。工控机上运行操作系统，操作系统中运行自动驾驶软件。图 4.32 为某自动驾驶车软件系统架构。操作系统之上是支撑模块(这里模块指的是计算机程序)，为上层软件模块提供基础服务。支撑模块包括：虚拟交换模块，用于模块间通信；日志管理模块，用于日志记录、检索及回放；进程监控模块，负责监视整个系统的运行状态，如果某个模块运行不正常，则提示操作人员并自动采取相应措施；交互调试模块，负责开发人员与自动驾驶系统交互。除了对外界进行认知之外，机器还必须能够进行学习。深度学习是自动驾驶技术成功的基础，深度学习是源于人工神经网络的一种高效的机器学习方法。深度学习可以提高汽车识别道路、行人、障碍物等的时间效率，并保障识别的正确率。通过大量数据的训练后，汽车可以将收集到的图形、电磁波等信息转换为可用的数据，利用深度学习算法实现自动驾驶。当自动驾驶汽车通过雷达等收集到数据时，对原始的训练数据首先进行数据的预处理，计算均值并对数据的均值做均值标准化，对原始数据做主成分分析，使用 PCA(主成分分析)白化或 ZCA(零相成分分析)白化。例如，将激光传感器收集到的时间数据转换为车与物体之间的距离；将车载摄像头拍摄到的照片

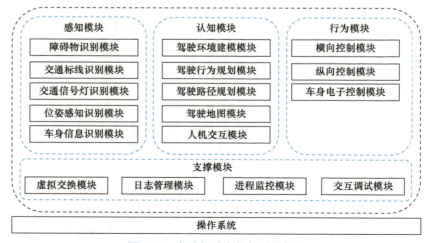

图 4.32　自动驾驶车软件系统架构

信息转换为对路障、红绿灯和行人的判断等；将雷达探测到的数据转换为各个物体之间的距离。将深度学习应用于自动驾驶汽车中，主要包括以下步骤：

(1) 准备数据，对数据进行预处理，再选用合适的数据结构存储训练数据和测试组元。

(2) 输入大量数据对第一层进行无监督学习。

(3) 通过第一层对数据进行分类，将相近的数据划分为同一类，随机进行判断。

(4) 运用监督学习调整第二层中各个节点的阈值，提高第二层数据输入的正确性。

(5) 用大量的数据对每一层网络进行无监督学习，并且每次用无监督学习只训练一层，将其训练结果作为其更高一层的输入。

(6) 输入后用监督学习调整所有层。

2) 人工智能在自动驾驶信息共享中的应用

首先，利用无线网络进行车与车之间的信息共享。通过专用通道，一辆汽车可以把自己的位置、路况实时分享给其他汽车，以便其他车辆的自动驾驶系统在收到信息后做出相应调整。其次，3D 路况感应，车辆将结合超声波传感器、摄像机、雷达和激光测距等技术，检测出汽车前方约 5 m 内的地形地貌，判断前方是柏油路还是碎石、草地、沙滩等路面，根据地形自动改变汽车设置。另外，汽车还能进行自动变速，一旦探测到地形发生改变，可以自动减速，路面恢复正常后，再回到原先状态。汽车信息共享收集到的交通信息量非常巨大，如果不对这些数据进行有效处理和利用，就会迅速被其他信息所湮没。因此，需要采用数据挖掘、人工智能等方式提取有效信息，同时过滤掉无用信息。考虑到车辆行驶过程中需要依赖的信息具有很大的时间和空间关联性，因此有些信息的处理需要非常及时。

3) 人工智能应用于自动驾驶技术的优势

人工智能算法更侧重于学习功能，其他算法更侧重于计算功能。学习是智能的重要体现，学习功能是人工智能的重要特征，现阶段大多人工智能技术还处在学的阶段。自动驾驶实际上是类人驾驶，是智能车向人类驾驶员学习如何感知交通环境，如何利用已有的知识和驾驶经验进行决策和规划，如何熟练地控制方向盘、油门和刹车。从感知、认知、行为三个方面看，感知部分难度最大，人工智能技术应用最多。感知技术依赖于传感器(如摄像头)，由于其成本低，在产业界备受青睐。以色列 Mobileye 公司在交通图像识别领域做得非常好，通过一个摄像头可以完成交通标线识别、交通信号灯识别、行人检测，甚至可以区别前方是自行车、汽车还是卡车。近几年研究人员通过卷积神经网络和其他深度学习模型对图像样本进行训练，大大提高了识别准确率。认知与控制方面，主要使用人工智能领域的传统机器学习技术，通过学习人类驾驶员的驾驶行为建立驾驶员模型，学习人的方式驾驶汽车。

4) 自动驾驶技术面临的挑战

在目前交通出行状况越来越恶劣的背景下，自动驾驶汽车的商业化前景还受很多因素制约，主要有：①法规障碍；②不同品牌车型间建立共同协议，行业缺少规范和标准；③基础道路状况、标识和信息准确性，以及信息网络的安全性不高；④难以承受的高昂成本。

此外，自动驾驶汽车的一个最大特点就是车辆网络化、信息化程度极高，而这也对计算机系统的安全问题提出极大挑战。当遇到计算机程序错乱或信息网络被入侵的情况，如何继续保证自身车辆及周围其他车辆的行驶安全是未来急需解决的问题。

2. 能量管理技术

能量管理系统是电动汽车的核心之一，由三个部分组成：功率分配、功率限制和充电控制。其工作原理可以简单归纳如下：由电子控制单元根据数据采集电路采集到的电池状态信息及其他相关信息进行数据分析和处理，并形成最终的指令和信息发送到相应的功能模块。它所完成的功能包括维持电动汽车所有蓄电池组件的工作，并使其处于最佳状态；采集车辆的各个子系统的运行数据，进行监控和诊断；控制充电方式和提供剩余能量的显示。与电机控制技术相比，能量管理技术还不是很成熟。如何实现无损电池的充电，监控电池的充放电状态，避免过充电现象，并对电池实行定期的、实时的检测、诊断和维护，最大限度地保证电池的正常可靠运行是主流研究方向。而在能量管理系统中，数据采集模块的可靠性、剩余能量估算模块的精度、安全管理模块等方面有待进一步提高。车辆行驶提出的扭矩需求必须经过能量管理模块，根据车辆动力混合方式、部件、策略的不同，合理地将能量需求分配到不同的驱动系统中。能量管理对汽车经济性、动力性及部件寿命有很大影响。

(1) 新能源汽车能量管理系统是对动力系统能量转换装置的工作能量进行协调、分配和控制的软、硬件系统。能量管理系统的硬件由传感器、控制单元和执行元件等组成，软件系统的功能主要是对传感器的信号进行分析处理，对能量转换装置的工作状态进行优化分析，并向执行元件发出指令，控制其动作。不同种类的新能源汽车，其能量转换系统构成不同，因而其能量管理的软、硬件系统装置构成也不同。以纯电动汽车为例，其能量管理系统的基本构成包括：电池输入控制器、车辆运行状态参数、车辆操纵状态、电池管理系统、电池输出控制器、电机发电系统等。

(2) 输入能量管理系统电控单元的参数有各电池组的状态参数(如工作电压、放电电流和电池温度等)、车辆运行状态参数(如行驶速度、电动机功率等)和车辆操纵状态(如制动、启动、加速和减速等)等。能量管理系统具有对检测的状态参数进行实时显示的功能。能量管理系统对检测的状态参数按预定的算法进行推理与计算，并向电池、电动机等发出合适的控制和显示指令等，实现电池能量的优化管理与控制。①荷电状态指示器：与燃油汽车的油量表类似，表征电动汽车蓄电池中储存的能量和可行驶里程；②电池管理系统：是能量管理系统的一个子系统，通过实时检测和估算电池状态，提供电池组的优化使用方法。

电池管理系统的主要功能有：防止过充电、过放电，温度控制及平衡，能量系统信息提示，电池状态测试及显示等。通常包括检测模块与运算控制模块。检测模块测量电芯的电压、电流和温度及电池组的电压，然后将这些信号传给运算控制模块进行处理并发出指令，因此运算控制模块是电池管理系统的核心。运算控制模块一般包括硬件、基础软件、运行时环境和应用软件，其中最核心的部分是应用软件。应用软件一般分为两部分：电池状态的估算算法和故障诊断及保护。电池状态估算包括荷电状态(SOC)、功率状态(state of power，SOP)、健康状态(state of health，SOH)及均衡和热管理。荷电状态是电池管理系统中最重要的参数，因为其他一切都是以荷电状态为基础的，所以它的精度和稳定性极其重要。如果没有精确的荷电状态测试，加再多的保护功能也无法使电池管理系统正常工作，因为电池会经常处于被保护状态，更无法延长电池的寿命。此外，荷电状态的估算精度也十分重要。对于相同容量的电池，精度越高，续航里程越长。因此，高精度的荷电状态估算可以有效地降低电池成本。

3. 无线充电技术

如图 4.33 所示，电动汽车动态无线电能传输技术能实现从路面直接给电动汽车动态供电，从而使电动汽车少搭载甚至无需搭载储能电池组，延长续航里程，提高电能供给的便捷性和安全性。

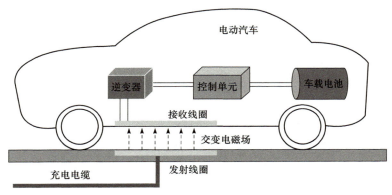

图 4.33　电动汽车无线充电基本原理

无线充电技术源于无线电力传输技术，无线电力传输也称无线能量传输或无线电能传输，主要通过电磁感应、电磁共振、射频、微波、激光等方式实现非接触式电力传输。根据在空间实现无线电力传输供电距离的不同，无线电力传输形式可分为短程传输、中程传输和远程传输三大类。

(1) 短程传输。通过电磁感应电力传输(ICPT)技术实现，一般适用于小型便携式电子设备供电。ICPT 主要以磁场为媒介，利用可分离变压器耦合，通过初级和次级线圈感应产生电流，电磁场可以穿透一切非金属的物体，电能可以隔着很多非金属材料进行传输，从而将能量从传输端转移到接收端，实现无电气连接的电能传输。电磁感应传输功率大，能达几百千瓦，但电磁感应原理的应用受制于过短的供电端和受电端距离，传输距离上限是 10 cm 左右。

(2) 中程传输。通过电磁耦合共振电力传输(ERPT)技术或射频电力传输(RFPT)技术实现，中程传输可为手机、MP3 等仪器提供无线电力传输。ERPT 技术主要是利用接收天线固有频率与发射场电磁频率相一致时引起电磁共振，发生强电磁耦合的工作原理，通过非辐射磁场实现电能的高效传输。电磁共振型与电磁感应型相比，采用的磁场要弱得多，传输功率可达几千瓦，能实现更长距离的传输，传输距离可达 3～4 m。RFPT 主要通过功率放大器发射射频信号，通过检波、高频整流后得到直流电，供负载使用。RFPT 距离较远，能达 10 m，但传输功率很小，为几毫瓦至百毫瓦。

(3) 远程传输。通过微波电力传输(MPT)技术或激光电力传输(LPT)技术实现。远程传输对于太空科技领域如人造卫星、航天器之间的能量传输及新能源开发利用等有重要的战略意义。MPT 是将电能转化为微波，使微波经自由空间传送到目标位置，再经整流，转化成直流电能，提供给负载。微波电能传输适合应用于大范围、长距离且不易受环境影响的电能传输，如空间太阳能电站等。LPT 是利用激光可以携带大量的能量，用较小的发射功率实现较远距离的电能传输。激光方向性强、能量集中，不存在干扰通信卫星的风险，但障碍物会影响激光与接收装置之间的能量交换，射束能量在传输途中会部分丧失。

电动汽车无线供电系统的导轨模式可分为单级导轨供电模式(图 4.34)和多级导轨供电模式(图 4.35)。对于单级导轨供电模式，系统工作时在初级回路中只有一段导轨和一套初级电能变换装置在工作。对于多级导轨供电模式，系统工作时在初级线圈中有多段导轨和多套电能变换装置在工作，当电动汽车行驶到某一段导轨上时就由该段导轨给电动汽车供电，其余导轨处于待机状态。当汽车行驶到下一段导轨时，就关闭上一段导轨并开启下一段导轨给电动汽车供电。

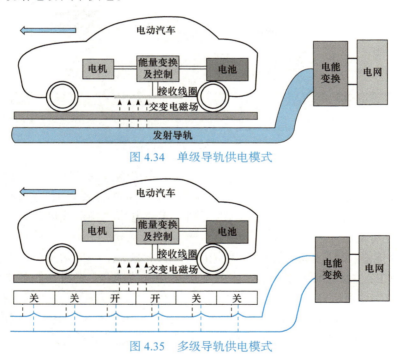

图 4.34　单级导轨供电模式

图 4.35　多级导轨供电模式

由图 4.34 和图 4.35 可以看出，单级导轨供电模式结构简单，容易控制和维护。但是由于导轨结构是单段长导轨，它也存在以下缺点：当导轨上行驶的汽车数量少时，系统的传输效率非常低；系统非常不稳定，对参数的变化敏感，任何微小的参数变化都可能导致系统无法稳定运行。因此，希望提出基于多级导轨模式的电动汽车不停车供电系统，解决单级导轨供电模式下系统传输效率低、对参数变化十分敏感等问题。由此发展了单层多级导轨模式和双层多级导轨模式。

在单层多级导轨模式中，系统供电导轨被切分成 N 段导轨，每段供电导轨都配备有各自的电能变换装置、谐振补偿装置和换流开关，如图 4.36 所示。电能从电网输出，通过每段供电导轨各自的电能变换装置将工频交流电转换为高频交流电，在换流开关的控制下注入谐振补偿网络中，在每段供电导轨中产生高频激励电流。最后通过涡合机构将能量输送到系统次级回路。

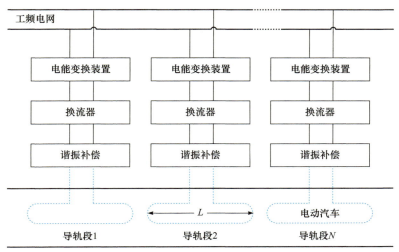

图 4.36　单层多级导轨模式

由图 4.36 看出，单层多级导轨模式具有以下优点：实现了多级导轨的分时供电，提高了系统的传输效率；某一段导轨出现故障时，并不影响其他导轨的正常工作；降低了系统对参数变化的敏感性，提高了系统的稳定性。但是，这种导轨模式也存在一些争论。如果导轨长度设计得非常短，可以大大减小系统损耗，提高系统传输效率。但是由于增加了许多电能变换装置，也增加了系统控制和维护的难度，降低了系统的稳定性。如果导轨长度设计得较长，可以大大减少电能变换装置的数量，但是电能变换装置的单机容量增大，对电子器件的要求更高。同时增加了系统对参数变化的敏感性，也降低了系统的稳定性。为了解决这些问题，另一种多级导轨供电模式，即双层多级导轨模式应运而生。

在单层多级导轨的基础上，将 N 个导轨段改为 N 个导轨组，每个导轨组中只有一套电能变换装置将工频交流电转换为高频交流电后注入供电导轨中。每个导轨组又分为 n 个小的导轨段，这 n 个小的导轨段都配备有各自的谐振补偿装置和换流开关。它们根据自身的负载状况，自适应切换到导轨供电状态，即实现了对双层多级导轨的分级控制。双层多级导轨模式如图 4.37 所示。

双层多级导轨模式具有以下优点：实现了导轨的分时分段供电，减小系统损耗，提高系统传输效率；电能变换装置数量少，易于控制和维护；电能变换装置的功率等级小，降低了对电子器件的要求；降低了系统对参数变化的敏感性，提高了系统的稳定性。

无线充电技术具有使用方便、安全、无火花及触电危险、无积尘和接触损耗、无机械磨损和相应的维护问题、可适应多种恶劣环境和天气等优点。但是设备的经济成本投入较高，维修费用大，实现远距离大功率无线电磁转换的能量损耗相对较高，无线充电设备的电磁辐射会对环境造成污染等缺点也制约了其发展和应用。

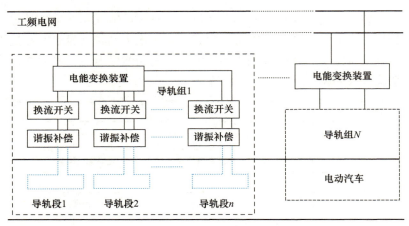

图 4.37　双层多级导轨模式

4.6　人工智能在民用建筑新能源系统中的应用

4.6.1　民用建筑新能源系统概述

作为传统产业，建筑业的数字化和信息化技术投入远远低于其他行业。麦肯锡咨询公司对全球各行业的数字化研究表明，建筑行业排名倒数第二，仅次于农业。对于中国各行业的数字化转型，麦肯锡咨询公司的研究报告显示，建筑行业排名倒数第一，而建筑公司的平均利润率仅为 1%～3%。在过去的十几年中，中国建筑业每年仅增长 1%，相比之下，制造业增长率为 3.6%，全球经济增长率为 2.8%。随着城市化建设的发展，中国民用建筑能耗占比已突破 30%，民用建筑节能是减少能耗的一项重要举措，能够有效促进建筑行业及能源环境的可持续发展。民用建筑的节能和智能化是世界性的大趋势和大潮流，也是中国改革和发展的迫切需要，是 21 世纪中国建筑业发展的重点和热点。由于智能建筑的概念符合生态和谐及可持续发展的理念，因此中国的智能建筑主要突出建筑的节能环保、实用先进性和可持续发展的特点。建筑业的转型升级势在必行，转型升级的方向是将建筑业提升到现代工业化水平，核心是绿色化、信息化和智能化。

近年来，随着移动互联网、物联网及人工智能技术的不断进步与发展，现代社会民用建筑的设计、控制与管理越来越离不开人工智能技术的支持，通过人工神经网络系统的使用，民用建筑的智能化发展得到了稳步提高。现代智能建筑将人工智能技术作为解决相关问题的重要手段，人工智能技术可以进行精确分析并研究出最佳解决方案。同时，在人工神经网络系统逐步完善的前提下，建筑智能化设备在运行流畅性、运行稳定性和自动化控制水平方面取得了重大进展。人工智能技术在民用建筑领域也得到了初步的应用，并且形成了一定的人工智能系统，如民用建筑能源智能管理系统、消防自动化系统及家居自动化系统等。

4.6.2　人工智能在民用建筑能源智能管理系统中的应用

1. 传统民用建筑能源管理系统

传统民用建筑能源管理系统主要包括设备监控、表具监测、数据分析等方面。随着物联网的逐步普及，几乎所有的建筑能源设备都可以通过网络连接到中央计算机房。因此，高端办公楼、体育馆、商场等大型建筑物基本上可以通过计算机网络整合所有建筑能耗数据。但是建筑物的能耗并没有统一的标准，因此无法对当前的能耗(节能或多能耗)做出合理的判断。目前较为通用的解决方案是记录建筑物的所有日常能耗，即运行一段时间(通常为一年)后，获取能耗数据基线，然后调整设备的运行策略，如减少通风、减少室内外的冷热对流、降低空调的运行功率等，经过数据采集之后，确定调整策略是否合理。这种方法非常有效，但缺点明显，即十分耗时，通常需要几年时间才能得出结论。随着设备维修、老化、更换等，得出的结论往往滞后而且效果不佳。另一个有效的解决方案是雇用专业团队对建筑物的能耗进行全面分析，但由于涉及大量设备和子系统，通常成本高昂，而且没有统一的能耗标准，所采用的策略不一定准确。因此，开发低成本、效率高的建筑能源智能管理系统尤为重要。

建筑能源管理系统的主要功能是检测建筑物中的所有能源使用情况，并计算能源价格。针对新一代建筑能源管理系统，被动计算数据已无法满足智能建筑的需求。随着各种节能工具的诞生，建筑能源管理系统也得到了更大的发展。它旨在动态分析各种节能工具的节能效果，并控制这些节能工具的启动和停止及故障检测。建筑能源管理系统要求对各楼的供水、燃气、中央空调能源和分体式空调能耗进行系统的测量和监测，每个能耗点分为实际使用功能和建筑功能区(基本以楼层为单位)，在每个能耗点安装相应的能耗计量器和设备，通过综合管理系统软件对能量达到管道中每个能耗测量点的能耗实现在线测量、动态监测、集中管理、科学评估，最后达到预期的节能效果。

建筑能源管理系统主要实现建筑用电、用水和用气监测。无论监控类型如何，网络支持在实际使用中都是必不可少的。在建筑物的成本和稳定性方面，网络电缆很少用作通信的物理链路。因此，上述三种监控中使用的网络速度通常远低于普通以太网网络。在实际使用中，一般设备点的数量将超过 1000 个。这两个原因经常导致系统在检测到故障时发生延迟，即问题不能在中央能源管理系统中快速反应，从而进一步导致判断故障的难度增加。专家系统对故障的预判断通常可以缩短检查故障的时间并节省成本。

2. 民用建筑能源智能管理系统

专家系统是一种基于知识的系统，其实质是基于控制对象和控制规律的各种专家知识来进行系统的构建和操作。该人工智能计算机程序系统具有与特定领域的专家相当的知识和经验水平，以及解决特定问题的能力，也可以说专家系统是指具有与某领域的专家处理知识和解决问题的能力相当的计算机智能软件系统。根据一个或多个专家的知识和经验，判断推理，模拟专家决策过程，解决需要专家决策的复杂问题。通过这种方式可以引入基于控制专家的专业知识和实践经验的专家控制系统。知识表达技术用于构建知识模型和知识库，并使用知识推理来制订控制决策。

专家系统的特点决定了它适用于具有强大专业性和高系统复杂性的大型业务系统。实际上，建筑能源管理系统恰好符合这一条件。一方面，建筑能耗是巨大的，这意味着使用一些先进的节能管理方法可能会花费很多成本；另一方面，能源系统拥有大量的设备，而且系统的专业知识要求非常高，无论是普通用户还是 IT 工程师都无法合理配置有效的能源管理解决方案。在这种情况下，专家系统可将能源专家的知识应用于管理系统。建筑能源智能管理专家系统一般由两部分组成，一部分是设备故障识别模块，主要用于检测系统中所有设备的运行故障，能够有效地推断故障设备类别及位置；另一部分是节能设备启停策略分析模块，主要用于控制各种节能设备的开闭，提高节能设备的效率，节约能源。

专家系统在能源智能管理系统中可以获得建筑的异常耗能情况及空调等设备的运转故障判断知识，将可能的故障原因告知用户，进一步推荐一种或多种解决方案供用户选择。此外，专家系统可以通过分析日常数据进一步估计合理开关节能设备的时间。建筑节能设备的启停策略涉及多种因素，如室内外温差、湿度、建筑面积、建筑物内人员等，还有能源热效率、设备功率等设备因素，以及当地能源价格差异、收费策略(如使用时间电价、旺季水价)等经济因素。这些因素涉及多个领域，根据现有的社会分工很难找到能够充分了解所有情况的人，因此现有的节能策略不能单一设计。目前的做法是建立一个建筑能耗小组，其中包含多个领域的专家，每个专家负责部分事务，并赋予他一定的决策权。同时，建筑物的设计将参考能耗团队的意见，并反馈给设计单位，最终实现单体建筑的节能策略。这种做法无疑适合建筑物的客观情况，但由于经济成本考虑，无法在社会上得到广泛推广。另一种低成本解决方案通常是先运行节能设备，然后不断调整策略，并监控其运行的时间和能耗。通过长期运作比较，获取经验数据并基于经验数据来调整策略。但是，这种方法需要很长时间才能运行，并且通常需要几年时间才能获得有价值的数据，因此效率略低。更重要的是，由于客观事物在不断发展，过去的经验数据所产生的策略可能不适合现有的情况，这将导致策略过时甚至起到反作用。专家系统的方法是建立一定的规则，模拟人类的思维方式，对各种因素赋予一定的权重，最后得出结论，成本较低且智能性较高，因此值得推广。

4.6.3　人工智能在民用建筑消防系统中的应用

1. 智能消防的相关国家政策

2017 年 10 月，公安部发布了《关于全面推进"智慧消防"建设的指导意见》，提出综合运用物联网、云计算、大数据、移动互联网等新兴信息技术，加快推进"智能消防"建设，全面促进信息化与消防业务工作的深度融合，构建立体化、全覆盖的社会火灾防控体系，实现"传统消防"向"现代消防"的转变。截至 2018 年年底，要求地级以上城市建成城市物联网消防远程监控系统并投入使用。对于目前已经建成系统的城市，到 2017 年年底，要求 70%以上的火灾高危单位和设有自动消防设施的高层建筑接入系统，到 2018 年年底全部接入。按照"急需先建，内外共建"的方式，实现动态感知、智能研判，重点建设和改造相关的消防基础设施设备，做到准确地预防和控制火灾灾情，为消防部门和武警部队的消防工作提供信息支持。

2. 城市物联网消防远程监控系统

在现代社会的生产和生活中，高层建筑、物流园区、办公楼等人口集中区域成为每个城市的标准配置，但大量机械设备和电气设备的使用使电气火灾的概率增加。如果突然发生事故火灾，人群疏散和救援都非常困难。由于人口、建筑和货物过度集中，突发事故很容易造成人员伤亡和重大损失。针对公共安全和消防安全的社会保障状况，提出了利用"智能消防"建立城市物联网消防远程监控系统，建立三维消防安防系统。

智慧消防使用物联网技术、云计算、大数据和其他信息技术创建大数据中心。在传统的火灾报警系统的基础上，采用图像识别和分析技术对火灾和烟气进行分析和报告。智能视频监控在远程火灾监控中被广泛应用，实现电子眼火灾自动报警。同时，建立了城市物联网火灾远程视频监控系统。此外，对于电力监测的使用，安装"传感终端"的电气设备，如配电箱、配电柜、高低压变压器等，可以将电流、电压和电弧等六个参数实时上传到云平台，并进行大数据存储分析，预测设备运行状态和异常自动报警，因此实现了"动态感知，智能研判，精准防控"的目标。利用电气设备传感终端，建立了安全电力领域的物联网消防远程监控系统，为电力安全提供了有效的解决方案。

城市物联网消防远程监控系统主要由五部分组成，第一部分是智能传感终端，第二部分是传输通信层，第三部分是数据基础处理中心，第四部分是城市监控中心，第五部分是消防管理人员。通过安排智能消防终端，依托物联网和通信技术获取基础数据，为消防安全监测、预警和救援打下坚实的基础，形成完整的远程监控系统。第一部分是传统消防设备的更新和升级。第二部分的通信技术主要由中国电信、中国联通和中国移动等运营商提供。第三部分主要是数据处理，如腾讯、阿里云、虚拟对象云平台等。第四和第五部分主要是数据的监测和管理。

通过云计算物联网集成平台系统，实现对整个地区的大型商场、学校、医院、体育馆等场所的实时集中监控和管理。监控设备包含火灾报警系统，包括烟感温感、喷淋系统管道压力、室内外消火栓系统管道压力流量、消防池水位、电气火灾监控设备、火力监控设备、防火门开启状态监控、智能疏散系统监控、火灾监控、火灾泵消防检查监测、终端水质检测装置监测、消防管道阀门状态监测、消防通道监测、物业检查维护状态监测、消防车管理监控系统等。通过用户信息传输设备和其他设备，进行模拟采集，数据接口监控，协议分析和转换，实现对监控中心的数据采集和数据传输。利用导航和跟踪推测技术，实现复杂建筑内消防员的实时准确定位、姿态监测、遇险预警和三维显示。

智慧物联网集成服务系统平台还可以随时检查联网单位的信息，为现场指挥提供支持。经监测中心过滤后，向 119 指挥中心、安全监督、应急指挥等系统报告真火警报。故障信息报告给维修单位，并向消防部门、作战部门和其他有关部门报告作战救援计划。指挥官可以显示报警单元的地理位置信息、周围环境、交通状况、报警点楼层的位置信息及单位消防设施的俯视图、联系电话信息等。同时，它为消防部门提供准确的路线和道路状况信息，以便及时安排警力。系统平台还可以通过连接消防系统子系统、户籍系统和其他相关系统网络，为现场救援指挥提供全面支持，包括：基本单元信息、周围环境、平面图、报警位置图、消防水系统图、紧急逃生路线图、广播系统图、单元配置和位置图。此外，该系统还包括一些辅助功能模块，如日常维护记录、设备检查记录、消防设施运行状态的每日/月/季度/年度报告、维护、预防和整改、消防检查、电气测试、查询火灾、大数据分析和决策、警报、故障记录和历史故障记录，实现火灾预警和安全保护。对于防火，该系统可以很好地解决监督管理难度、控制室的下班、消防设备完好、维修期等问题；也可以为消防救援中出现的警报不及时、警报信息不清晰、警方路线拥堵、现场指挥信息不足等提供先进的解决方案。

3. 智能消防机器人

智能消防机器人作为一种特种机器人，在消防救援中发挥着重要作用。随着各种隧道、地铁、大型石化企业等的数量不断增加，油品燃气、煤气、毒气泄漏，以及隧道、地铁坍塌等灾害隐患正在不断增加。智能消防机器人具有登山、登机、越障、耐温、耐热辐射、防雨、防爆、防化学腐蚀、防止电磁干扰、遥控等行走和自卫等功能。智能消防机器人可以代替消防救援人员进入易燃、易爆、有毒、缺氧、烟雾等恶劣环境及危险事故现场，进行消防侦查、数据采集、处理和反馈，从而确保消防员的安全，加强救援救灾的能力。

目前，国内新开发的一款变频、变流量、变重量的火凤凰液压灭火机器人已引起消防行业的广泛关注(图 4.38)。该消防机器人可实现一个控制终端，同时控制 3 km 范围内的 8 个机器人。其轻巧方便，适用于各种小型日常危险火灾事故，也适用于大型和超大型的火灾事故。智能消防机器人主要具有以下优势：

图 4.38　多功能消防机器人

(1) 无生命损伤，作为一种无生命体，智能消防机器人可以在面对各种危险和复杂环境(如高温、有毒、缺氧和烟雾等)下人类无法触及的地方充分发挥其功能，并大大减少消防员的伤亡。

(2) 人工智能性，智能消防机器人是多种高级学科的组合，如人工智能、计算机技术、电力电子、神经网络、模糊控制、自动控制和机械工业等。在面临日益复杂的消防应急救援环境的情况下，各国政府的技术部门和公司结合其他各项高新技术，开发针对特殊灾情的智能消防机器人，可以根据现场实际情况，自主判断实际危险情况的来源，进行消防侦查、数据采集、处理和反馈及灭火等工作。

(3) 可重复使用性，作为一种特殊的机器人，在精心维护及保养的情况下，智能消防机器人可以实现反复多次使用，解决多种复杂灾情。

但是，目前大范围推广智能消防机器人仍面临许多问题：

(1) 消防机器人价格昂贵且维护成本较高，国内消防机器人每台售价约 100 万元人民币。大部分地区由于财政限制无法配备。而且，消防机器人虽然是非生命体，但它也很容易"受伤"。实际战斗后，消防机器人的许多部件更容易受到损坏，尤其是易受潮湿、烟雾和灰尘影响的电子元件，维护成本也不低。

(2) 目前，消防机器人仍不够智能，无法取代人类。消防机器人的发展经历了三个阶段：第一代程控消防机器人，具有感官功能的第二代消防机器人，以及初级第三代智能消防战斗机器人。由于发展起步较晚，目前我国大多数主流消防机器人仍处于第一代，前沿企业的技术正在向第二代和第三代的方向取得突破。

(3) 智能消防机器人结合了人工智能、计算机技术、机械工业、电子技术和控制理论等高新技术。它对人机协作和维护技术有着极高的要求，相关消防员需要接受专业培训，掌握操作和维护知识才能熟练使用机器人。

(4) 消防机器人的使用受到地形限制，如四川凉山火灾，地势太高，地面颠簸，在这种情况下，消防机器人无法投入使用。

4.6.4　人工智能在节能智能家居系统中的应用

随着生活质量的不断提高，人们对日常家居系统也提出了新的要求。人工智能技术在家居系统中的应用是未来家居系统的发展趋势，智能化家居系统不仅可以实现低碳节能，通过人工智能技术的导入，还能够给人们带来更多的人文关怀。智能家居系统采用先进的网络通信技术、计算机技术、综合布线技术及符合人体工程学原理的医疗电子技术，集成个性化需求，涉及家居生活的各个方面，如窗帘控制、照明控制、燃气阀门控制、场景联动、智能家电、地板采暖、医疗保健、环境卫生防疫、安全保障等有机结合，通过网络化综合智能控制和管理，实现"以人为本"的新居家生活体验。智能家居系统主要包含以下几个子系统：智能照明系统、智能电器系统、智能卫浴系统和智能安防监控系统等。

1. 智能照明系统

传统家居照明系统一般存在以下缺陷：①传统家居的建筑布线开关一般为手动化，布线烦琐，使用不方便，且手动开关存在较大的安全隐患；②传统的红外线遥控及手动物理调光，无节电功能及记忆存储功能，不能起到保护视力的作用；③传统照明虽然款式较多，但缺乏技术创新，光亮模式固定化，功率消耗较大，无法适应社会发展需要，与国家提倡的节能环保政策严重背离。

智能家居照明系统可以实现全屋照明的智能化管理，可以通过各种智能控制方式实现全屋照明的遥控开关，调光、全关及全开，以及通过一键遥控实现会议、影院等多种场景效果；并且可以通过定时控制、电话遥控、计算机本地和互联网遥控等各种控制方式达到预期功能，从而实现节能环保、舒适方便等功能。与传统家居照明系统相比，智能家居照明系统具有以下优势：①控制方面，可实现本地控制、多点控制、远程控制及区域控制等；②安全方面，利用弱电控制强电的方式，实现控制电路与负载电路分离，安全性较高；③操作性方面，采用模块化结构设计，简单灵活，安装方便，而且可以根据环境和用户需求的变化，只要修改软件设置即可实现照明布局变化和功能扩展。

2. 智能电器系统

智能家居电器系统将普通家用电器通过网络技术数字设计和智能控制技术进行改进。如图 4.39 所示，智能电器之间可以互联以形成家庭内部网络，并且该家庭网络可以连接到外部互联网。智能电器系统包括两个方面：第一个方面是家用电器之间的互联问题，即使不同的家用电器能够相互识别并一起工作；第二个方面是解决家电网络与外部网络之间的通信，使家庭中的电器网络真正成为外部网络的扩展。

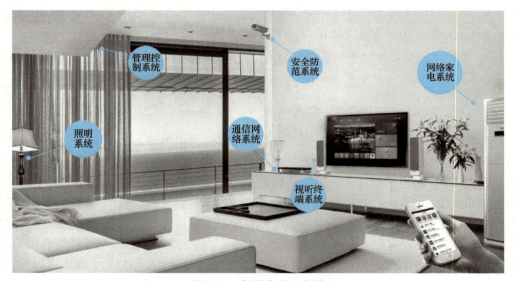

图 4.39　智能家居示意图

为了保证智能电器系统的智能节能控制效果，通过中央控制系统的核心单元将智能插座、智能电源、智能开关、智能窗帘及红外转发器等分控核心单元有序连接，并通过 Web 网络为家庭设施和电器构建智能节能控制框架。电器控制同样采用弱电控制强电模式，既安全又智能。智能电器系统可以采用远程控制和定时等智能控制方式，实现家庭空调、饮水机、投影仪、插座、地暖、新风系统等的智能控制，避免饮用水夜间反复加热影响水质，实现外出时断开电源，避免电加热带来的安全隐患，并智能远程定时控制空调及地板采暖等，以便用户到家后立即享受舒适的温度和新鲜空气。

智能家居电器系统具有以下优势：①控制方面，可以通过红外线或协议控制方式实现本地控制，电话、计算机远程控制，手机控制等，安全方便而且互不干扰；②安全方面，可以根据用户的不同生活节奏自动开关电路，从而避免因电器老化引起不必要的浪费及火灾隐患；③健康方面，可以检测智能家庭的温度、湿度及亮度，并驱动电器自动工作，保证用户的生活健康及提供舒适的用户体验。

3. 智能卫浴系统

传统卫浴产品的功能已经难以适应新时代社会发展的需要，而集功能化、科技感、人性化于一体的智能卫浴逐渐进入了人们的生活。智能卫浴产品的设计和开发是将人工智能技术应用于卫浴产品，使卫浴产品可以做出智能化反应，满足用户的各种需求。智能卫浴系统是将人工智能技术(数字技术、自动化技术和现代科学技术电控等)应用于传统的卫浴产品中，增强卫浴产品的使用性能，获得更加方便、节能、高效的用户体验。

目前，智能卫浴产品，如五金水龙头、坐便器、智能浴缸等已经得到了大力发展和应用。例如，日本东陶公司开发的智能坐便器，支持 SD 卡播放音乐和智能识别语音，带给用户不同的视听享受。美国得而达公司开发的无线传感技术水龙头，将无线传感技术与智能触控技术相结合，如果用户在操作过程中无法腾出手，智能技术可以自动打开水龙头，如果用户在使用过程中离开感应范围则可以轻松自动地关闭水龙头。在实现轻松准确地控制水流开关的同时也达到了节约水资源的目的，还为用户提供了全新的触觉体验。上海交大光谷太阳能科技有限公司的智能按摩浴缸将淋浴、手轮和进水融为一体，实现休闲、健康和理疗等多种功能。当浴缸放满水时，自动进水功能可实现自动停水，恒温循环功能确保水温恒定，喷嘴位置的精心设计则为用户带来舒适的按摩体验。

人工智能技术在卫浴产品的设计及应用中具有广阔的发展前景。除了实现智能卫浴产品的强大功能和改善浴室体验外，还大大提高了用户的舒适度和健康效率，推进节能减排，促进了人工智能卫浴产品的良性发展。

4. 智能安防监控系统

随着人们生活环境的改善，人身安全和财产安全得到了越来越多的重视，对家庭和居民社区的安全保障也提出了更高的要求。与此同时，经济的快速发展伴随着城市流动人口的急剧增加，给城市的社会治安管理带来了新的困难。传统的视频监控系统已广泛应用于学校、商场、银行、车站和交通路口等公共场所，但实际监控任务仍需要更多的人工操作，传统的视频监控系统通常只记录视频图像，只能用于事后取证而不能完全实现监控的实时性和主动性。为了实现实时分析、跟踪和识别监控对象，并且在发生异常事件时及时提示和报告，及时做出决策，在安全领域采取正确行动，实现视频监控的智能化尤为重要。

如图 4.40 所示，智能安防监控系统通过在监控系统中增加智能视频分析模块，利用计算机强大的数据处理能力过滤视频屏幕内的无用或干扰信息，自动识别不同对象，分析和提取视频源中的关键有用信息，快速准确地定位事故现场，判断监控图片中的异常情况，并以最快的速度和最佳方式触发报警和其他动作，从而实现有效地事前预警、事中处理、事后取证。简言之，智能安防监控系统是用计算机取代人脑的工作，自动分析和判断监控的图像。当发生异常时，它会立即发出预警，改变了传统视频监控系统"事后诸葛亮"的角色。

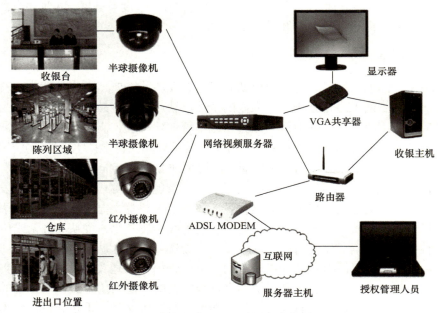

图 4.40　智能安防监控系统示意图

　　智能安防监控系统具有以下优势：①结构清晰简单，视频服务器通过软件管理平台在仿真系统中实现视频矩阵、图像分割器等多种功能，通过计算机硬盘实现记录功能，使系统结构大大简化，整合度高；②简单的管理应用，由于智能监控系统基于计算机和网络设备，大多数系统控制管理功能都是通过计算机实现的，无需模拟系统中的许多复杂设备，降低了操作维护人员的管理工作强度；③强大的操作功能，智能安防监控系统具有多种显示模式，多屏智能切换，多种预警模式，能够实现实时报警触发、启动和停止及其他记录模式，智能快速视频播放查询等；④极高的安全性，智能安防监控系统中使用的图像掩码技术能够防止非法篡改视频数据，网络上的任何授权计算机都可以执行视频备份以防止恶意破坏，网络自动缓存功能可有效保护视频数据，以及强大的日志管理功能等。

4.6.5　总结与展望

　　目前，我国社会的发展与进步对建筑业产生了非常显著的影响，但是社会经济的快速发展与人们生活水平的要求之间的矛盾日益突出。普通的智能建筑不能完全满足建筑用户的需求，我国正在推动智能城市、智能社区、智能家庭和物联网家庭的建设。在逐渐进入老龄化社会之后，将带来家庭护理和高密度城市的问题。由于我国绿色发展和节约土地的需要，城市将向高密度发展，因此提出了绿色建筑和智能建筑。人工智能技术依赖于当前社会的快速发展，正在实现逐步推广和普及。专家控制系统和人工神经系统在智能建筑中的应用为人们的生活带来了极大的便利，改变了人们的传统生活方式。随着大数据、云计算、物联网等人工智能技术的快速发展，智慧城市的未来将成为世界主要城市的发展目标。作为智慧城市最重要的组成部分，智能建筑的发展将决定智慧城市的转型和速度。无论是大型企业、医院、学校还是住宅区，智能建筑带来的好处和便利都将具有无限的潜力。只有不断地研究、开发、创新和总结经验，使人工智能技术更好地应用于智能建筑，才能确保人工智能技术在智能建筑领域的可持续发展。

4.7 人工智能在工业过程新能源系统中的应用

4.7.1 工业发展进程简介

工业进程从机械化、电气化、信息化、网络化到平行化发展。工业 1.0 时代，由于核心设备蒸汽机出现，人类社会从手工业进入初级工业的机械化时代；工业 2.0 时代，核心设备电机等电力设备设施的出现，引领工业进入电气化时代；工业 3.0 时代，计算机和微电子芯片的出现，实现了人脑部分功能，进入信息化时代；工业 4.0 时代，核心设备路由器出现，将众多计算机互联，进入网络化时代，使得信息和物理系统融合加深，形成了信息物理系统；工业 5.0 时代，网络化应用的加深，特别是互联网+，进一步加深信息和物理系统的融合，并使工业与人类社会充分融合，形成了更为复杂的系统，即社会物理信息系统，该系统的核心即人工智能系统，运行模式将引领工业进入平行化时代。

4.7.2 工业新能源系统中的人工智能技术

工业发展离不开能源的支撑，随着工业进程的不断推进，工业过程中能源的使用也经历了一个不断升级的过程。如何有效控制工业过程中能源的使用，使工业过程中能源的开发、变换、使用和管理更加科学化，也成为工业过程能源升级的重要部分。随着人工智能的出现，将人工智能应用到工业过程能源系统中，可以更加有效地对能源进行开发使用，提升能源的利用率。

当前工业领域正在不断进行产业升级，根据环保及节能方面的要求，逐渐使用新能源替代传统的化石能源。目前新能源主要有电能、风能、太阳能和潮汐能等，由于电能传输、存储等方面具有便捷性，因此工业系统中主要使用的能源类型还是电能，需要将风能、太阳能、潮汐能等转换成电能以供工业系统使用。因此，工业过程中能源使用主要包括能源的生产、能源的转换、能源的传输、能源的存储及能源的最终使用五个方面。在工业过程中能源系统的任何一点问题都会对工业生产带来不可估量的后果，因此对能源系统进行全方位的管控成为一个重要的问题。

人工智能技术具有善于模拟人类处理问题的过程，容易吸取人的经验，以及具有一定的学习能力等特点，在工业新能源领域得到了广泛的应用。当前的人工智能技术主要有专家系统、人工神经网络、模糊理论、遗传算法等。在工业过程新能源系统中引入人工智能，可以更加有效地实现对工业新能源系统的管控，从而有效地提升工业领域的产业升级。人工智能也是一门认知科学，涵盖了图像处理、自然语音处理、机器人、机器学习等领域的研究。人工智能传统上被认为缺乏有利的证据可以证明这些技术可以重复并始终如一地发挥作用使工业企业获得投资回报，同时机器学习算法的功能高度依赖开发人员的经验和偏好，使得人工智能在工业过程新能源系统应用中受到一定的限制。但从另一个角度来看，工业过程新能源人工智能系统是一门严谨的系统科学，主要专注于开发、验证和部署各种不同的机器学习算法以实现具备可持续性能的工业应用。工业人工智能作为一种系统化的方法和规则为工业过程新能源系统的应用提供解决方案，是将学术界研究人工智能的成果与工业应用连接起来的桥梁。

工业人工智能主要包含分析技术、大数据技术、云或网络技术、专业领域知识和证据。分析是人工智能的核心，它只有在其他要素都存在时才能产生价值。大数据与云是提供数据来源和工业人工智能平台必不可少的两个要素。专业领域知识和证据在人工智能中通常是被忽略的两个重要因子。专业领域知识主要包含四个方面的关键因素：一是了解问题并专注于利用工业人工智能解决问题；二是理解系统以便于收集正确且高质量的数据；三是了解参数的物理含义，以及它们如何与系统或流程的物理特性相关联；四是了解这些参数因机器而异。证据则是验证工业人工智能模型及它们与累积学习能力相结合的重要因素。通过收集数据形态模式及与它相关联的各种证据，才能改进人工智能模型，使其更加准确全面并且与时俱进。

工业人工智能生态系统的发展面临一定的挑战，需要一定的技术、方法和有序思维策略。当前的工业能源人工智能系统要满足自感知、自比较、自预测、自优化和自适应五个方面的需求。人工智能需要从数据技术(DT)、分析技术(AT)、平台技术(PT)和运营技术(OT)等技术方面去研究。

数据技术是能够成功获取在维度上具有显著性能指标的有用数据技术。因此，数据技术通过识别获取有用数据的适当设备和机制成为5C体系"智能连接"步骤的共同促成者。数据技术的另一个方面是数据通信。智能制造领域的通信并不仅仅只是把获取的数据由源头直接传送到分析。它还涉及物理空间中制造资源之间的相互作用、将计算机和工厂车间的数据传输和存储到云中、从物理空间到网络空间的通信、从网络空间到物理空间的通信。此外，数据技术还需要考虑数据系统中数据的分裂性、优劣性和数据的背景问题。

分析技术将关键组件透过传感器所采集到的数据转换为有用的信息。数据驱动的建模揭示了来自制造系统的隐藏模式及未知的相互关联性和其他有用信息。此信息可用于资产健康状况预测如健康值或剩余寿命值，可用于机器诊断预测和健康管理。分析技术将此信息与其他技术整合可以提高生产力和创新性。

平台技术包括将制造数据存储、分析和反馈的硬件架构。用于分析数据的兼容平台架构是实现敏捷性、复杂事件处理等智能制造特质的主要决定因素。一般来说，平台配置有独立式、嵌入式和云等三类。因此，云计算在信息通信技术的计算、储存和服务能力等方面是一项重大优势。云平台可提供快速的服务部署，具有高度定制化、知识集成、高效可视化及高度可扩展性。

运营技术是指根据数据中提取的信息所做出的一系列决策和行动。向操作人员提供机器和过程健康信息是有一定价值，但工业 5.0 工厂将超越这一范畴，使机器能够根据运营技术所提供的洞察力进行沟通和决策。这种机器与机器之间的协作可以在同一车间的两台机器之间，也可以在两个相隔很远的厂区的机器之间发生。它们可以互相分享如何调整特定参数以达到最优性能的经验，并根据其他机器的可用性调整其排程。在工业 5.0 工厂中，运营技术是通向自感知、自预测、自配置、自比较等四项能力的最后一步。

4.7.3　人工智能在工业过程能源系统各方面的应用

人工智能在工业过程能源系统中的应用主要有以下几个方面。

1. 工业过程能源生产中的人工智能

当前工业过程主要使用的能源形式还是以电能为主，电能的来源复杂多样，有传统的火力发电厂生产的电能，也有太阳能、风能和潮汐能等转化产生的电能。无论是传统的电能产生方式还是由新能源转化为电能，都需要引入人工智能技术以保证电能生产过程的安全性和高效性。在传统火力发电方面，通过引入人工智能技术可以实现对发电设备、发电过程的全程自动化监控、自动化报警和自动化运维。2017 年 11 月，印度北部的一座燃煤电厂因煤气管道堵塞导致锅炉发生爆炸，造成 32 人死亡。这是工业过程中能源领域经常发生的一类由于未及时发现并处理设备故障而造成的事故。事故的原因是没有对设备进行经常性和全面的检查，而且许多地方都没有严格的监管规定，设备故障是很常见的。而使用人工智能观察设备并在事故发生前检测出故障，可以节省时间和金钱，甚至挽救生命。人工智能可以通过对数据曲线的预期判断实现基于数据的推理和诊断。目前的应用集中在对设备运行状态的判断，发布故障报警信号，如核电厂的事故工况报警或风力发电风机转子过震故障报警。从现在大数据算法的角度来看，电厂多年运行所积累的历史数据可以将报警信号在曲线的时间轴上前移，从报警做到预警，操作员可以在发生故障之前及时检测发电关键设备的异常工况，从而避免代价高昂，有时甚至是危险的计划外维护。当前很多公司和科研机构正在推进将人工智能应用到火力发电的设备监控运维上，实现设备故障的自动报警和维护。同时，利用人工智能技术将解析学、传感器和操作中产生的数据三者相结合，可以预测关键的基础设施何时崩溃，也可以提高燃煤电厂的发电量。

利用人工智能技术也可以提高太阳能、潮汐能、风能等新能源的发电效率，从而提高新能源的发电量。利用人工智能技术可以对各个区域的光照亮、风速及海洋的潮汐流等数据进行分析，从而选取最适合的地方修建新能源发电厂，提高新能源的发电量，在发电厂建成后，可以利用传感器等对环境数据进行实时监测，并提供最佳的发电解决方案。另外，利用人工智能技术可以预测大气和天气状况对可再生能源产能的影响，从而推算新能源发电厂每小时的发电量，使架构准确节能的供电网络成为可能。

对于部分工业企业来说，随着工业进程的发展，产品设备的换代升级需要使用新能源替换现有化石能源，但对于新能源替换化石能源后是否可以满足工业生产的需求，使用新能源后会产生哪些无法预料的问题，以及新能源的使用对工业企业的生产成本会产生什么变化等都无法预知。而人工智能的出现有效地解决了这方面的问题。人工智能依靠数据技术对工业企业前期的化石能源的耗能进行分析，推算出工业企业生产工作中的能源消耗量，据此可以预测出所需要的新能源使用量，从而估算出替换后所需要的新能源设施。同时，结合物联网技术可以实现新能源产能设备上线后的全程动态监控，以保证工业企业在使用新能源后工业生产设备的正常运行。

2. 工业过程能源存储中的人工智能

能源的价格受多种因素的影响，而能源价格的波动将直接导致工业生产成本的变化。因此，工业企业需要在适当的时候对能源进行适当的存储，以应对能源价格波动对工业生产造成的影响。在能源存储中，如何在适当时机以低价为企业收购能源及能源收购之后如何存储都是关键性的问题。利用人工智能技术可以有效帮助工业企业解决这些问题。

在能源储备过程中，人工智能技术可以动态地绘制出能源的使用情况，并为客户跟踪能源价格的波动。工业企业利用人工智能可以在合适时机购买相应的能源进行储备，也可以利用人工智能对现有储备的能源进行管控，更加有效地使用储备的能源。美国加利福尼亚州开发的代号为"雅典娜"的项目就是利用人工智能技术实现能源管控，达到降低能源成本、增加收益的目的。

工业过程中不同能源对储存的环境要求也不同，而且由于能源的特殊性，细小的环境变化都可能酿成重大的事故。随着人工智能的出现，人们开始将人工智能技术逐渐应用到工业能源存储领域。通过物联网技术实现对能源存储环境的监测和控制，通过人工智能分析监测数据并根据需求主动调整环境，使能源存储环境达到最佳。

3. 工业过程能源传输中的人工智能

人工智能在工业过程能源系统另一个主要的应用是在能源传输过程中的应用。工业过程能源的使用不再单一，太阳能、风能等多种能源都应用到工业系统中，但太阳能、风能等最终都是通过转化成电能驱动工业设备。太阳能、风能等新能源产生的电能并入电网中会对电网造成一定的冲击，因此如何解决新能源产生的电能对现有电网的冲击成为一个热点研究问题。人工智能技术的出现很好地解决了这个问题，利用人工智能技术可以改善电网的稳定性，也可以通过对过去的数据进行分析，对电网即将受到的冲击做出迅速而准确的反应。目前，美国斯坦福大学国家加速器实验室的研究人员已经成功将人工智能技术应用于该领域。德国西门子公司利用"主动网络管理"(active network management，ANM)跟踪电网如何与不同的能量负载相互作用，调整其可调节的部件，从而达到提高效率的目的。虽然这之前是手动调整的，但当新的能源生产者(如太阳能发电厂)开始工作时，或者新的能源消耗者开始接入网络时，主动网络管理会对电网做出相应的调整。主动网络管理的核心技术就是人工智能技术。

4. 工业过程能源消费中的人工智能

工业企业能源问题始终是人们关注的问题，其决策过程具有相当大的难度。对于工业企业来说，最关键且急需解决的问题是如何利用工业过程中能源需求与消耗信息，采用一些现代新的预测理论及技术对其进行较精确的预测显得十分重要。人工智能技术及优化组合预测方法可以为企业能源消耗和决策提供新的思路。

人工神经网络属于人工智能的一部分，人工神经网络是基于分类思想的预测算法，可以通过对样本数据的学习构建预测模型对数据进行预测。人工神经网络由多个神经元组成，神经元主要分为输入节点、输出节点和隐节点。通过输入节点对数据进行输入，隐节点负责数据样本的转换，输出节点负责预测结果的输出。按照误差反向传播(back propagation，BP)算法训练的多层前馈神经网络是目前应用最广泛的神经网络模型之一，通过 BP 神经网络可以提取部分工业过程能源消费的样本数据训练神经网络模型，利用训练好的神经网络模型可以实现对工业过程能源消费的预测分析。

当前，在工业过程能源预测方面除了使用神经网络算法外，还可以通过常权重预测技术、变权重智能组合预测技术进行工业过程耗能预测。多种方法的使用使得工业过程能源消耗预测更加准确。

5. 工业过程能源调度中的人工智能

人工智能除了对能源传输网络进行监控管理外，还可以实现对工业过程中能源的调度。在过去企业可能因为能源不足导致停工停产，如何在能源紧缺的情况下快速实现能源的调度也成为人工智能的应用领域。

工业能源调度系统本身受到多种因素的影响，存在较多的复杂问题。随着社会的不断发展，工业能源调度系统也不断面临新的挑战，不同地区、不同条件下的工业能源调度也存在一定的差异，这也在一定程度上增加了工业能源调度工作的难度。工业过程能源系统是一个非线性的整体，存在许多复杂的工程计算及非线性优化问题。人工智能技术的出现为解决这些问题提供了思路和解决方案。与传统的智能技术相比，人工智能技术可以改进以往问题中的很多不确定性因素，通过自身性能调整数据分析的状态，在一些领域甚至可以实现语音操控。因此，人工智能技术在工业过程能源调度系统中应用广泛。

人工智能技术中的专家系统广泛应用于工业过程能源系统调度中。专家系统的工作原理是在已有的事实基础上，将已有的专家性知识经验构建成一个庞大的知识库，在一定规则基础上形成整体控制体系。专家系统将当前已有的专家知识和相关专业经验与信息技术相结合建立数据库，通过网络模拟专家分析判断过程，结合遥测、保护等信息源和人工智能编制程序对出现的事实问题进行推理判断，进而做出决策。这项技术能够协助调度工作者快速准确地判断和应对工业过程能源调度中出现的问题，在工业能源调度的实际工作中更具实用性价值。在工业能源调度自动化系统中，故障是必须要考虑的一个方面，需要丰富的工作经验排除。在自动化系统中一般的软件不能实现这一点，而专家系统在故障诊断和处理中有大的实用价值。

人工智能技术中的可视化技术主要解决能源调度中的信息可视化问题。随着工业企业对能源需求的增加，工业能源系统内部信息量也增加。在工业能源系统信息多样化和海量化的发展趋势下，工业过程能源调度的自动化发展在一定程度上增加了调度操作人员在故障处理中的工作难度和工作压力。调度操作人员要在海量的信息中快速准确地找到需要的信息，这是一个较为枯燥烦琐的过程，需要消耗较长的时间和较多的精力。可视化技术的应用在一定程度上缓解了这个问题，它将海量的数据信息以图片、图像等形式展示出来，对提高工业能源调度工作效率有很大的帮助。可视化技术通过二维可视化、三维可视化技术手段绘制出直观的能源信息数据图像，将原本繁杂的数据信息以更为形象直观的图片、图像等形式呈现出来，方便调度操作人员观察分析，可以及时发现能源调度过程中的故障问题并采取解决措施，有效提升了工业过程能源调度的工作效率。

人工智能技术在工业过程能源系统中取得了广泛的应用，但是工业升级过程中仍有海量的问题需要解决，因此工业企业对人工智能有着巨大的期望。人工智能技术如何满足工业企业的期望，如何解决工业升级过程中存在的问题和挑战，是一个需要长期研究解决的问题。人工智能技术在工业过程能源系统中的应用也需要考虑现实存在的问题。

当前人工智能技术在工业过程能源系统中主要面临以下一些亟待解决的问题：利用人工智能算法控制工业过程能源系统的某一环节时，是否会影响工业过程能源系统的其他环节；如何保证单个人工智能解决方案不会对工业过程能源系统中的其他环节造成干扰和冲突；如何打通工业过程各个环节间的人工智能，使不同人工智能相互协作，是人工智能技术在工业过程能源系统中未来的研究方向。同时，人工智能演算法需要大量且具有最小偏差的干净数据集，用不准确或不充分的数据集学习会产生有缺陷的结果。如何保证工业过程能源系统所收集的数据集的准确性也是一个需要解决的问题。而数据集的准确性涉及传感技术、物联网技术及互联网通信、5G等，因此人工智能技术在工业过程能源系统中的应用不是单方面的，需要与其他技术相配合，从而打造整体的工业能源互联网。当越来越多的工业过程能源系统使用人工智能，各种网络设备的接入，连接技术、连接方式的增加，工业过程能源系统遭受网络攻击的可能性也相应增加。工业企业如何应对网络威胁，保证工业过程能源系统的安全性和稳定性也是需要重点关注的问题。

当人工智能由科幻成为改变世界的前沿技术时，人们迫切需要系统性地开发和实施人工智能，以便了解它在工业能源系统中的真实价值，从而助力工业产业的升级。

4.8 人工智能在风电场管理中的应用

4.8.1 风电场简介

1. 风电场的构成

风力发电机即风机，由机舱、叶轮、发电机、塔架、电子控制器、液压系统、风速计、风向标等组成(图 4.41)。风机是风力发电的核心部件。主要是利用风带动叶轮转动，将风能转化为轮轴的机械能，进而带动风机中的旋转发电机将机械能转化为电能。电子控制器随时监测风机的状态和性能，在出现故障时可以自动停止风力发电机的转动，并呼叫工作人员(图 4.42)。风力发电机的每一部分都起着无法取代的作用,保证风力发电机的正常运转。

图 4.41　风力发电机

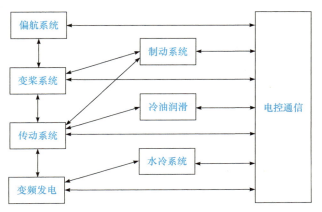

图 4.42　电子控制系统

风机升压变压器:由于受风力大小和风向的影响,风机发出的电往往电压低、不稳定。风机升压变压器安装在风机塔筒的旁边,包括变压器、风机连接电缆等,是风力发电输出环节的主要设备。从风机发电机发出的电(通常为 690 V)经过它升压(通常为 35 kV)输送到线路,经过升压站输送到电网,再经过电网到达用户,它相对来说是发电上网的第一个环节。

变压器至变电站的连接线路:连接线路负责将风机变压器的电输送至变电站。

风电场升压变电站:包括升压变压器输电线路开关组、主变压器、变压器高压侧控制开关、接地及防雷系统、计量装置、自动化控制保护装置等。主要作用是将风电机组的输出电压升高到更高等级的电压,再由上网线路送出至电力系统。除此之外,为满足风电场和变压站自身用电需求,通常配有常用变压器。

中央监控自动化装置:为实现风电场的实时监测、正常运行和安全管理,风电场十分有必要配置自动化装置,监控风电场的运行状况并对运行方法进行及时调整,及时排除故障,保证电能稳定快速地送达千家万户。自动化在风电场的运行和维护中起着越来越重要的作用。

除了上述控制风力发电和电能输送的主要构成外,风电场还有中央控制室、维修车间、供电、供水、供暖系统等,以保证风电场的安全运行和人性化管理。

2. 风电场的运行与维护

风电场的运行和维护是风电场正常运行的保障,风电场的维护主要分为以下两个方面。

一方面主要是基础机械设备的维护，如主轴、齿轮箱、发电机、偏航系统、液压系统、变桨系统、机架等。齿轮箱漏油、发电机或主轴承温度过高、变桨异常响动等问题影响风机的正常运转，需要专业人员拆卸、修护。因此，负责风机的工作人员需要进行巡检、半年检、全年检、技改、预防性维护、大部件更换等，以排除隐患，及时处理故障。

另一方面是电气维护，即升压变压器和升压变电站及线路的维护。维护内容主要包括：对发电、配电设备的定期监盘；升压变电站内设备的日常巡视维护和定期切换；每年相关技术和知识的培训；集成电路、配电设备突发状况的应对等。

这些维护有助于风电场的正常运转和电能向电网有效稳定输送。因此，利用人工智能和自动化的手段时刻监测风电场的设备、仪器、线路，发现问题并及时处理，既可以减轻维护人员的作业强度和作业难度(如海上风电场，位置特殊，勘测难度大，危险性高)，又可以达到快速、精准的目的。

4.8.2　人工智能在风电场开发中的应用

1. 人工智能在风机巡检中的应用

风机叶片是风机捕获风能的重要部件，风机叶片的巡检工作也至关重要。如图 4.43 所示，风机叶片出现裂纹。但风机大多地处偏远地区，排布比较分散，依靠人工巡检不仅不能全面及时地发现问题，而且需要消耗大量的人力物力，成本高昂，效率低下。

图 4.43　风机叶片的裂纹

目前，有许多人致力于该方面的研究，并研制出了无人机器人完成全自动巡检任务。无人机器人在十几分钟内就可以实现全方位巡检，传回的照片清晰完整，并且可利用强大的图像训练平台对图像进行分析处理，从而准确、快速地识别风电场叶片存在的胶衣脱落、漆面腐蚀、裂纹等故障，并且可基于此进行数据追踪和趋势预测分析。此方法能提高巡检的频次和准确度，极大地减低巡检的人力成本、作业难度，还可以提早发现问题、排查故障，变被动维修为主动改善，有效地提高设备运行的可靠性，节约更多的成本。该方法也为海上风电场的巡检提供了有效的途径。

智能头盔的出现也为风机的检修带来了极大的方便(图 4.44)。维修风机时，工作人员在塔内，遇到问题无法与主控室取得联系，给工作带来极大的不便。智能头盔具有高清视频采集，人员定位，辅助照明，双向语音对讲的功能，通过无线传输终端将维修过程可视化，专家可进行远程指导，提高工人维修效率，降低人力成本。

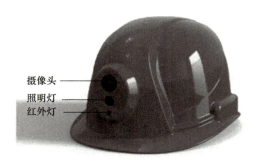

摄像头
照明灯
红外灯

图 4.44　智能头盔

2. 利用人工智能研制智能风机

风机的效率是决定风力发电效率的关键。如何提高风机对风能的转化效率一直是许多领域研究的热点。近几年，激光雷达技术不断发展，其工作原理与无线电波类似，通过发射激光束、接收反射激光束探测目标物的位置、速度、距离、方位、高度、姿态等参数。激光雷达是信息与通信(ICT)技术的应用代表，不仅具有成本低的优势，而且精度高、分辨率高、分析能力也很强。如图 4.45 所示，如果可以通过激光雷达提前感知来风的速度和方向，风机就可以执行更好的运行控制策略，从而提高发电效率，降低载荷。因此，研制具备智能雷达技术和机器视觉监测技术的新型智能风机已经成为许多科研人员的研究方向。

图 4.45　激光雷达

3. 双馈感应式发电机在风电领域的应用

如图 4.46 所示,双馈感应式发电机(DFIG)和其他发电机一样有转子和定子两个部分,其中转子和定子绕组通过耦合变压器和电力转换器连接到电网，可以在可变频率下操作。DFIG 的核心是励磁控制技术，电力转换器提供低频的交流电压进行励磁，调节电压的频率、振幅、相位可以实现定子在恒定频率和压力下输出，发电机输出电压的性质不受转子速度和瞬间位置的影响，这有利于双馈感应式发电机在低于和高于同步速度下运行。与其他发电机相比，双馈感应式发电机不仅自身结构、受力合理，还可以减少噪声的捕获、增加能量的捕获，从而更好地控制电网整合的功率。

图 4.46   双馈感应式发电机

DFIG 存在各种用于控制功率转换的控制算法，其中主要传统控制方法是矢量控制技术，即使用矢量分解的方法将定子电流分解成旋转坐标系下的转矩分量和励磁分量，也称为解耦，然后对这两个分量进行闭环控制。通过这种方式，交流系统的控制能力可以与直流系统的控制能力相匹配，交流系统的动态控制水平显著提高。

一些研究者为了获得最大的风能产出，提出了一种基于双馈感应式发电机的能量转换系统，通过建模，利用模糊控制算法调节发电系统的功率。这种策略有很多优点，模拟显示方法产生的结果能很好地适应应用的变化。仿真结果表明，整个控制策略体系可使风力发电系统产生很高的效能。

4. 新型飞轮储能系统在风电场中的应用

飞轮储能系统是一种新型的电能转化储存技术，由飞轮、电动机、发电机、轴承系统、能量转化控制系统等组成(图 4.47)。储存能量时，电动机带动飞轮旋转，将外界的能量转化为飞轮的动能储存起来；释放能量时，飞轮带动发电机发电，将机械能转化为电能，从而实现能量的存储和释放。与传统的化学电池相比，飞轮储能功率密度高、寿命长、放电深度可测、操作可靠性强、受温度变化影响小、对环境的要求比较低、可模块化，可以应用于各种场合。

风能是新型清洁能源，利用风力发电可以大大解决能源短缺问题，避免环境污染。但是风的速度、方向、能量等随机性太大，导致风电的输出电压、功率和频率存在较大波

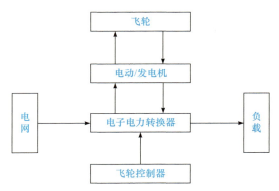

图 4.47　飞轮储能系统工作原理示意图

动，这种局限性极大地影响了风力发电的大规模有效应用。飞轮储能是一种高效无污染的储能技术，而且通过合理的控制策略和控制设备可实现电网调频及短时间调峰，以解决大规模风电并网带来的问题。如果将飞轮储能应用于风力发电领域，可以避免柴油发电机的频繁起停，提高风能的利用率，提高电网的稳定性，降低发电成本和使用电价。

有些研究者提出了一种基于短期存储的风能的方案。将基于模糊逻辑的智能飞轮系统耦合到电动机中用于风能的转化，不仅可使风力波动最小化，还可在运行条件下调整电网的频率和电压。

除此之外，为了降低系统输出功率的波动，科学家针对风电领域的飞轮储能还设计了许多算法及系统，如：①基于反馈控制技术的能量管理算法，可以调节输出电功率的波动，这种算法可以保证飞轮在最佳状态运转的同时避免不必要的放电；②基于网络拓扑结构的储能矩阵系统，该系统由主控制根据放电和安全策略向下层控制器分配放电指令，减少无用的充放电切换，实现了系统上下协调运行，平滑输出电压功率，降低损耗，稳定母线电压；③基于飞轮储能装置对系统输出功率进行柔性控制的方案，即通过双脉冲宽度调制变流器将发电系统与储能系统相连接，并控制系统间能量双向流动，从而调节风力发电系统的输出功率；④一种适合直驱永磁风力发电系统的功率平滑控制策略，建立了控制系统小信号模型并对系统进行小扰动分析，证明了含飞轮储能单元的发电系统可保持稳定运行，而且储能环节可以在最大限度利用风能的条件下实现系统功率输出平滑；⑤低电压穿越增强运行控制策略，该策略在电网发生不对称故障时，通过控制网侧变换器实现发电系统的故障穿越运行，向电网提供一定的暂态无功支持以辅助电网电压恢复。若能将这些策略大力发展并应用于生产实践，则风电领域将提升一个梯度，迎来前所未有的变化。

5. 利用人工智能模拟风电场选址与运维

风电场的选址与风电场的效能密切相关。风速对风电场至关重要，而风速与风能受天气、地形、海陆等因素的影响。在风能资源丰富稳定的地方修建风电场也能使风电场达到高效、节能的目的。因此，现在许多科技都致力于如何通过人工智能使风电场选址达到最优。例如，中国船舶集团海装风电股份有限公司(简称"中国海装")和国家气候中心合作开发了一款风资源评估系统——LiGa 大数据平台，可通过直接的实时数据筛查模拟风电场的现场选址过程。

除了风电场的选址，运行和维护也是重中之重。LiGa 大数据平台包含风资源分析系统、风机设备运维管理系统、大数据板块(智能健康管理)三个部分，拥有风资源评估与选址、风电场智能运行维护、大数据采集分析管理等功能。利用产业链的数字化运营管理模式，从选址、运行维护等方面降低成本、增加效益，目标是实现风电场的无人值守，使效能最大化。

目前，中国海装已正式开展工业和信息化部 2018 年制造业与互联网融合发展重点工业产品和设备新能源上云试点示范项目的相关工作，2020 年全面实现借助大数据人工智能手段进行海装风电场远程云端综合的智能运维应用及风电场智慧化运营维护，全面有效提升风机的发电效率在 5%以上，保障风机无忧运行，深化故障预测与健康管理技术在风电装备上的应用。最终完成将风电场所有运营风机通过数字化、信息化的方式虚拟挂载上云，通过智能化应用完成所有风机设备的智能化升级。

6. 利用人工智能预测评估风电场的能源输出

风多变的本质给风力发电带来了许多不可预测性，也使得风力发电无法确定地提供稳定的电力供给，这在很大程度上限制了它的发展和使用。目前，为了解决这一问题，谷歌旗下的子公司 DeepMind 研制了一款人工智能软件，可预测风电场产生的能源，进一步实现更灵活的输出与配置。该模型可以提前 36 h 预测风电的输出情况，利用机器学习提高风电效率。同时，该技术提供了更多有数据驱动的评估，数据的严谨性更强，可帮助风电场运营商对其电力输出如何满足电力需求做出更智能、更快速和更加准确严谨的评估，以满足未来的电力需求。这将给风电系统及电网系统带来巨大的变化。

7. 利用遗传算法对风电场中风机分布的重构

由环境因素导致的自然风的变化及风机自身的风扰动是风电场风机排布的主要考虑因素。尾流效应是指风机从风中获取能量的同时在其下游形成风速下降的尾流区。若下游有风机位于尾流区内，则下游风机的输入风速低于上游风机的输入风速。尾流效应造成风电场内风速分布不均，影响风电场内每台风电机组运行状况，进一步影响风电场运行工况及输出；且受风电场拓扑、风轮直径、推力系数、风速和风向等因素影响。理论上，风机越多，能利用的风能就越多，但是尾流效应的存在使风电场中各风机之间有气流的相互干扰，导致到达下游风机的风速较低，风能的利用率也相对减弱，由此造成投资大、收益小的现象。如果风机过少，又会造成风电场的总产电量过少，线路和维护成本过高。因此，合理正确的风机分布对风电场至关重要。

遗传算法是一种计算模型，它通过模拟生物进化论的自然选择和基于遗传学的生物进化，在此过程中不断寻求最优解。将该算法作用于风电领域，与传统的风电场优化重构风机的排布方式不同。基于风电场测量风速进行相对高度指数模型校正，得到风机点位处轮毂高度风速；利用智能软件计算风电场空气密度下满足计算精度的离散化功率曲线；采用修正的尾流模型，处于多台风机影响中的机组尾流计算采用差方累加方式，部分影响的机组尾流计算采用面积系数法修正；以风机坐标为目标的实数编码代替二进制编码，用风电场总的发电量为目标函数；使用 MATLAB 中遗传算法库，得出最优微观选址结果。

目前，用遗传算法对风电场的风机分布进行了研究，通过数学建模、理论计算、实际经验，对风电场的选址进行优化。提出以下四个优化风机布置的数学模型：尾流模型、风机成本-效益模型、风电场增量装机效益评价模型、遗传算法求解模型，以指导风电场的选址和风机的合理分布，使风电场实现最大的经济效益。

随着风电场开发向精细化发展，开发公司对经济性要求越来越高。相信在不久的将来，具有全局优化功能的遗传算法会更多地应用于工程实践，创造更大的经济效益。

8. 利用人工神经网络对风电场最大功率点的预测和追踪

在保证风电场安全运行的前提下，尽可能地规模化接纳风能，以达到能量的最大有效利用是风电场经济、高效的基础。若能对风功率进行提前预测，供电网提前调度，则可减小风力发电系统的波动性对电网的影响。风具有波动和不可预测的特性，因此风功率的预测和追踪就显得尤为重要。

风功率预测与风速预测均属于对数据的处理，大多可采用相同的方法进行预测。目前风电场风功率预测误差较大。一般来说，风功率预测误差与预测时间周期成正比，预测误差随着时间的增长而加大。对风功率进行较高精度的预测有利于电力系统电网调度部门及时调整调度计划风电场和电力系统的运行管理、提高经济效益，同时有效地减轻并网后风电场输出波动对电网产生的冲击。目前，风电场风功率预测和风速预测均可分为两类，即短期预测和中长期预测。使用较多的风速、风功率预测方法大致可以分为两种类型：

(1) 物理模型法，这是一类建立在历史数据和气象模型的基础上，同时参考气象、地表情况及风力发电机性能如机舱高度、出力曲线、穿透功率等的综合型方法。若要采用这种方法获得高精度的预测效果，必须采用更长的时间校正所建模型，因此不适用于短期预测。

(2) 时间序列模型法，这是一类应用最小均方差和统计理论对历史数据进行建模分析并利用所建模型对未来数据进行推断的方法。经验证，此类方法模型建立相对容易，但预测的精度不高。目前，时间序列模型法是国内外普遍用于风电场风速、风功率预测的研究方法。

人工神经网络是通过模拟人脑神经系统的工作方式来工作的一种运算模型。其大致由输入连接、运算和激活函数、输出连接三部分组成。网络不同层的单元之间的连接是权重和偏差。人工神经网络经过培训，可以使用输入/输出训练对学习输入到输出的功能进行映射，直到神经网络的输出值适当接近目标。简单来说，就是输入的信息通过不断地计算最后输出最优结果的过程，网络的输出依赖于网络的连接方式。

风力涡轮机的功率特性是非线性的，对于每个风速，系统必须找到与其匹配的最大功率。为了实现这个目标，必须使用特定的方法。人工神经网络被认为是非线性系统的一种非常好的近似方法，当使用传统的统计方法难以对这些系统进行建模时尤其适用。最大风功率点的跟踪预测是一种基于人工神经网络和最大转速法相结合的装置。该装置首先使用人工神经网络以风速和叶片半径的变化作为输入预测最大转速，然后用最大转速方法计算确定最佳转速。仿真结果表明了人工神经网络和最大转速法控制策略的有效性。

用人工神经网络预测风功率，其变化依赖于大气条件的持续性，在短期内可以得到较为准确的结果。但是由于风功率及风速的非线性和非平稳性，单纯基于神经网络的运算只能对非线性进行较好的拟合，非稳定性仍然得不到解决。因此，研究者常将一些其他理论和算法与人工神经网络合用，如小波变换理论和时间序列与 BP 神经网络结合，以降低风速和风功率的非平稳性。先用小波理论对风速进行分解预测，用时间序列进行建模，将建模得出的数据输入 BP 神经网络预测风速，以风速为基础通过拟合风功率曲线预测风功率。

4.8.3　总结与展望

风能作为一种可再生的清洁能源，如果能将风能大规模地有效使用(如风力发电)，将极大地减少化石燃料的燃烧和温室气体的排放，有效改善全球变暖问题。据统计，到 2020 年年底，风电累计并网装机容量已达到 2.1 亿 kW，其中海上风电并网装机容量达到 500 万 kW 以上；风电年发电量确保达到 4200 亿 kW·h，约占全国总发电量的 6%。风电在发电结构中的比重逐年提升，风电发电的成本也在逐年下降。随着科技的进步和人们环保意识的提升，风电将在未来发挥越来越重要的作用。

然而，由于风的随机性、不确定性太强，并且风力发电的运行和维护相对复杂，影响了风电的效能和使用。如何高效地利用风能产电，将电能快速、稳定地并入电网系统，并加大风机和相关设备的检查力度，保证风电场高效安全地运行是人们关注的重点。人工智能在这方面逐渐显出优势。例如，利用无人机器人对风机进行巡检，智能头盔提升风机维修的效率并确保安全性；将激光雷达技术、双馈感应式发电机、新飞轮技术用于风力发电机的设计，提高发电效率，增加电能的稳定性；利用人工智能模拟风电场的选址和运维，选择风能最优的地方建设风电场；利用人工智能算法和系统评估风电场的稳定输出，利用遗传算法对风场中风力发电机进行重构，利用人工神经网络对风电场最大风速和功率进行预测和追踪，目标是达到高效、稳定、安全地发电，并将电能输送至千家万户。

近几年，基于"人工智能+大数据+运维服务"的无忧风场概念被提出，无忧风场就是智能风电技术。对于无忧风场，一方面是要避免不可见问题，早期的故障诊断和劣化速度的管理就显得十分重要，这需要运用先进的信号处理和故障预测诊断技术；另一方面是数字化风场，利用数字化手段对风机进行建模，运用风场集群建模、风功率预测和稳定输出、风场设备维护策略等。将以上的分析计算方法相结合，形成无忧风机与无忧风场的框架。随着科学技术的进步，其中智能感知技术提供的预测点不断增多，提供更多建立在感知基础上的有效信息；智能分析技术更加快速地提供精确的趋势性分析结果，为进一步运算打下基础；智能决策技术通过各方面协同、优化减少运行维护的成本；智能执行技术结合上述智能结果和风场工作人员的背景信息，更有效地安排计算、实践和运维的具体操作。只有将智能感知、智能分析、智能决策、智能执行结合起来，它们各自的具体功能点之间的数据交互交错，才能感知外部环境和自身状态。这涉及每一个具体的部件对机器状态的评估，每一个部件到单机的整合，最后对其做一个整体的监测、分析、优化，以达到最佳的效果。未来仍需要各方面积极努力，争取使高科技下的无忧风场早日成为现实。

4.9　智慧能源城市

4.9.1　智慧能源城市简介

1. 智慧能源城市的构成

能源互联网是解决当前能源系统问题、推动能源系统变革的智慧综合能源系统，对提高可再生能源比重、促进化石能源清洁高效利用、提升能源综合效率具有重要意义。城市是能源变革的主战场，汇聚了全球 50% 人口的城市地区创造了 80% 的全球 GDP，消费了 75% 的全球自然资源和 80% 的能源供应，产生了约 75% 的全球碳排放。能源是城市发展的物质基础，城市能源结构优化升级、城市产业结构转型升级及城市创新能力升级是能源数字经济助力实现碳达峰、碳中和的主要途径，提高绿色技术创新能力则是实现传统高能耗、高排放的发展模式向绿色低碳发展模式转型升级最核心的驱动力。

从世界范围来看，智慧城市发展存在多方面的探索，但从能源角度来看，基本都停留在智慧能源城市，即新能源城市的认识层面，更深入的城市智慧能源系统研究与设计基本处于空白。从国内来看，我国智慧城市建设偏重城市的信息化升级，而忽略了作为城市发展核心基础的能源子系统的规划建设，也缺少从城市整体角度综合考虑城市能源系统的发展视角。从城市智慧能源系统建设推进细节来看，整体架构、信息化平台、新业态新模式等关键要素及各要素间关系还不明确，一定程度上阻碍了能源互联网和城市智慧能源系统的建设推进。

智慧城市是城市未来发展趋势，智慧能源则为智慧城市的发展提供了基础。城市形态千变万化，始终离不开能源的支持，城市智慧化，核心要点是发展智慧能源。智慧能源城市的重点在于"智慧+能源"，即人们通常所说的智慧能源。智慧能源的定义是：应用互联网、物联网等新一代信息技术，对能源的生产、存储、输送和使用状况进行实时监控、分析，并在大数据、云计算的基础上进行实时检测、报告和优化处理，以形成最佳状态的、开放的、透明的、去中心化和广泛自愿参与的综合管理系统，并利用这个综合管理系统获得的一种新的能源生产及利用形式。如图 4.48 所示，能源互联网则是智慧能源实现的组织方式和形态。能源互联网理念在能源行业已形成广泛共识，成为推进能源革命、保障能源可持续供应的重要因素，按照规模可分为城市能源互联网和全球能源互联网。城市能源互联网可以理解为智慧能源城市的血管和神经系统的结合，为城市能源和信息的流通提供了载体。城市能源互联网需要通过城市能源清洁化、区域化、智能化和互联网化转型升级而实现。构建城市能源互联网，将解决城市能源电力就地平衡的瓶颈，促进各类能源与电能转换，提高清洁能源在供给侧和电能在消费侧的使用比重，优化城市能源结构、提高能源利用效率、促进清洁能源开发利用，最终实现城市能源消费的基本无碳化。

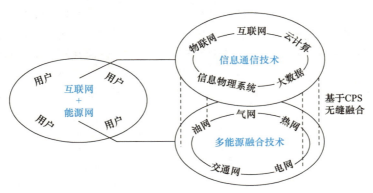

图 4.48　智慧能源城市的"智慧能源"

《2020 年世界城市报告》指出，城市是全球从新冠肺炎疫情健康危机和几十年来最严重的经济衰退中复苏的关键。从长远来看，未来 10 年，世界将进一步城市化，城市人口占全球人口的比例将从 2020 年的 56.2% 达到 2030 年的 60.4%，全球人口超过 1000 万的超级都市将从 2016 年的 28 座增加至 2030 年的 41 座。这将给城市交通、食物供给、给排水和废物管理及最关键的能源供给等一系列基础设施问题带来空前巨大的压力。迅速的城市人口发展将成为建设和管理城市的巨大挑战，但与此同时也是改善数十亿人生活的重要机会。面对这一挑战，全球的工程师正努力在各个层面利用各种数字化智能化技术，力求打造智慧型城市，以解决未来城市危机。能源是驱动现代社会发展的血液，作为社会前进的动力，推动了第一次工业革命和第二次工业革命，并且将继续推动第三次工业革命。然而，由于化石能源的枯竭，能源正面临一场革命，能源利用的科学管理十分重要。建立智慧的能源管理体系，在能源需求侧实施有效的、按需使用的能源管理和利用体系，将极大地提高能源的利用效率，避免能源的浪费。互联网技术的迅速发展，人工智能的火热，新能源的成熟，储能技术的发展，为建设高效智能的能源管理系统带来可能。以互联网为基础的数字化技术革命正在对城市社会经济发展产生巨大且深远的影响，数字化技术的应用有助于实现能源数字经济绿色可持续发展，有助于实现城市创新能力的转型升级，有助于加速城市能源产业结构与消费结构的优化升级步伐。随着分布式能源的基础设施越来越多，能源生产结构更加复杂。随着城市扩张，用户侧用能曲线也更加动态，能源数据的数量、类型和动态随机性都远比传统能源时代上一个台阶，仅凭人力无法及时、有效、准确地对分布式能源的供需曲线进行判断和管控。这时候就需要一种有效的辅助工具——人工智能，代替人脑做海量数据优化、分析、判断、决策，发出指令。因此，在能源互联网中，人工智能将得到很好的应用，支撑能源互联网的发展。在能源互联网的帮助下，人们可以使用探测系统实时监视城市用电数据，结合大数据分析，通过智能电网自动调节电能质量；利用由新材料和新设计技巧所建的智能建筑，结合数字化技术，构造智能社区，提高各用能系统的效率，减少能源浪费；屋顶太阳能板、小型风力发电机、地热发电、新能源汽车及储能系统构建智能微电网及城市分布式能源系统，实现新能源自给自足。

如图 4.49 所示，能源互联网将实现新能源产业的革新，将光伏、风电、地热能、生物质能等新能源因地制宜地整合到一座城市的能源结构中，利用智能系统加以精准调配，弥补了新能源随时间、空间变动的缺点，保障了新能源的有效供应，同时为传统能源的可持续利用提供了保障。

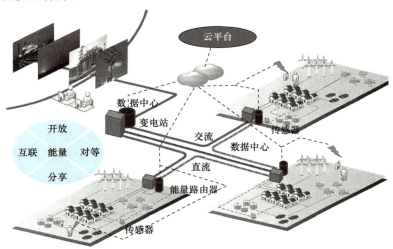

图 4.49 能源互联网的运行场景示意图

2. 未来城市能源的特点及带来的挑战

能源应用的三大领域主要有产业、建筑、交通。终端消费可以分为生产性能耗和消费性能耗。生产活动会创造价值，因此生产性能耗体现在 GDP 能耗中。随着先进制造业(绿色产业)和现代服务业的发展，传统粗放式生产中的工艺设备能耗转移为环境保障性的建筑能耗；传统低能效独家一站式生产模式转变为高能效全球专业分工的规模化链式生产模式，生产能耗转移为物流能耗。对于生产性能耗，节能主要是通过产业结构调整、增加产品附加值、工艺优化等。消费性能耗包括公益型公共建筑、行政办公、服务设施，以及居民生活能耗(包括住宅建筑和交通能耗)，不产生 GDP。消费性能耗的节能，除了用能主体外，还需要政府部门给予需要的家庭一定的关怀；为了应对气候变化和由此引起的自然灾害，需要建设弹性城市，需要帮助和引导。例如，普通用户的住宅、私家车的节能需要政府引导；公车消费、行政建筑耗能需要限制；公共交通的运营需要国家给予补贴；保障民生的室内环境需要立法；能源贫困保障灾害避难场所，如体育馆、中小学校、市民会馆等坚固建筑的电力需要，从而完成高效能、规范化及人性化的未来城市能源体系搭建。

城市规划管理意见有两条重要的内容：推广建筑节能，实现城市节能。传统能源供应模式下，能源供应商单一，如电力公司、城市热力公司等。这是一种垂直化的管理模式。在这种传统模式下，用户只有响应的义务，无法选择能源主体。在互联网模式下，用户既是能源的使用者，也是能源的生产者。而电网和热网成为一个交易对价共享传输的平台，无数卖家和买家通过平台进行交易。这是互联网思维下的扁平化管理模式。

　　未来城市经济结构以现代服务业和先进制造业为主，这些都是建筑环境依赖型产业，意味着后工业化时代的能源需求品位正在改变，以低温低压低品位能源为主。因此，未来城市对城市能耗总量必须有严格的控制，新建区块全部要做能耗分析。未利用能源、可再生能源应该着重实现规模化集成应用，建设能源互联网。一些关乎民生的能耗应当有健全的法律法规及扶持政策予以保障，如南方采暖、中小学健康建筑内的新风系统、能源贫困家庭用能保障等。未来城市能源特点给城市能源系统带来了不小的挑战，包括能耗总量的控制，建筑能源利用的不稳定性；集中式热电厂长距离输送带来的品位损失、烟损失；城市建筑高密度与可再生能源低密度特点的矛盾；可再生能源生产的波动性；资源的空间分布和用户的空间分布的不一致性；终端用户个性化的能源应用和集中式的能源供应；能源的市场化进程与高度垄断之间的矛盾。

　　3. 智慧能源城市的设计

　　从支撑城市治理角度选取能源系统关键要素，城市智慧能源系统的一个重要功能是有效支撑城市治理，推动城市健康快速发展。因此，城市智慧能源系统的关键要素选取要以解决当前及未来城市存在的一系列问题为根本出发点。例如，城市的发展面临能源短缺、环境污染、交通拥堵、应急迟缓等一系列问题，城市智慧能源系统应强化分布式清洁能源开发利用、能量分布式存储、智能交通、联防监控等功能。城市智慧能源系统关键要素选取如图 4.50 所示。

城市病	城市智慧能源系统功能列表
能源短缺	分布式清洁能源规模开发利用
土地紧张	能源分布式存储
水资源不足	能源自由交易
大气污染	能源按需重整
黑臭水体	能源传输设施一体化
固体垃圾污染	生态保护联防
交通拥堵	系统节能降耗
人口膨胀	产业结构调整
就业紧张	创新驱动
基础设施落后	智能交通
城市配套不完善	智能家居
城市贫穷	智能建筑
产业发展不均衡	安全用能
城市规划不科学	城市联防监控
治安恶化	多种业务应用选择
粗放管理	多主体无缝接入
应急迟缓	提升能效
……	……

图 4.50　城市智慧能源系统关键要素选取

不同的城市在建设城市智慧能源系统前，应明确城市的建设基础和建设条件：一是明确当前城市能源系统发展现状，包括对城市供能的能源骨干网传输能力，能源品种、规模、供应方式，本地资源开发及区外供应潜力，用户用能品种比例、规模、特征；二是明确城市其他系统发展情况，智慧城市各子系统功能升级需求，能源系统与其他系统的融合程度；三是分析城市特点，包括居民生产生活方式、环保理念、文化特点等。

从城市级综合能源规划要点出发，要遵循以下三点：

(1) "多能互补、源网荷储协调"的智慧能源系统规划中，在追求经济性的基础上需把握 4 点：①最大化利用城市内外部清洁能源，在能源供应环节，统筹考虑本市能源资源条件与可通过大电网等渠道获取的外部资源，优化平衡内外部资源搭配，最大限度利用清洁能源；②以电为核心设计跨系统耦合优化，推动以电为核心，热、气等能源系统协同优化，科学规划热电联产、热泵、燃气三联供等多能耦合环节的规模和布局；③以高效替代、再电气化等理念分析各能源品类终端需求；④以获得必要灵活裕度为目标合理配置能源的多元存储，提高综合能源系统灵活性，促进清洁能源消纳。

(2) 鉴于微能网等分散自治元素是城市智慧能源系统的基础组成部分，但又属于多元市场主体自发行为，难以统一规划建设，因此要把握好大系统与小元素的关系：①保障大系统能够支持分散自治元素大量接入、即插即用，建设新型配电网以支持分布式电源与 V2G(vehicle-to-grid, 车辆到电网)等可能产生的局部双向潮流，改造燃气管网以保障三联供机组实时用气需求，推动信息系统与能源系统深度融合以提高多元主体实时交互能力；②把控分散自治元素接入对大系统的影响，避免大量分散自治元素接入对大系统安全稳定运行产生不利影响，如规范分布式新能源发电涉网性能标准，要求微能网配备足够储能，避免将剧烈波动传导到大系统等；③规划中充分发挥分散主动元素参与大系统运行的潜力，充分考虑分布式发电、储能、电动汽车、需求响应等参与大系统调度运行的方式，在计及其参与系统电力平衡、调峰调频、备用等方面潜力与促进清洁能源消纳作用的条件下进行城市综合智慧能源系统规划。

(3) 城市智慧能源系统中，实现能源系统与外部的深度融合，需要重点把握如下一体化规划要点：①物理信息一体化，物理信息融合是城市智慧能源系统智慧化的基础，能源装置与信息采集设备的融合标准、能源网络与信息网络的协同设计是物理信息一体化的关键；②能源交通一体化，能源系统和交通系统是城市的关键子系统，充电桩布局、电动汽车充放电量控制和交通流量控制之间的匹配是能源交通一体化规划的核心；③城市地下廊道一体化，城市土地稀缺，管网建设投资大，进行电、气、冷、热管网布局综合规划是管廊一体化规划的核心。

从综合服务平台顶层设计角度，城市能源综合服务平台是集系统调控、市政协调、市场交易、数据共享、应用接口等功能为一身的综合体，是城市智慧能源系统的大脑，也是其"智慧"的根本所在。城市能源综合服务平台一方面要保证城市能源系统自身的安全、高效、稳定运行和开放的能源交易；另一方面也需要与城市其他子系统进行协调互动，形成城市功能的有机体。同时，需要通过数据开放共享的方式吸引、激励相关机构参与城市能源互联网的建设并催生新业态、新应用，还要实现能源系统中多主体间的能源交易。长远来看，平台还将具有能源应用的植入接口和仓储功能，实现微能网和用户层面应用的加载使用。

从政策机制角度，城市智慧能源系统作为新兴产业，其发展初期需要创新体制机制，解决产业发展中存在的系列问题，扶持产业快速健康发展。一是制定差异化的财税政策，提高企业参与积极性；二是构建市场进入退出机制，对不同层次的能源互联网参与主体实行差别化准入机制，保证市场活力并确保能源安全；三是构建城市现货、期货等能源市场，建立市场价格形成机制，建立"市场主导、政府指导"价格调节机制。除此之外，需要建立双创、风投及产业基金机制、市政综合管理机制、政产学研金用媒协作机制、数据开放共享机制等。

4. 智慧能源城市的发展路径

城市智慧能源系统的发展大致将经历 3 个阶段(图 4.51)。

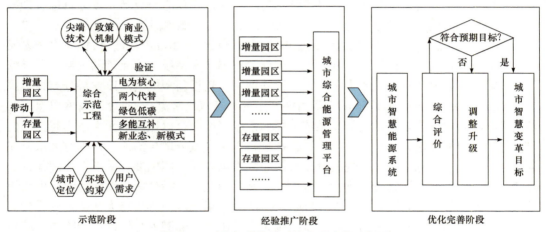

图 4.51　城市智慧能源系统发展阶段示意图

(1) 示范阶段。选取新增园区开展综合示范工程建设。依托园区管理委员会，引导各方积极参与。以用户痛点问题为出发点，制订综合解决方案，并在此过程中探索切实有效的技术应用方案、管网整合方案、利益分配方案等。

(2) 经验推广阶段。总结增量园区建设经验，提炼出面向智慧能源系统的合理规划运行方法、组织管理架构、投融资模式、政策机制等。主动为存量客户推介改造方案，以经济效益吸引客户参与，实现增量带动存量发展。同时，在存量改造过程中不断积累解决存量优化问题的新经验。

(3) 优化完善阶段。当园区级智慧能源系统达到一定规模后，建立城市综合能源管理平台，实现城市级管理。根据城市发展定位及特点，确定城市能源变革的分阶段目标，同时对城市能源变革所处进程进行量化评估，准确掌握城市能源变革所处的发展阶段，与分阶段目标进行对比，对于不符合阶段目标定位的城市智慧能源系统进行优化调整。

4.9.2　构建智慧能源城市的关键技术

构建智慧能源城市的核心在于建立城市能源互联网。能源互联网关键技术包括但不仅限于新能源发电技术、先进电力电子技术、先进储能技术、先进信息技术、需求响应技术、微能网技术，也包括关键装备技术和标准化技术。

1. 智慧能源城市中的新能源发电技术

新能源发电包括风能、太阳能和生物质能等可再生能源发电，新能源发电技术包括各种高效发电技术、运行控制技术、能量转换技术等。在新能源发电技术方面，研究规模光伏发电技术和太阳能集热发电技术、变速恒频风力发电系统的商业化开发，微型燃气轮机分布式电源技术，以及燃料电池功率调节技术、谐波抑制技术、高精度新能源发电预测技术、新能源电力系统保护技术；研究动力与能源转换设备、资源深度利用技术、智能控制与群控优化技术和综合优化技术。同时与微型燃气轮机机组发电、小型抽蓄水电厂等发电技术结合，可实现能源有效利用，最大化减少新能源发电带来的不稳定性。

2. 智慧能源城市中的电力电子技术

先进电力电子技术包括高电压、大容量或小容量、低损耗电力电子器件技术、控制技术及新型装备技术。以碳化硅、氮化镓为代表的宽禁带半导体材料的发现，使人类取得反向截止电压超过 20 kV 的限度成为可能。与硅基半导体器件相比，新型半导体材料制成的新器件(如碳化硅功率器件)具有开关损耗低、耐高温、反向截止电压高的特点，在未来的输电和配电系统中有可能成为新一代高电压、低损耗、大功率电力电子装置的主要组成器件。在控制策略方面，数字信号处理器性能的升级，使得系统控制策略灵活多样。多种非传统控制策略，如模糊控制、神经网络控制、预测控制等控制技术，可以适应电网暂态过程的复杂控制策略，一系列软开关控制方法、系统级并联控制方法、重复控制、故障检测等复杂算法被整合在数字信号处理(DSP)内实现，极大地增强了新型电力电子设备的灵活性与系统的可靠性。

3. 智慧能源城市中的储能技术

先进储能技术包括压缩空气储能、飞轮储能、电池储能、超导储能、超级电容器储能、冰蓄冷热、氢存储、P2G 等；从物理形态上讲，包括可用于大电网调峰、调频辅助服务的储能装备，也包括用于家庭、楼宇、园区级的储能模块。风电、光伏等可再生能源发电设备的输出功率随环境因素变化，储能装置可以及时进行能量的储存和释放，保证供电的持续性和可靠性。超导储能和超级电容储能系统能有效改善风电输出功率及系统的频率波动；通过对飞轮储能系统的充放电控制，可实现平滑风电输出功率、参与电网频率控制的双重目标；压缩空气储能是一项能够实现大规模和长时间电能存储的储能技术之一。储能技术及新型节能材料在电力系统中的广泛应用将在发、输、配、用电的各个环节给传统电力系统带来根本性的影响，是电工技术研发的重点方向。

4. 智慧能源城市中的信息技术

先进信息技术由智能感知、云计算和大数据分析技术等构成，代表能源领域信息技术的发展方向。能源互联网开放平台是利用云计算和大数据分析技术构建的开放式管理及服务软件平台，实现能源互联网的数据采集、管理、分析及互动服务功能，支持电能交易、新能源配额交易、分布式电源及电动汽车充电设施监测与运维、节能服务、互动用电、需求响应等多种新型业务。

(1) 数字化测量技术。智能感知技术包括数据感知、采集、传输、处理、服务等。智能传感器获取能源互联网中输配电网、电气化交通网、信息通信网、天然气网运行状态数据及用户侧各类联网用能设备、分布式电源和微电网的运行状态参数，传感器数据经过处理、聚集、分析并提供改进的控制策略。IEC61850、IEEE1888 等标准可作为数据采集、传输标准的参考借鉴。利用基于 IPV6 的开放式多服务网络体系，支持端到端的业务，实现用户与电网之间的互动，而且可实现各种智能设备的即插即用，除了智能电表外，还支持其他各种非电表设备的无缝接入。

(2) 云计算技术。云计算是一种能够通过网络随时随地、按需方式、便捷地获取计算资源(包括网络、服务器、存储、应用和服务等)并提高其可用性的模式，可实现随时、随地、随身的高性能计算。互联网营销技术包括实现互联网营销的电子商务平台技术和相应的营销模式；能源互联网将支持 B2B(business to business)、B2C(business to consumer)、C2C(customer to consumer)等，利用互联网强大的互联互通能力，支持发电商(含分布式电源与微网经营者)、网络运营商、用户、批发或零售型售电公司等多种市场主体任何时间、任何地点的交易活动。

(3) 大数据分析技术。能源互联网中管网安全监控、经济运行、能源交易和用户电能计量、燃气计量及分布式电源、电动汽车等新型负荷数据的接入，其数据量将比智能电表数据量大得多。从大数据的处理过程来看，大数据关键技术包括：大数据采集、大数据预处理、大数据存储及管理、大数据分析、大数据展现和应用(大数据检索、大数据可视化、大数据应用、大数据安全等)。

5. 智慧能源城市中的需求响应技术

需求响应是指用户对电价或其他激励做出响应改变用电方式。通过实施需求响应，既可减少短时间内的负荷需求，也能调整未来一定时间内的负荷实现移峰填谷。这种技术除需要相应的技术支撑外，还需要制定相应的电价政策和市场机制。一般来说，需要建立需求响应系统，包括主站系统、通信网络、智能终端，依照开放互联协议，实现电价激励信号、用户选择及执行信息等双向交互，达到用户负荷自主可控的目的。在能源互联网中，多种用户侧需求响应资源的优化调度将提高能源综合利用效率。

6. 智慧能源城市中的微能网技术

微能网是指一个城乡社区或园区、工厂、学校等既可与公共能源网络连接，又可独立运行的微型能源网络。微能网可实现园区内工业、商业、居民用户主要或全部使用可再生清洁能源发电，充电设施灵活便利，太阳能、生物质发电或氢能等可再生能源通过能源路由器接入微能网。各种可再生能源发电可由个人、企业以多种方式建设、运营，节能服务方式建设、运维微能网是重点探索的方式。微能网主体实现了用电、发电、售电等业务的融合。微能网将可能为绿色城镇化和美丽乡村建设树立典范。微能网技术主要包括多能源协调规划、多能源转换、优化协调控制与管理、分布式发电预测等。

7. 智慧能源城市中的标准化技术

能源互联网标准体系由规划设计、建设运行、运维管理、交易服务等标准构成。能源互联网需要首先构建标准体系，分步骤推进标准体系建设。能源互联网涉及众多设备、系统和接口，第一位的是能源互联网开放平台标准，包括接口标准。能源互联网在多环节涉及多种能源的转换、交易、服务及多元市场主体，相应的技术标准规范、能源贸易法规须配套跟进，确保能源互联网正常运行。

4.9.3　总结与展望

城市智慧能源系统是一个复杂的系统，其建设运营需要在充分考虑各能源品种相互融合的同时，考虑能源系统与城市其他子系统的协调互济。此外，从城市群的角度来看，城市群内各城市间的能源系统也存在紧密关系，如环境治理与生态保护具有联防联治等。因此，城市智慧能源系统规划设计也需要考虑城市间能源的统筹协调。

思 　 考 　 题

1. 简述人工智能的发展历史。
2. 思考人工智能技术在今后的新能源开发、利用方面的可能。
3. 简述人工智能技术在太阳能领域中的应用，并思考光伏发电产业中人工智能技术利用的新方式。
4. 人工智能技术在风场管理中采用遗传算法对风场的最大功率点进行预测，简述其基本原理。
5. 简述新能源电动汽车主要类别及各自的优缺点。查阅最新资料，对我国市场上主流新能源电动汽车的类别、续航里程、电池种类及供货商进行汇总，得出不同品牌在电动汽车生产上的独特技术。
6. 简述电动汽车电池管理系统的功能及原理。
7. 发展智能电网和储能技术的意义分别是什么？简述二者的关系。
8. 设计新型民用住宅类建筑时，如何才能最大限度地利用新能源系统用于炊事、取暖、用电等？
9. 遵循能量利用效率最大化和工厂智能化的原则，设计一个利用氢气和氮气合成氨反应的小型化工厂。

参考文献

陈军, 陶占良. 2014. 能源化学. 2 版. 北京: 化学工业出版社.

陈砺, 严宗诚, 方利国. 2019. 能源概论. 2 版. 北京: 化学工业出版社.

陈昭玖, 翁贞林. 2015. 新能源经济学. 北京: 清华大学出版社.

邓亚峰. 2018. 无线电能传输技术及在电动汽车中的应用. 北京: 化学工业出版社.

丁玉龙, 来小康, 陈海生. 2018. 储能技术及应用. 北京: 化学工业出版社.

韩巧丽, 马广兴. 2018. 风力发电原理与技术. 北京: 中国轻工业出版社.

黄素逸. 1999. 能源科学导论. 北京: 中国电力出版社.

黄志高. 2018. 储能原理与技术. 北京: 中国水利水电出版社.

李斌, 刘畅, 陈企楚, 等. 2013. 电动汽车无线充电技术. 江苏电机工程, 32(1): 81-84.

李文翠, 胡浩权, 鲁金明. 2015. 能源化学工程概论. 北京: 化学工业出版社.

刘荣厚. 2006. 新能源工程. 北京: 中国农业出版社.

强浩, 黄学良, 谭林林, 等. 2012. 基于动态调谐实现感应耦合无线电能传输系统的最大功率传输. 中国科学: 技术科学, 42(7): 830-837.

王远亚, 吉威宁, 崔武军, 等. 2013. 近十年来中国能源消费变化及未来发展趋势. 可持续能源, 3: 17-21.

谢娟, 林元华, 周莹. 2014. 能量转换材料与器件. 北京: 科学出版社.

翟秀静, 刘奎仁, 韩庆. 2010. 新能源技术. 2 版. 北京: 化学工业出版社.

朱春波, 姜金海, 宋凯, 等. 2017. 电动汽车动态无线充电关键技术研究进展. 电力系统自动化, 41(2): 60-65, 72.

Abdolkhani A, Hu A P. 2014. Improved autonomous current-fed push-pull resonant inverter. IET Power Electronics, 7(8): 2103-2110.

Chen L, Nagendra G R, Boys J T, et al. 2015. Double-coupled systems for IPT roadway applications. IEEE Journal of Emerging & Selected Topics in Power Electronics, 3(1): 37-49.

Covic G A, Kissin M L G, Kacprzak D, et al. 2011. A bipolar primary pad topology for EV stationary charging and highway power by inductive coupling. IEEE Energy Conversion Congress and Exposition.

Hatti M. 2018. Artificial Intelligence in Renewable Energetic Systems: Smart Sustainable Energy Systems. Cham: Springer International Publishing.

Sørensen B. 1997. Renewable Energy: Its Physics, Engineering, Use, Environmental Impacts, Economy and Planning Aspects. 3rd ed. London: Elsevier Science.